PMS2.0

设备(资产)运维
精益管理系统(PMS2.0)

应用百问百答

国网黑龙江省电力有限公司设备管理部 组编

内 容 提 要

本书汇总设备（资产）运维精益管理系统（PMS2.0）运行以来收集的各应用层、管理层应用问题，以实例问答的形式编制，每一问解决一个实际应用问题。

本书共5部分，分别包括电网资产管理——台账部分、电网资产管理——图形部分、电网运维检修管理、实物资产管理和指标管理与统计分析。

本书开发了系统操作培训试题库自测小程序，具备自学、模拟考试等功能。

本书可供国家电网有限公司系统内生产管理人员和输、变、配电现场一线生产人员学习使用。

图书在版编目（CIP）数据

设备（资产）运维精益管理系统（PMS2.0）应用百问百答／国网黑龙江省电力有限公司设备管理部组编．—北京：中国电力出版社，2019.9（2019.11重印）

ISBN 978-7-5198-3659-7

Ⅰ．①设… Ⅱ．①国… Ⅲ．①电网－电力系统运行－问题解答②电网－电气设备－维修－问题解答 Ⅳ．①TM727-44

中国版本图书馆CIP数据核字（2019）第195624号

出版发行：中国电力出版社
地　　址：北京市东城区北京站西街19号（邮政编码100005）
网　　址：http://www.cepp.sgcc.com.cn
责任编辑：薛　红（010-63412346）
责任校对：黄　蓓　马　宁
装帧设计：郝晓燕
责任印制：石　雷

印　　刷：三河市百盛印装有限公司
版　　次：2019年10月第一版
印　　次：2019年11月北京第二次印刷
开　　本：710毫米×1000毫米　16开本
印　　张：16.25
字　　数：270千字
印　　数：2001—4000册
定　　价：78.00元

编 委 会

前言

国家电网有限公司设备（资产）运维精益管理系统（PMS2.0 系统）自 2012 年建设投运以来，深刻体现了国家电网有限公司统一信息平台，加强融合共享的思路。系统面向智能电网管理，实现对电力生产执行层、管理层、决策层业务全覆盖，实现管理的高效、集约。PMS2.0 系统覆盖了运维检修全过程精益化管理和电网资产的全寿命周期管理，贯通了运维检修业务流程，对智能电网建设提供坚强支撑；较传统纸质办公，在数据规范性及查询统计便利性上存在很大优势，便于有针对性地开展各类运检数据分析，提高管理效率。

为适应国家电网有限公司生产信息化建设要求，全面提升 PMS2.0 系统应用水平，支撑设备（资产）全寿命周期标准化、精益化管理，国网黑龙江省电力有限公司设备部组织相关专家编写了《设备（资产）运维精益管理系统（PMS2.0）应用百问百答》一书。本书以标准化、精益化管理为原则，以生产人员实际应用环境为基础，结合多年 PMS2.0 系统推广经验和基层单位实际应用经验编写而成，具有理论与实际结合紧密、图文并茂、易学易用等特点，为电网企业生产人员学习 PMS2.0 系统各类应用、解决实际应用中的各类问题提供了有效帮助。本书分为电网资产管理——台账部分、图形部分、电网运维检修管理、实物资产管理、指标管理与统计分析五大部分，涵盖了 PMS2.0 系统各专业常用模块所需的基础操作知识和常见问题解析，具有很强的专业性、实用性和可操作性。

由于编写时间仓促及水平有限，书中难免存在疏漏之处，为了更好地促进工作，恳请各位专家及广大读者批评指正，使之不断完善。

编　者

2019 年 9 月

目录

二　电网资产管理——图形部分 / 49

一　电网资产管理——台账部分

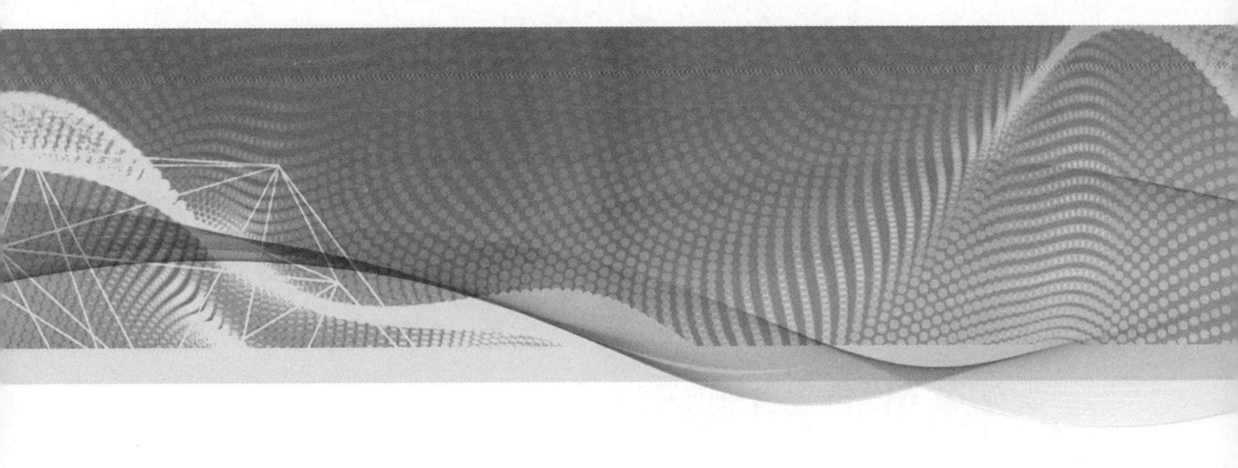

1. 系统中的电网资源包含哪些?

答：点击“系统导航”下拉菜单中选择“电网资源管理”，右侧子菜单的所有条目即为电网资源，见图 1–1。

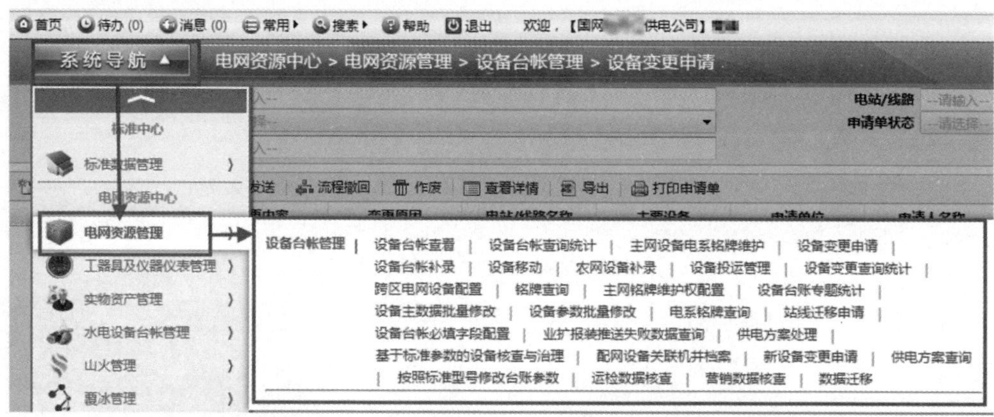

图 1–1　进入系统导航

2. 站房类设备包含哪些?

答：点击“系统导航”下拉菜单中选择“电网资源管理”，右侧子菜单点击“设备台账查询统计”，见图 1–2。

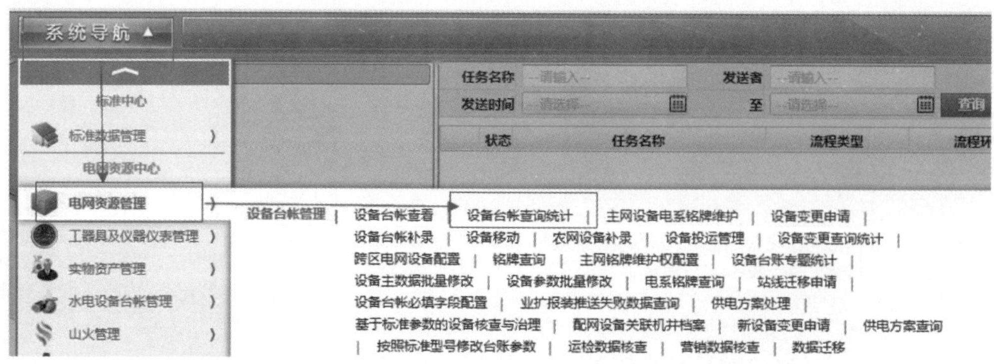

图 1–2　进入设备台账查询统计

弹出“设备台账查询统计”界面，点击“站内一次设备”，在查询设备类型中查看站房类设备，见图 1–3。

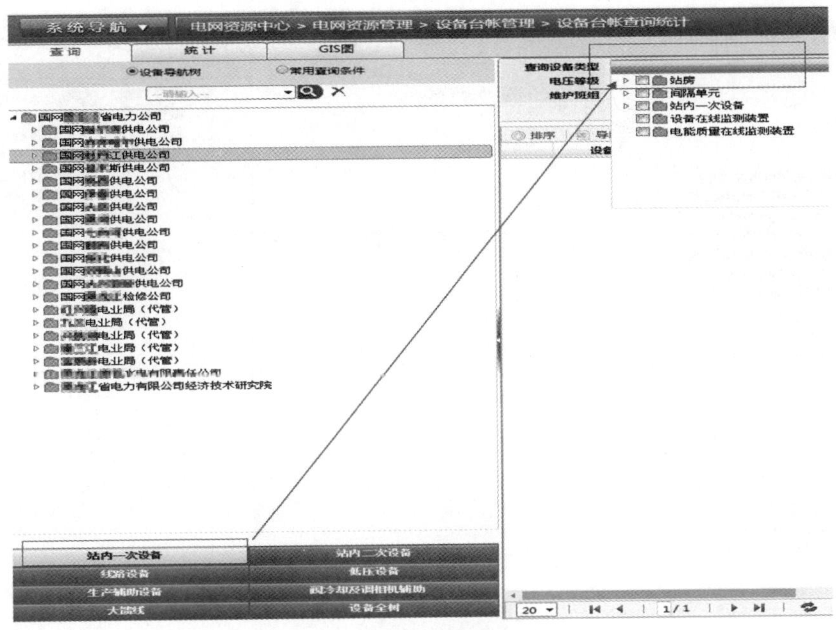

图 1–3　选择所要查询对象

3. 线路类设备包含哪些？

答：点击“系统导航”下拉菜单中选择“电网资源管理”，右侧子菜单点击“设备台账查询统计”，见图 1–4。

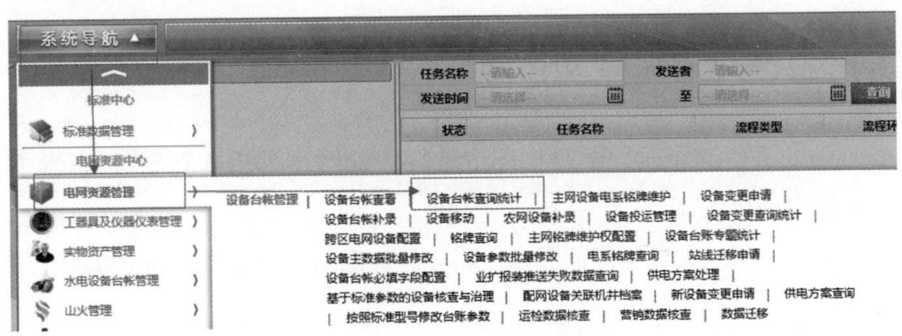

图 1–4　进入设备台账查询统计

弹出“设备台账查询统计”界面，点击“线路设备”，在查询设备类型中查看线路类设备，见图 1–5。

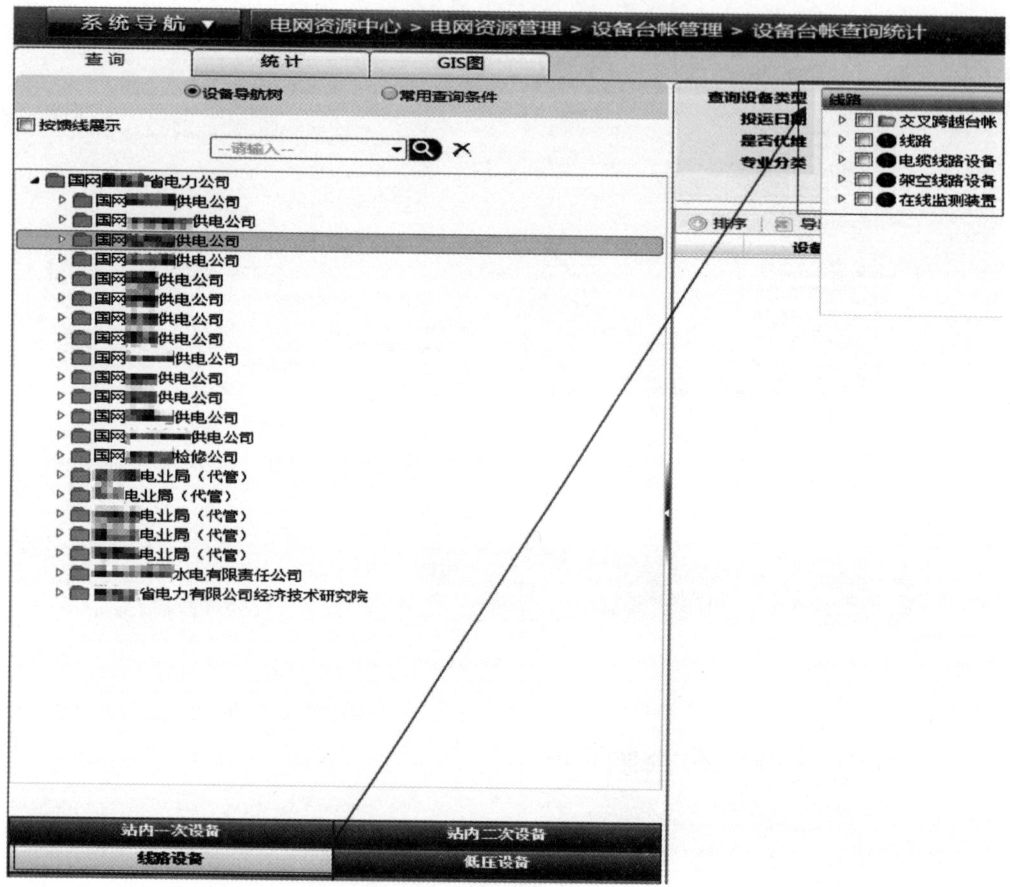

图 1–5　选择设备类型

4. 配电网电系铭牌如何建立？

答：点击“系统导航”下拉菜单中选择“配网运维指挥管理”，右侧子菜单点击“铭牌申请单编制”，见图 1–6。

在“铭牌申请单编制”界面点击“新建”弹出对话框后按实际内容填写齐全，见图 1–7。

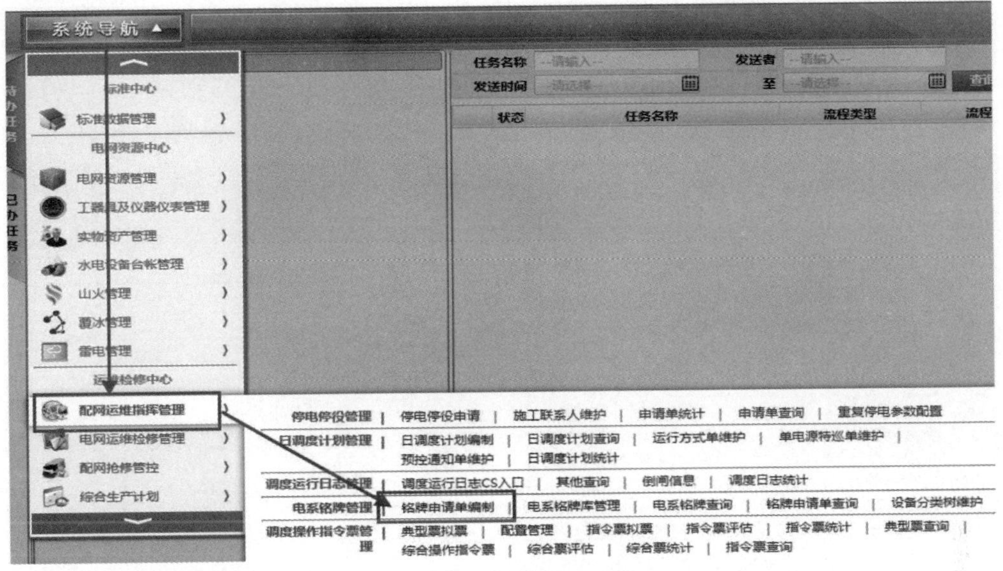

图 1–6　进入铭牌申请单编制

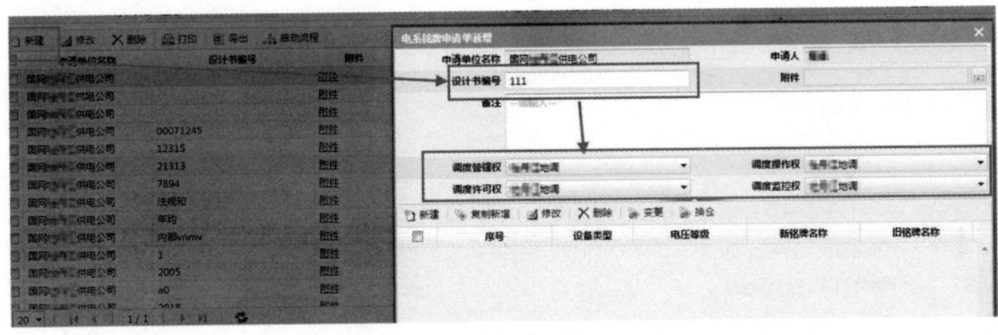

图 1–7　新建铭牌

在“电系铭牌申请单新增”窗口点击“新增”弹出“申请单明细新建”把带 * 号内容按实际需要填写齐全点击保存，见图 1–8。

“电系铭牌申请单修改”全部填写完成后点击“保存”，见图 1–9。

保存后点击“启动流程”选择好铭牌审核人，双击后点击“确定”，见图 1–10。

进入发送人的账号，在待办中可以看见刚才所发送的铭牌任务，见图 1–11。

单击进入任务，在“审批意见”填写意见后单击“发送”弹出电系铭牌执行审核对话框，在这里选择执行人后单击“确定”，见图 1–12。

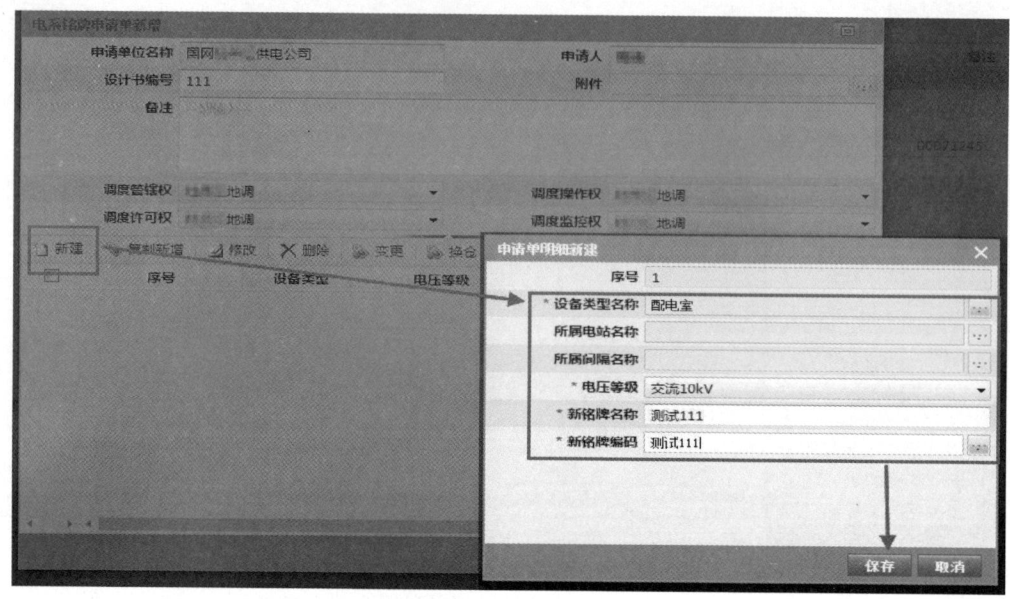

图 1-8　填写铭牌细节

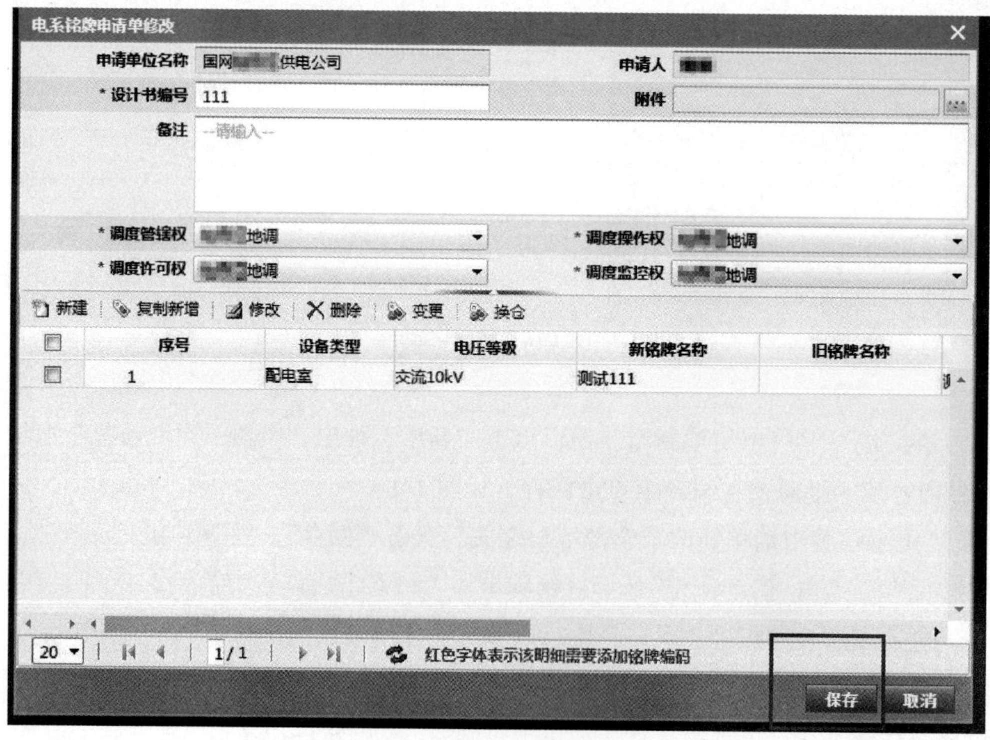

图 1-9　保存铭牌申请单

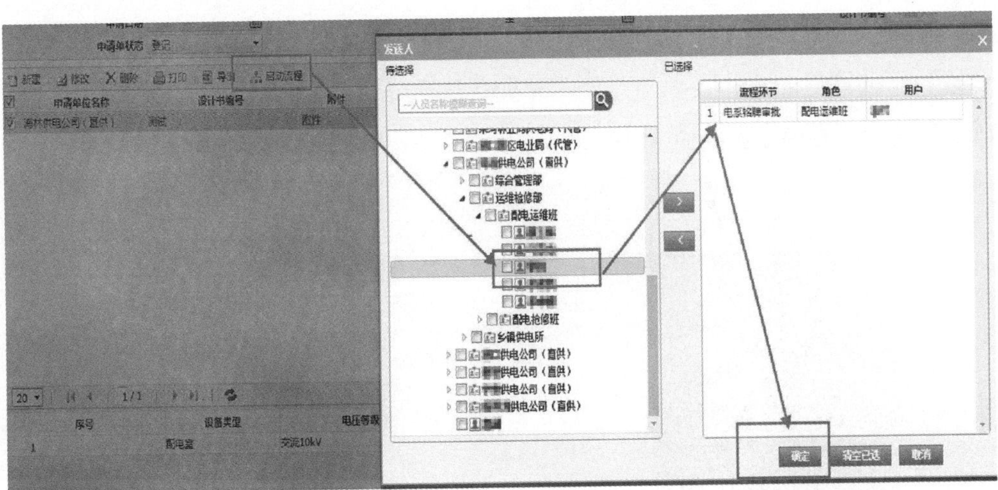

图 1-10　启动铭牌流程

图 1-11　进入铭牌审批

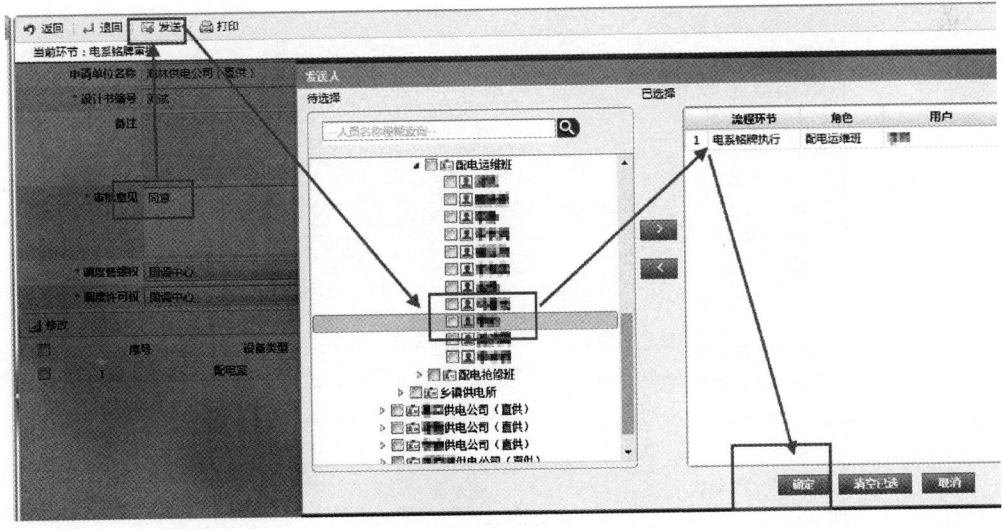

图 1-12　选择铭牌审核人

再进入刚才所发送的铭牌执行人账号进入铭牌任务，在“全部执行”下方勾选所新建的铭牌，点击“执行”或“全部执行”，然后点击“发送”，双击“结束”选择后单击“确定”，见图 1–13。

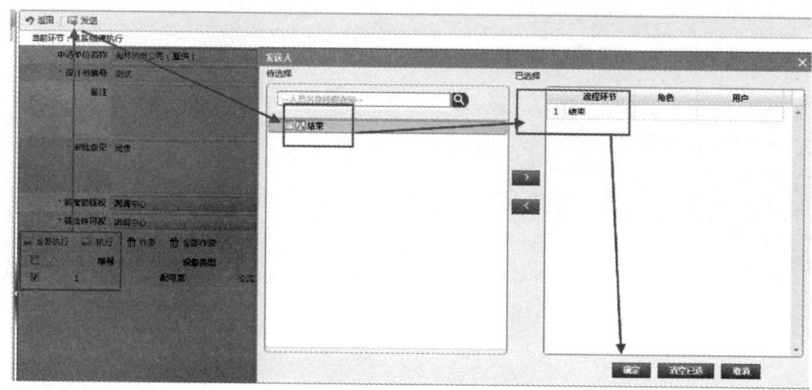

图 1–13　结束铭牌申请流程

5. 铭牌应该如何注销？有哪些注意事项？

答：在“系统导航”选择“配网运维指挥管理”右侧菜单单击选择“电系铭牌库管理”，见图 1–14。

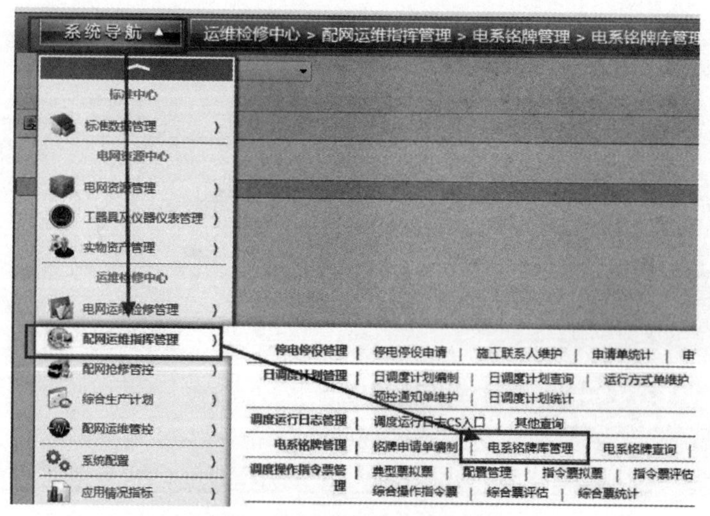

图 1–14　进入铭牌库管理

从“电系铭牌库管理”中先选择要注销的设备类型，填写设备名称后点击“查询”，在查询结果中选择要注销的铭牌后单击“注销”即可，见图 1–15。

注意：要注销的电系铭牌不能有关联的台账或者图形，需先解除关联的台账和图形，否则无法注销。

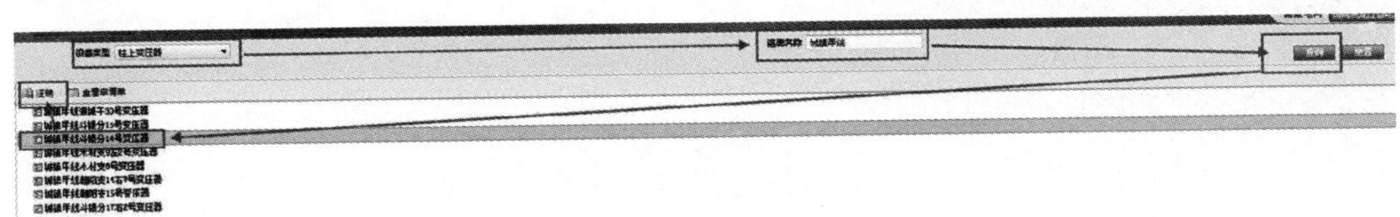

图 1–15　注销铭牌

6. 铭牌应该如何变更？

答：点击“系统导航”下拉菜单中选择“配网运维指挥管理”，右侧子菜单点击“铭牌申请单编制”，见图 1–16。

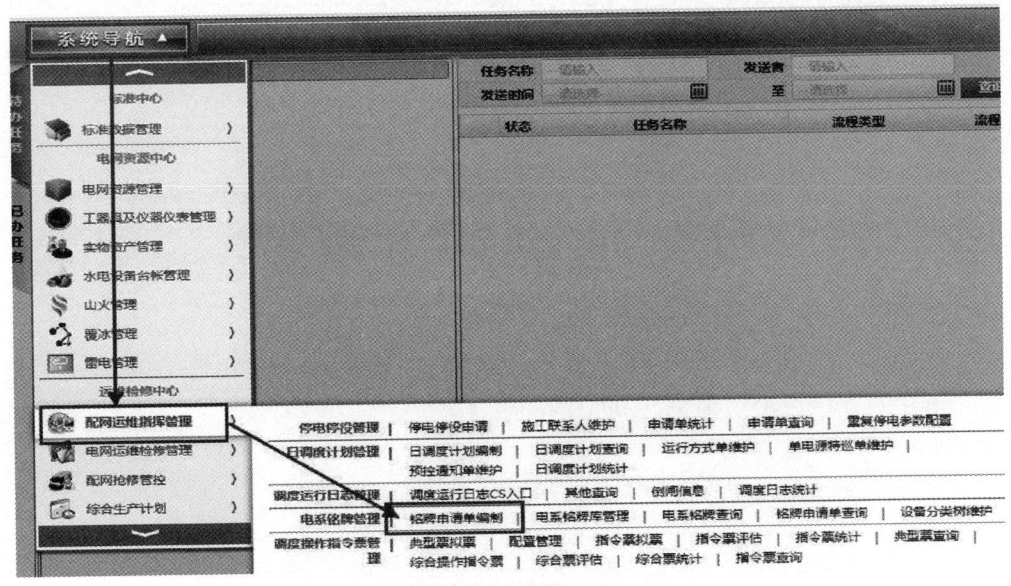

图 1–16　进入铭牌申请单

在“铭牌申请单编制”界面点击“新建”弹出对话框后按实际内容填写齐全，见图 1–17。

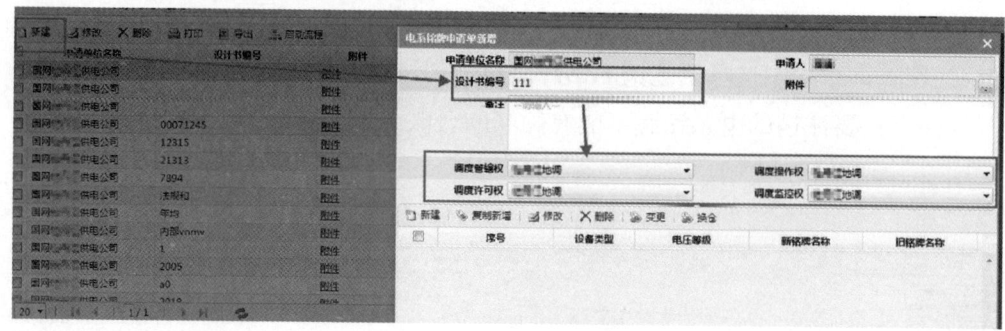

图 1–17　新建申请单

点击“变更”弹出变更窗口后填写“设备类型”“铭牌名称”等需要变更的设备信息后点击“查询”，单击查询出来的设备铭牌后点击“变更”按钮，见图 1–18。

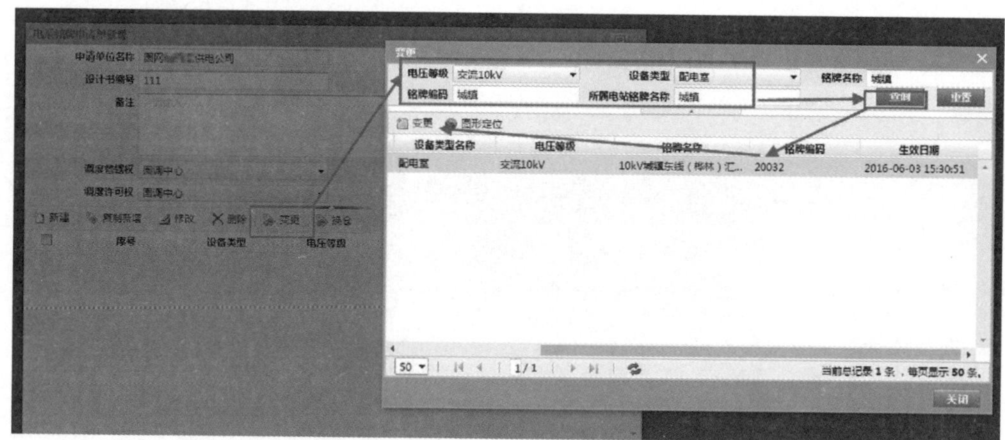

图 1–18　变更铭牌

弹出对话框单击“确定”，见图 1–19。

图 1–19　确定变更

弹出铭牌变更窗口，这时就可以把需要变更的“设备类型名称”等信息进行更改后点击“保存”，见图 1–20。保存后即可参照“配网电系铭牌建立”进行审核与执行即可。

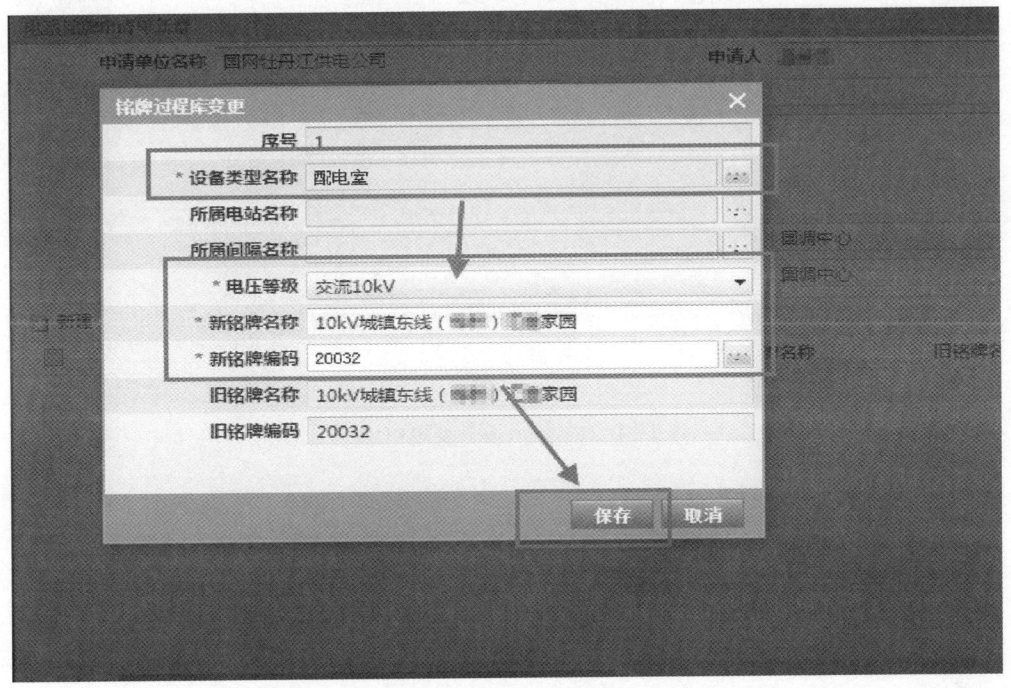

图 1–20　填写新铭牌名称、编码

7. 主网设备变更如何启动——台账和图形?

答：点击“系统导航”下拉菜单中选择“电网资源管理”，右侧子菜单点击“设备变更申请”，见图 1–21。

单击“新建”，见图 1–22。

填全所有红色星号后，单击“保存并启动”发送给班长审核，见图 1–23。

选择相应班组并选择本班组班长，见图 1–24。

班长审核，见图 1–25。

任务发送给班员，见图 1–26。

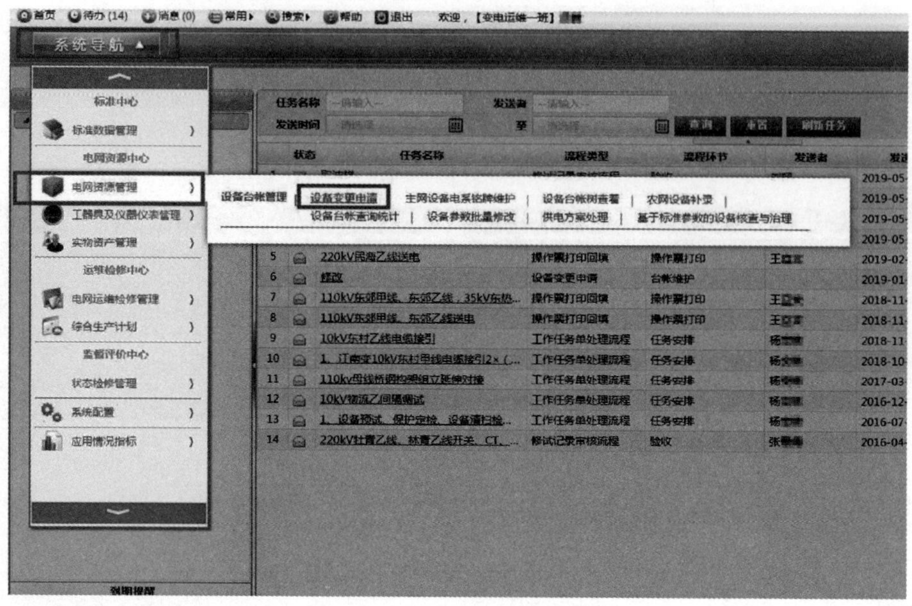

图 1–21　进入设备变更申请

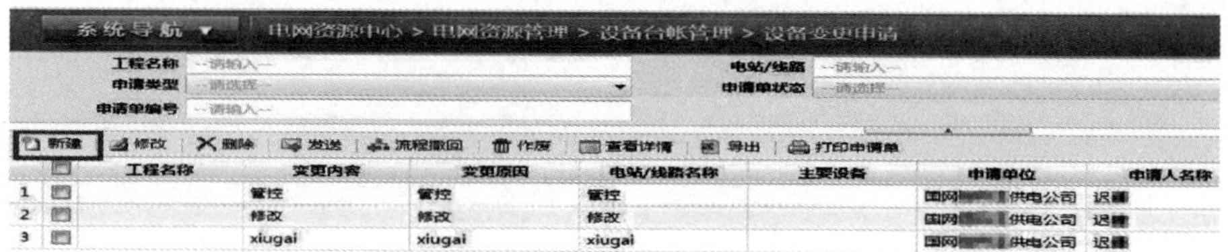

图 1–22　新建申请

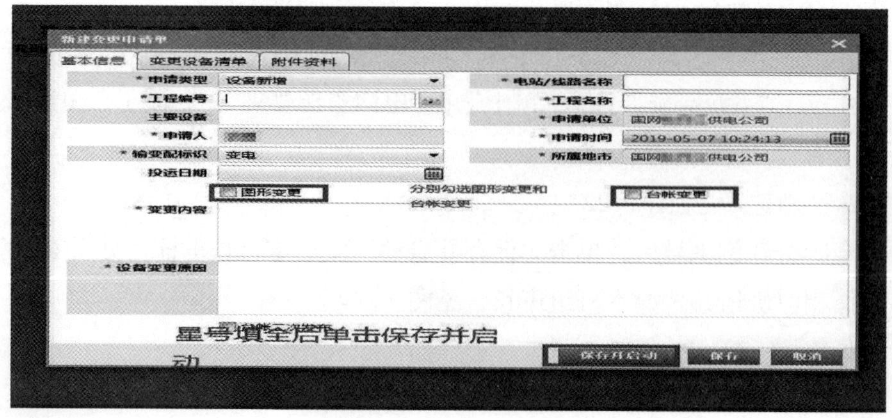

图 1–23　填写申请单

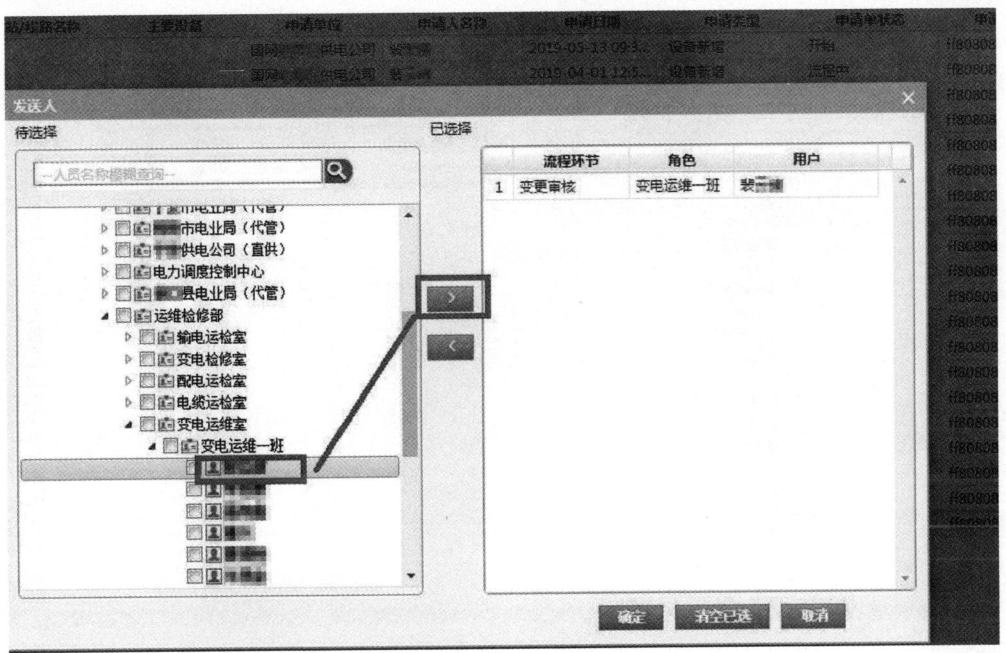

图 1-24　选择审核人

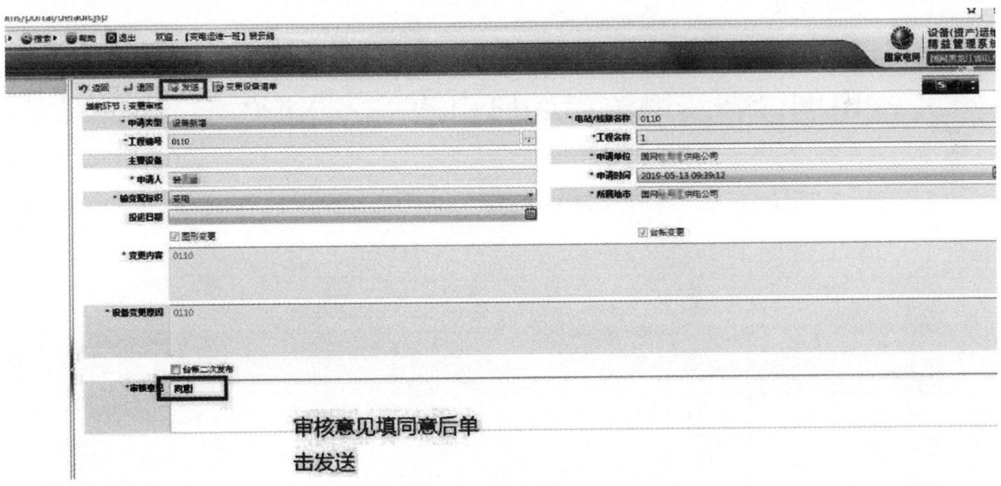

图 1-25　填写审核意见

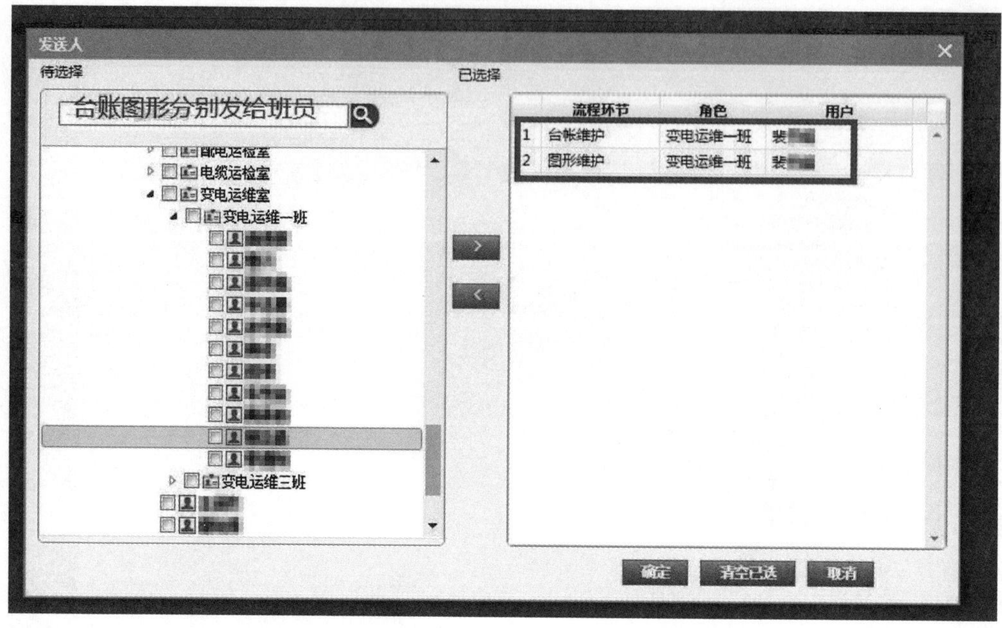

图 1–26　发送维护人员

任务启动结束。

8. 配电网设备新增流程如何启动——图形？

答： 点击“系统导航”下拉菜单中选择“电网资源管理”，右侧子菜单点击“设备变更申请”，见图 1–27。

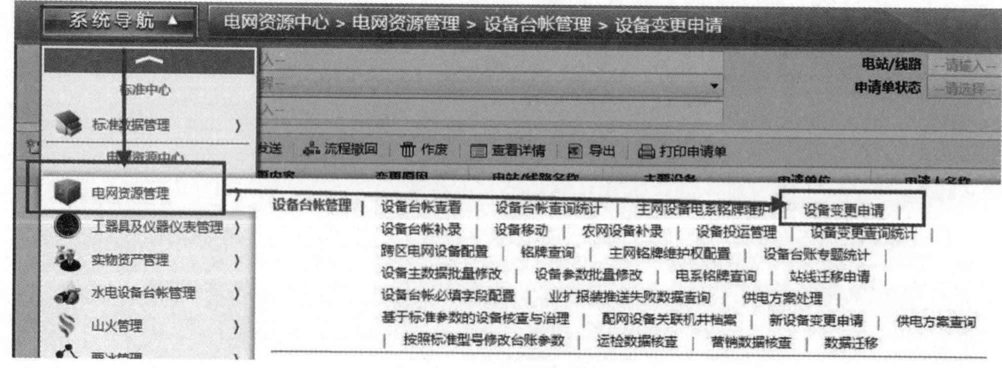

图 1–27　进入设备变更申请

进入“设备变更申请”后选择单击“新建”，在新建变更申请单对话框中填写必填字段，“申请类型”选择“设备新增”，新增图形在“图形变更”前打“√”后点击“保存并启动”，见图 1–28。

弹出审核界面发送给变更审核人，选择审核人后点击“确定”，见图 1–29。

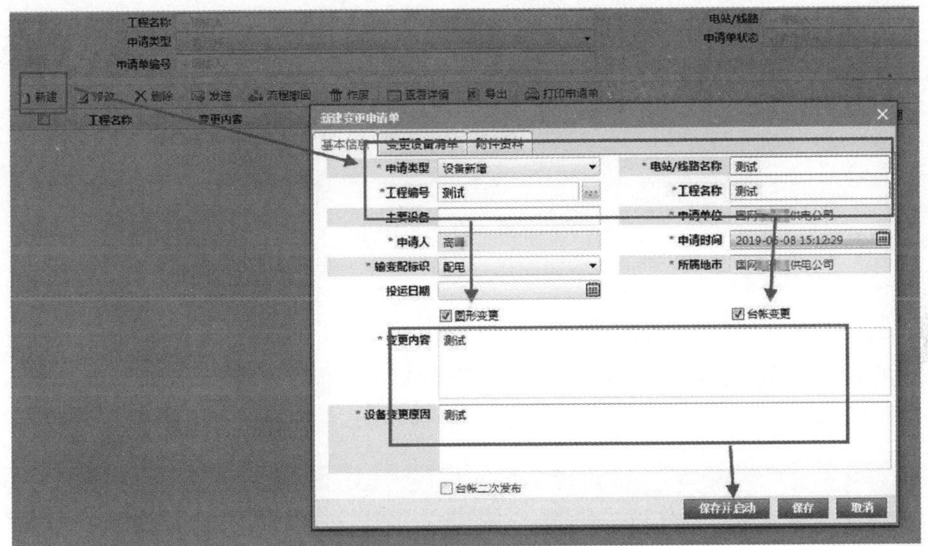

图 1–28　填写申请单

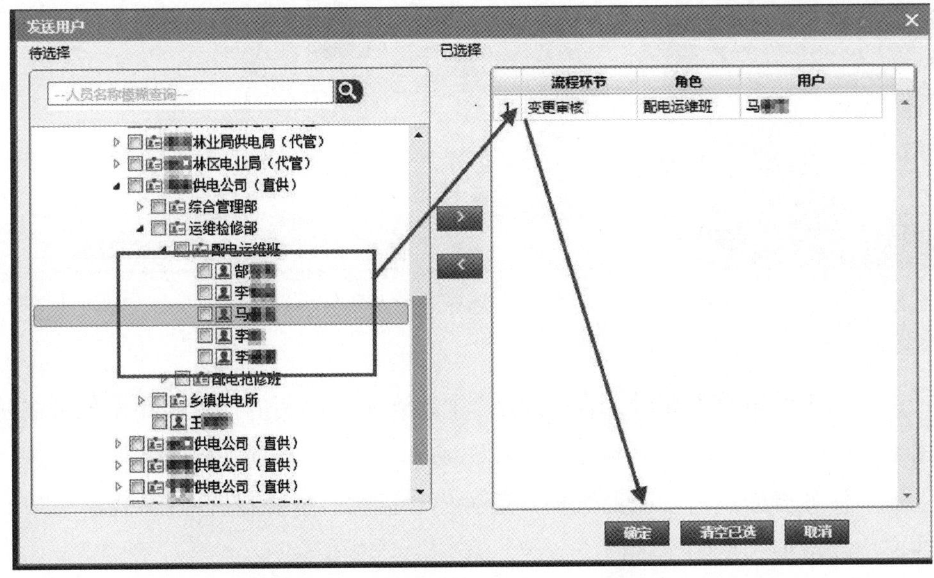

图 1–29　发送审核人

进入发送的审核人账号，在“待办”中找到刚才申请的任务，单击任务名称，见图 1–30。

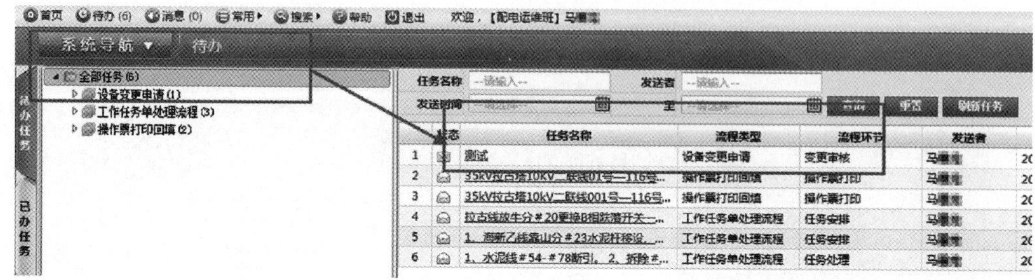

图 1–30　进入申请单

进入任务页面填写“审核意见”后点击“发送”，在“图形维护”中选择维护人员双击，选择后点击“确定”，见图 1–31。

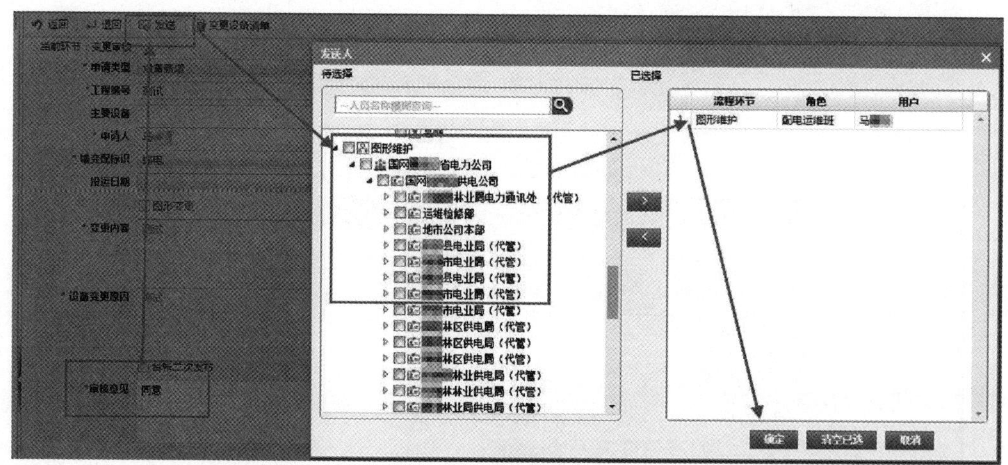

图 1–31　选择维护人员

进入发送的审核人账号，在“待办”中找到刚才申请的任务，单击任务名称，见图 1–32。

进入任务界面点击“图形维护”后弹出对话框，选择打开“PMS2.0”即可进行图形端的维护，见图 1–33。

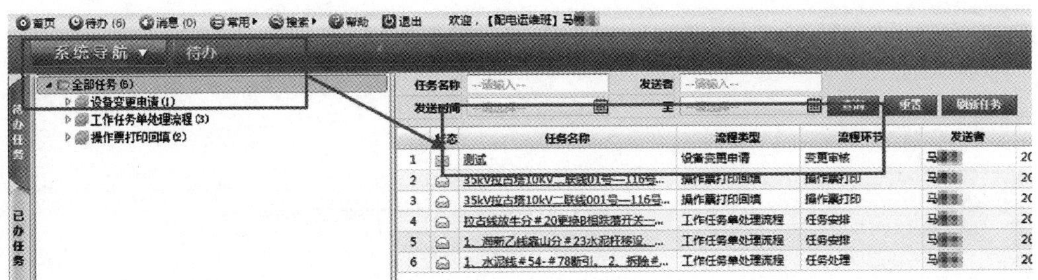

图 1–32　进入申请单

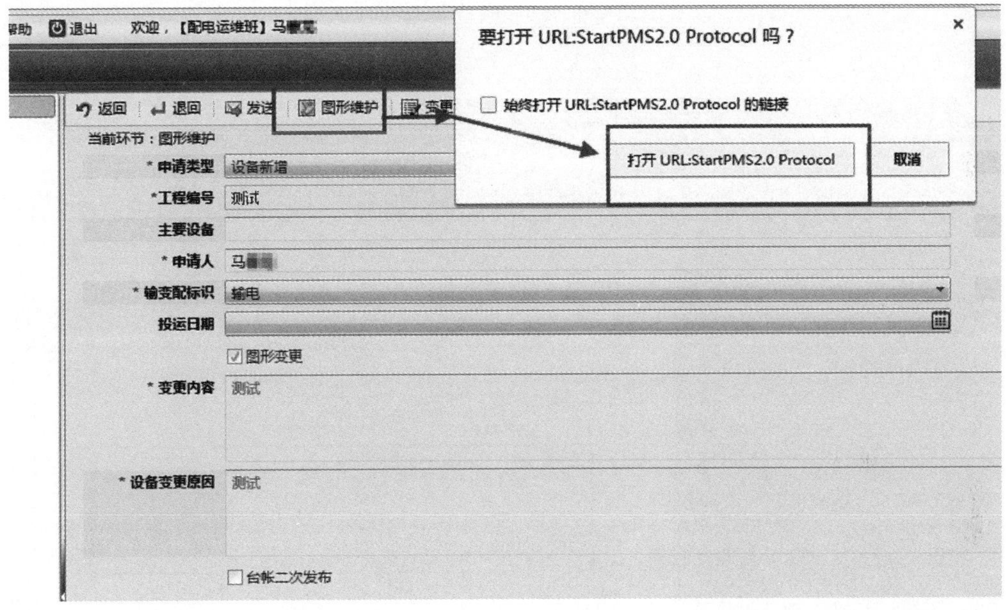

图 1–33　进入图形维护

9. 配电网设备新增流程如何启动——台账？

答：点击“系统导航”下拉菜单中选择“电网资源管理”，右侧子菜单单击“设备变更申请”，见图 1–34。

进入“设备变更申请”后选择单击“新建”，在新建变更申请单对话框中填写必填字段，“申请类型”选择“设备新增”，新增台账在“台账变更”前打“√”后点击“保存并启动”，见图 1–35。

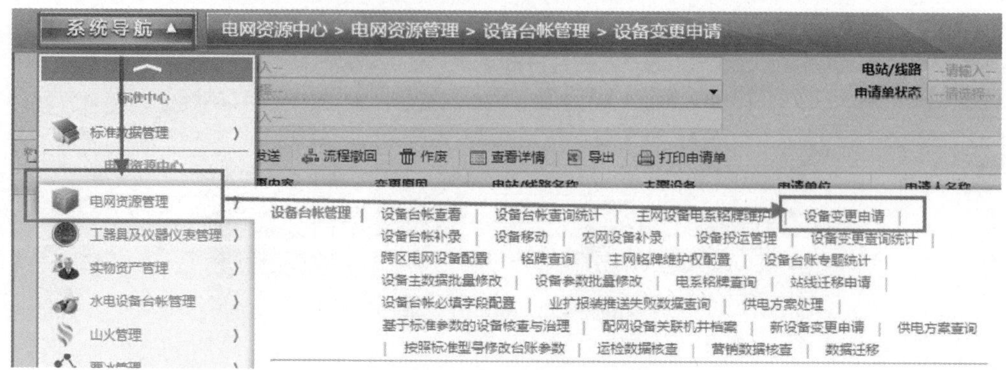

图 1–34　进入设备变更申请

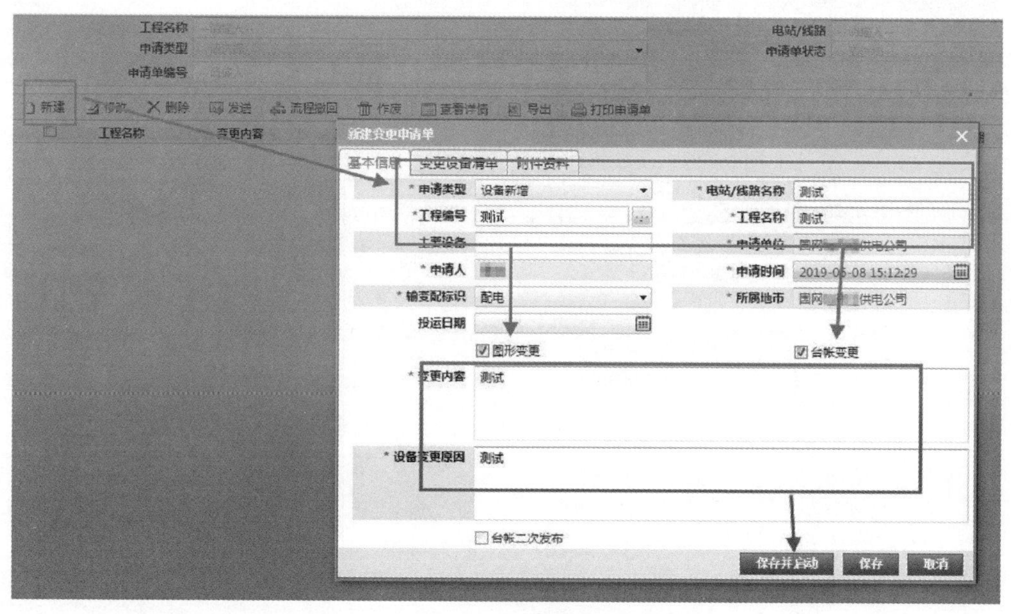

图 1–35　填写申请单

弹出审核界面发送给变更审核人，选择审核人后点击“确定”，见图 1–36。

进入发送的审核人账号，在“待办”中找到刚才申请的任务，单击任务名称，见图 1–37。

进入任务页面填写“审核意见”后点击“发送”，在台账维护中选择维护人员，双击选择后点击“确定”，见图 1–38。

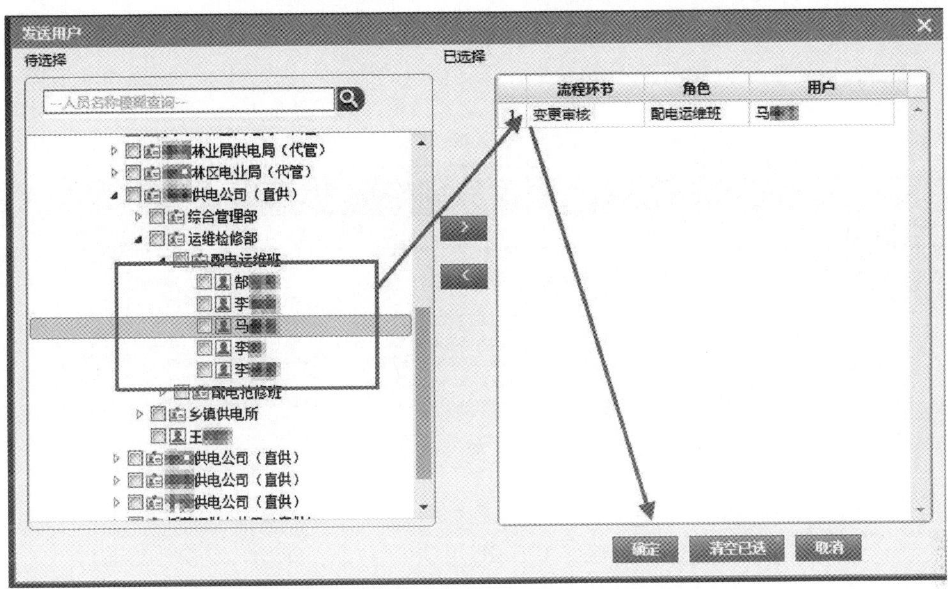

图 1-36　选择审核人

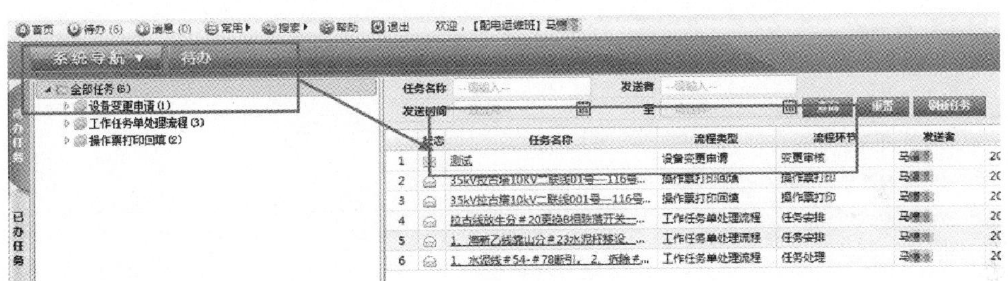

图 1-37　进入申请单

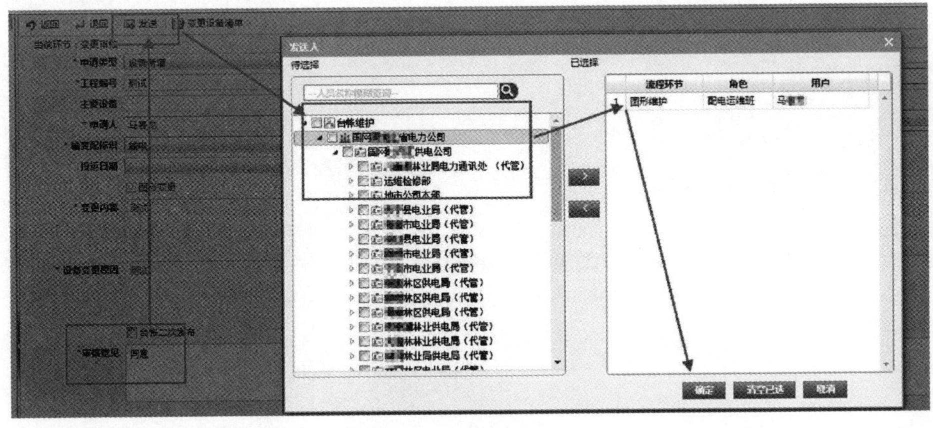

图 1-38　选择维护人员

进入发送的审核人账号，在“待办”中找到刚才申请的任务，单击任务名称，见图 1–39。

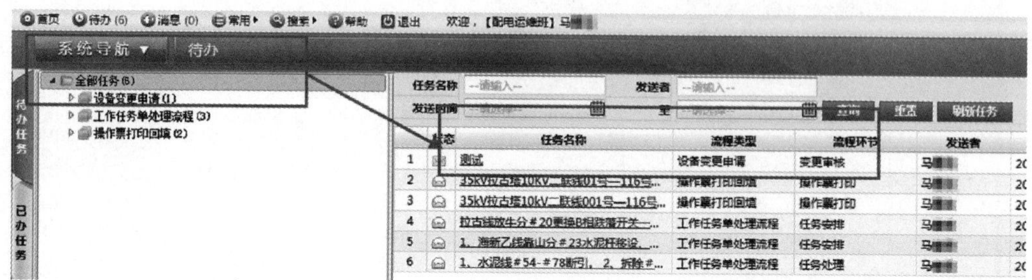

图 1–39　进入申请单

进入任务界面，点击“台账维护”即可进行台账的新增，见图 1–40。

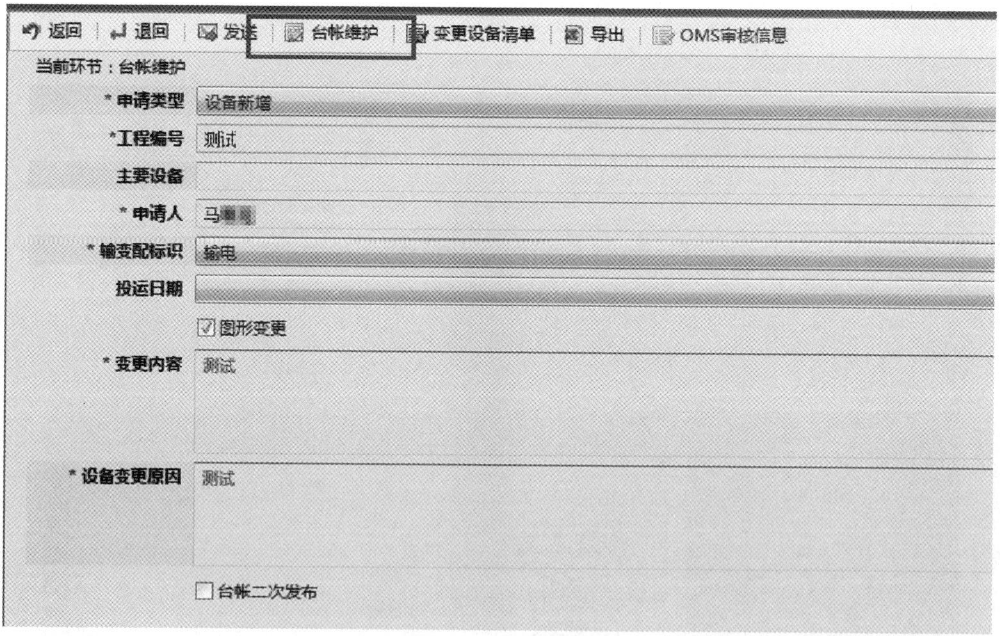

返回　退回　发送　台帐维护　变更设备清单　导出　OMS审核信息

当前环节：台帐维护

* 申请类型　设备新增

*工程编号　测试

主要设备

* 申请人　马

* 输变配标识　输电

投运日期

☑ 图形变更

* 变更内容　测试

* 设备变更原因　测试

☐ 台帐二次发布

图 1–40　进入台账维护

10. 低压设备应如何建立?

答： 先新建一条台账的设备变更申请，进行到台账维护环节，具体参照“配网设备新增流程”，点击“台账维护”，见图 1–41。

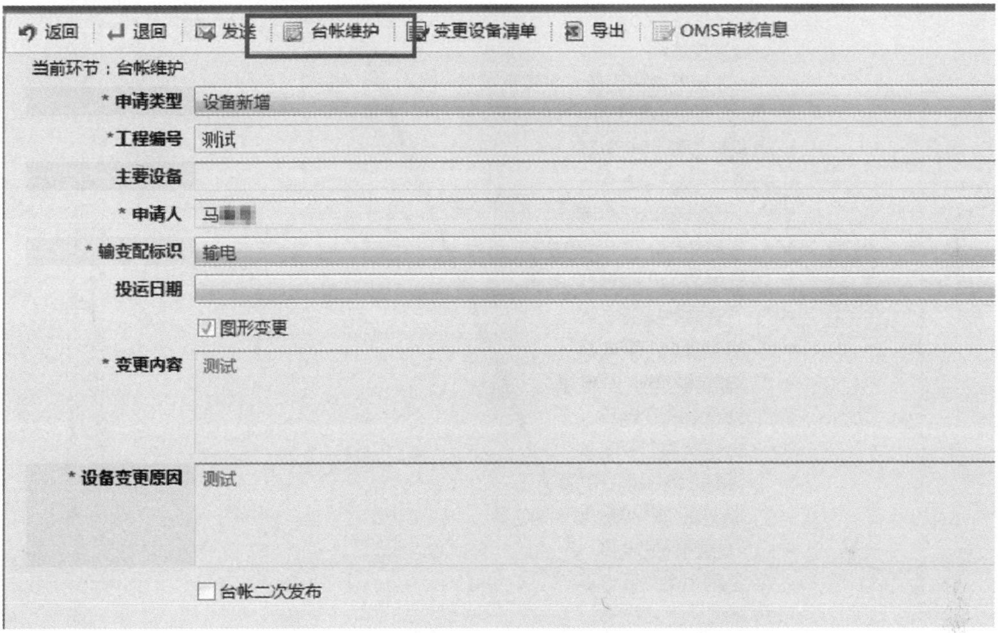

图 1–41　台账维护

如添加的是站内的低压设备则在“站内一次设备”内选择配电变压器，右键单击“跳转到低压设备”，添加的是线路低压设备则在“线路设备”中选择一台柱上变压器，右键单击“跳转到低压设备”，见图 1–42。

跳转到低压设备树后即可新建低压设备，见图 1–43。

--请输入--
供电公司（直供）
交流10kV
配电室
供热配电站变电亭
高压部分
供热变电亭1号变间隔
供热变电亭1号变
供热变电亭2号变间隔
刷新
跳转到低压设备
低压部分
接地网
配电站内设备在线监测装置
配电电能质量在线监测装置
站内一次设备
二次设备
线路设备

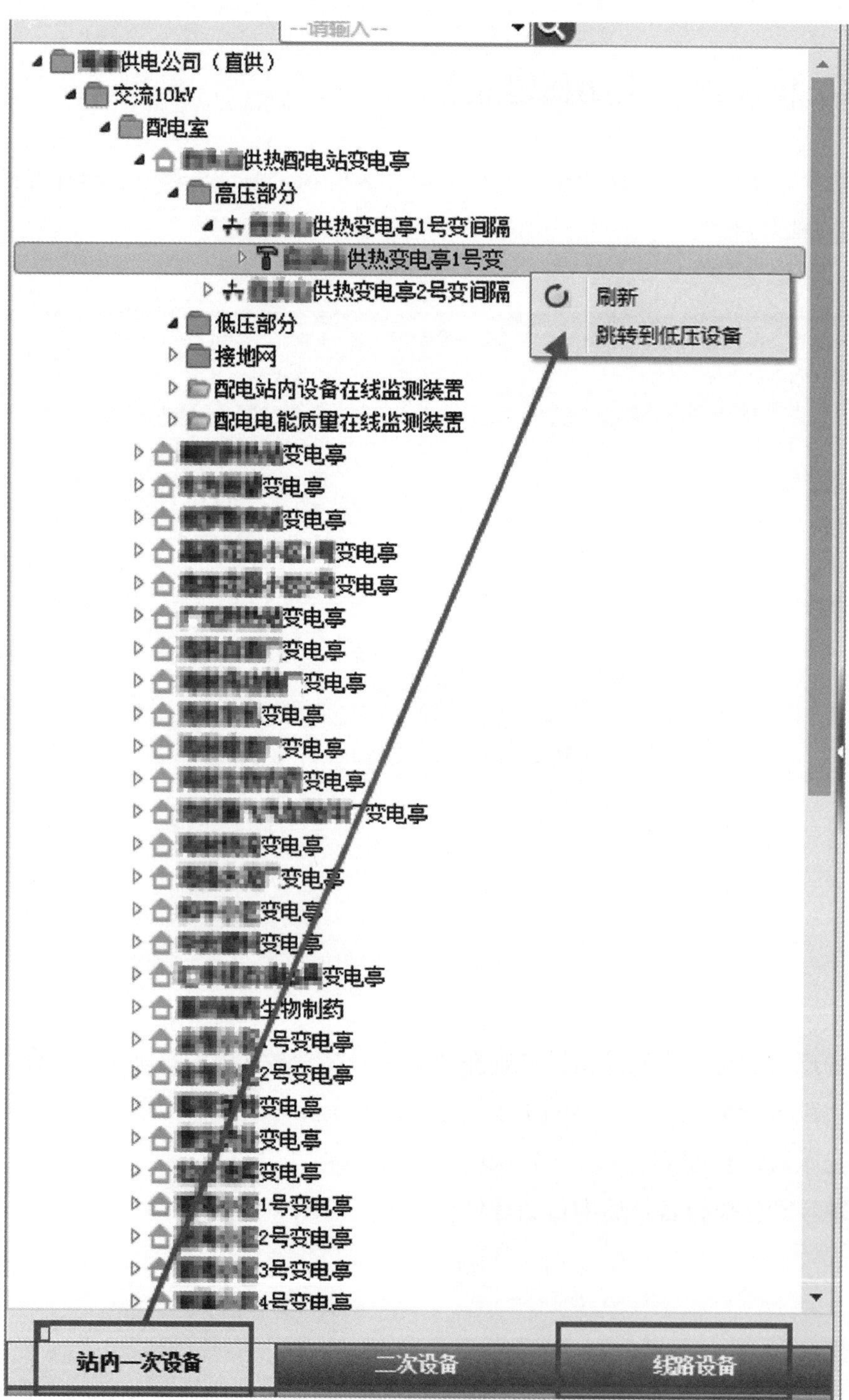

图 1-42　跳转低压设备

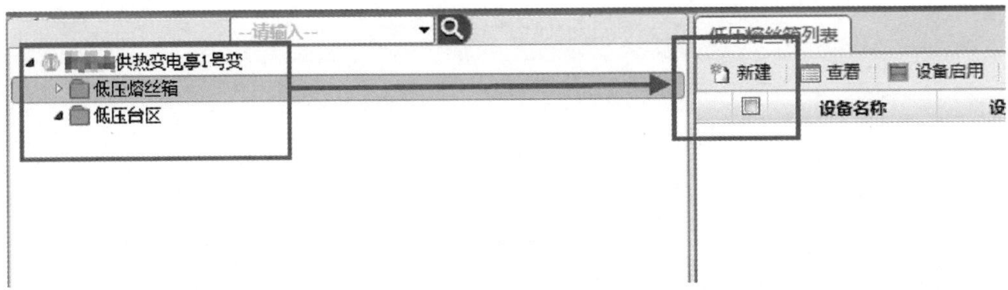

图 1–43　新建低压设备

11. 站用交直流设备应如何建立？

答： 点击“系统导航”下拉菜单中选择“电网资源管理”，右侧子菜单点击“设备变更申请”，见图 1–44。

图 1–44　进入设备变更申请

单击“新建”，见图 1–45。

图 1-45 新建变更

填全所有红色星号后单击“保存并启动”，发送给班长审核，二次设备不用勾选“图形变更”，不要选择“台账二次发布”，见图 1-46。

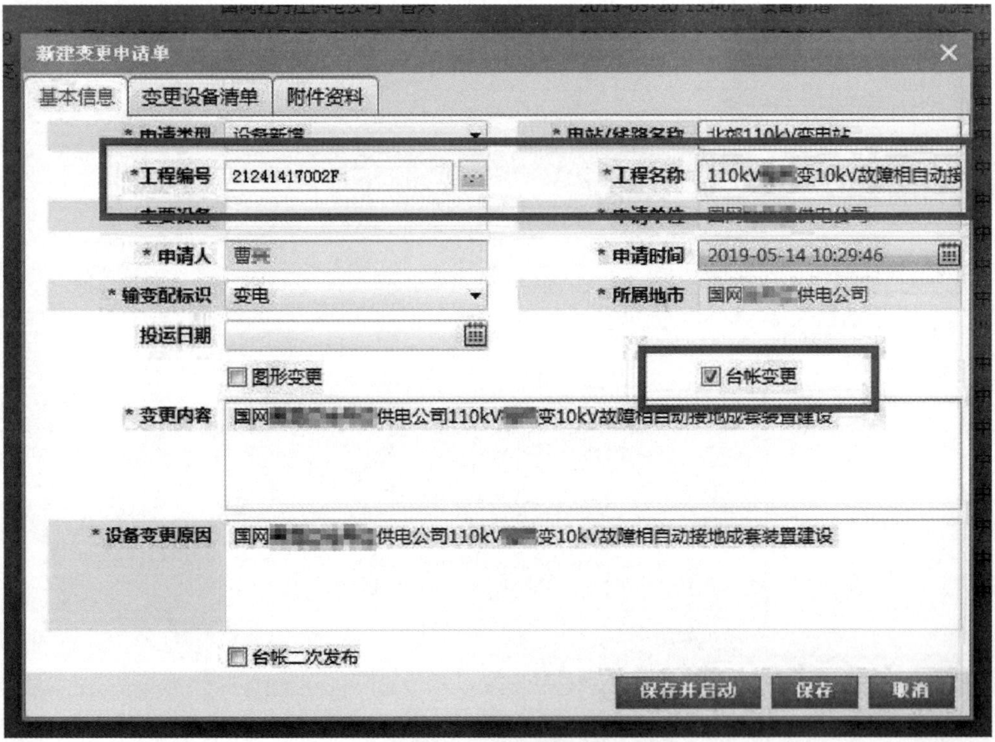

图 1-46 填写申请单

选择相应班组并选择本班组班长，见图 1-47。

班长审核，见图 1-48。

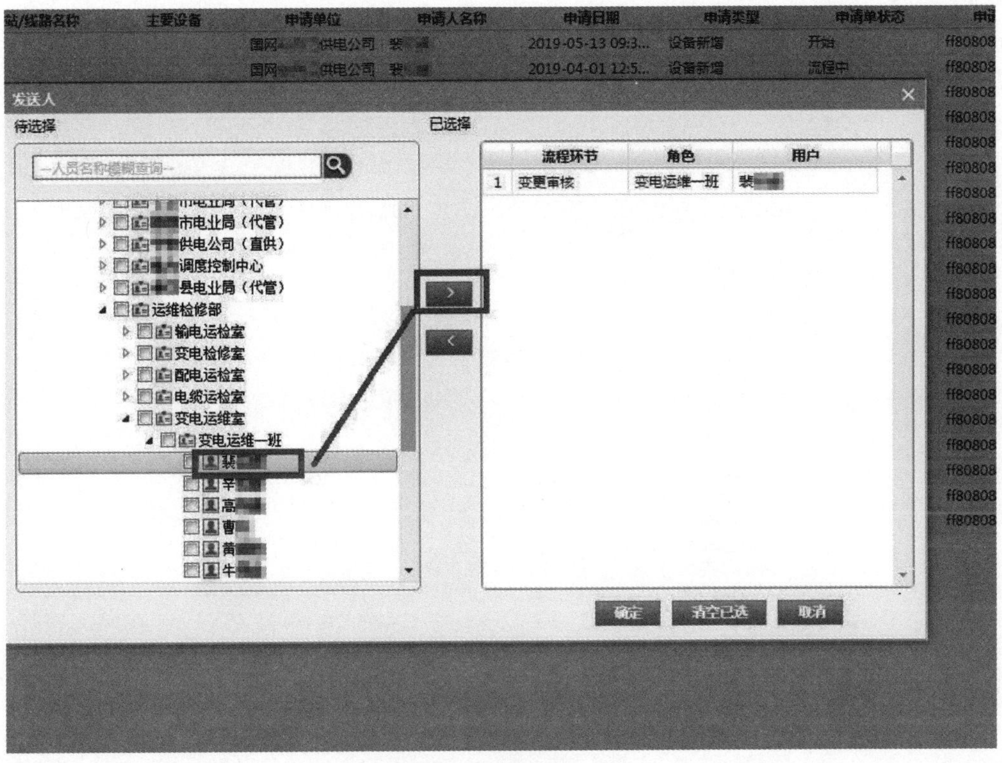

图 1–47　选择维护人员

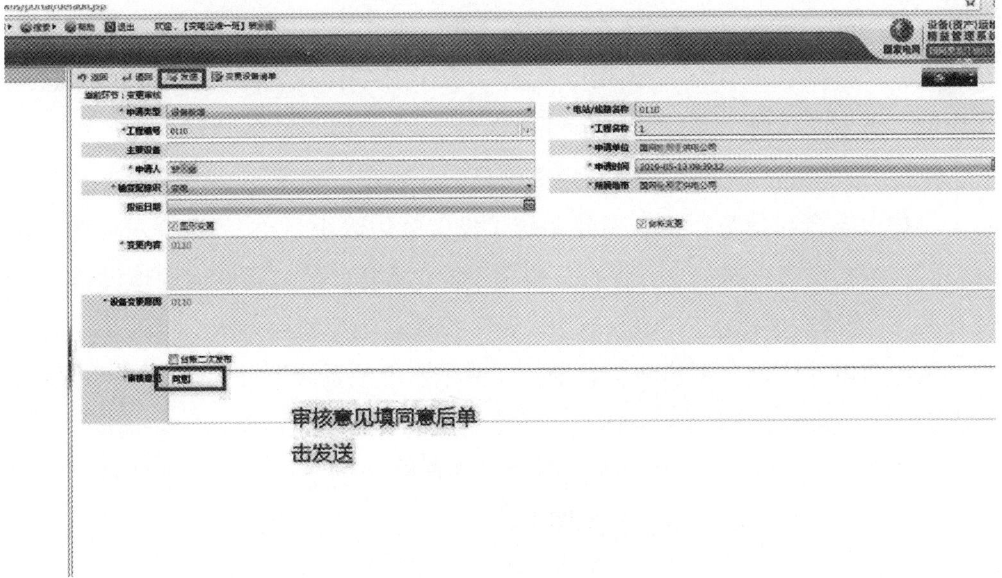

图 1–48　审核变更单

任务发送给班员，点击“确定”，见图 1–49，申请流程结束。

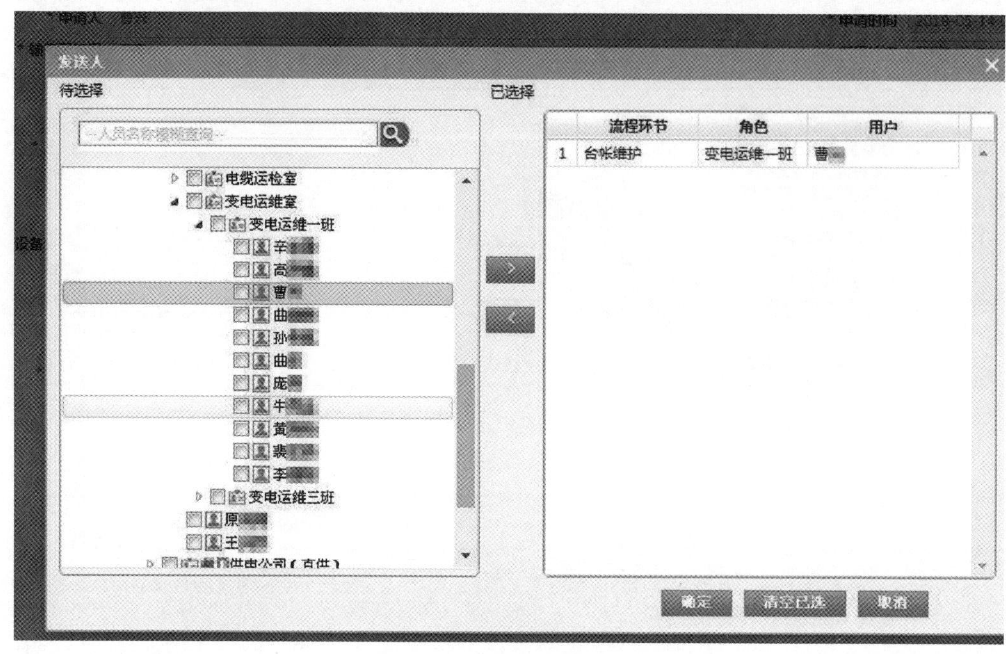

图 1–49　选择维护人员

台账维护：选择“二次设备”→选择变电站“交直流电源及站用电系统”，在右上方“直流电源系统”“站用电系统”“交直流一体化电源”三个标签中选择相应的，点击“新建”，见图 1–50 和图 1–51。

维护“系统名称”：填写新增设备信息后，点击“确定”，见图 1–52。

维护设备台账信息：打开新建系统（设备旁边的小三角），选择对应的设备“新建”，维护设备台账信息，保存。以下“直流充电装置”“蓄电池巡检设备”“空气开关”“绝缘监察设备”“UPS 电源设备”参照蓄电池新建方法。

两组蓄电池应该分别建两个系统，在两个蓄电池系统下分别建 1 号蓄电池和 2 号蓄电池。见图 1–53~ 图 1–55。

发送任务结束流程：进入待办→“设备台账变更申请”→“审核意见”同意→发送班长审核→结束流程，见图 1–56。

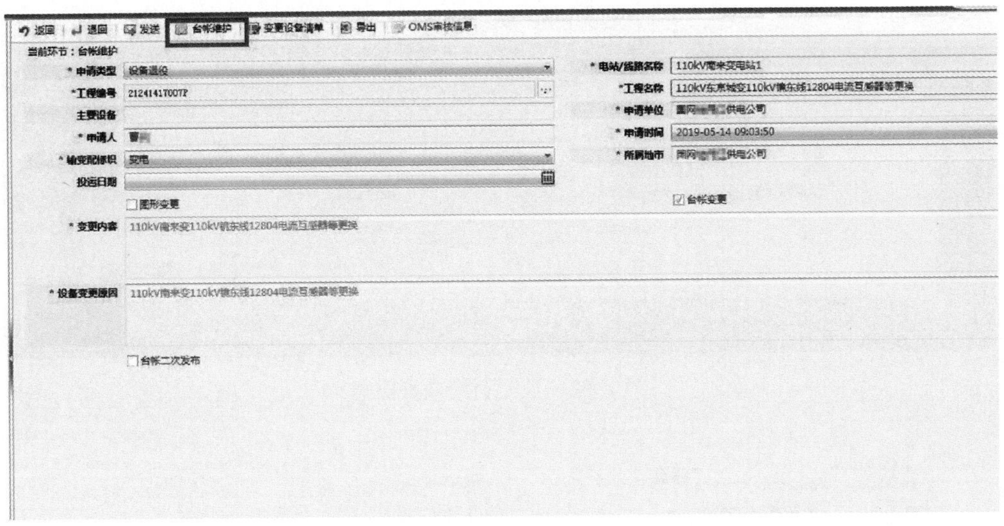

图 1–50 台账维护

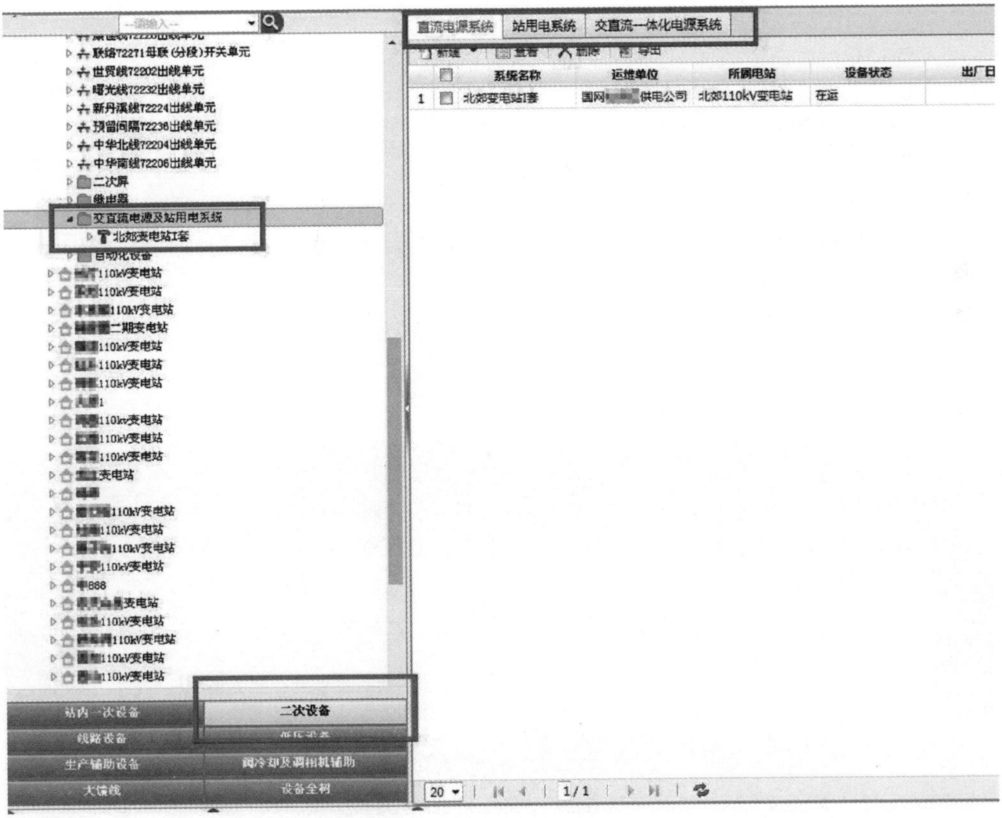

图 1–51 新建设备

图 1–52　填写新增设备信息

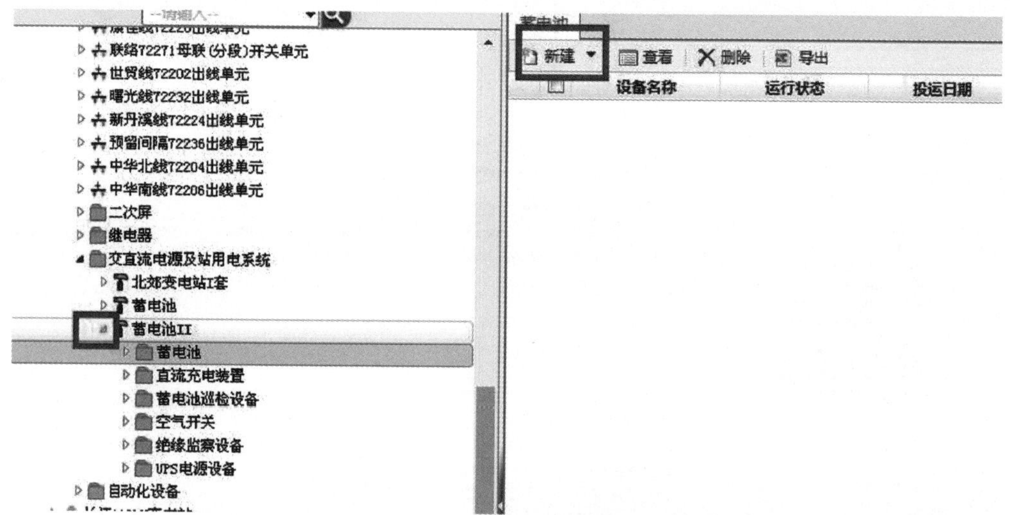

图 1–53　新建设备

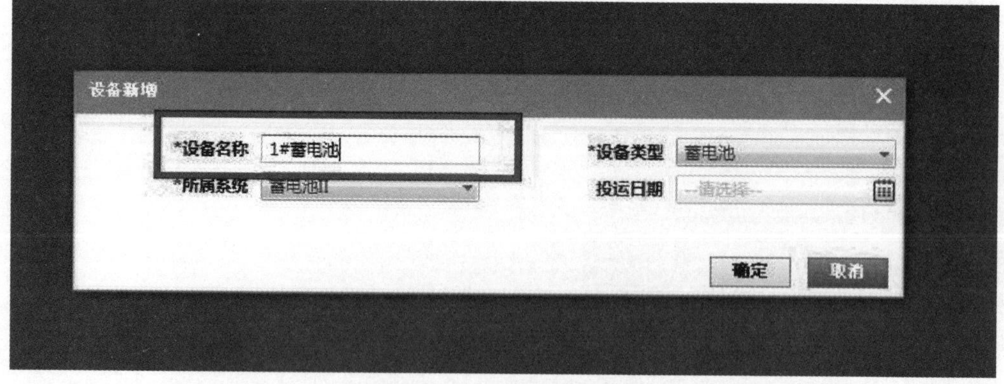

图 1–54　填写设备信息

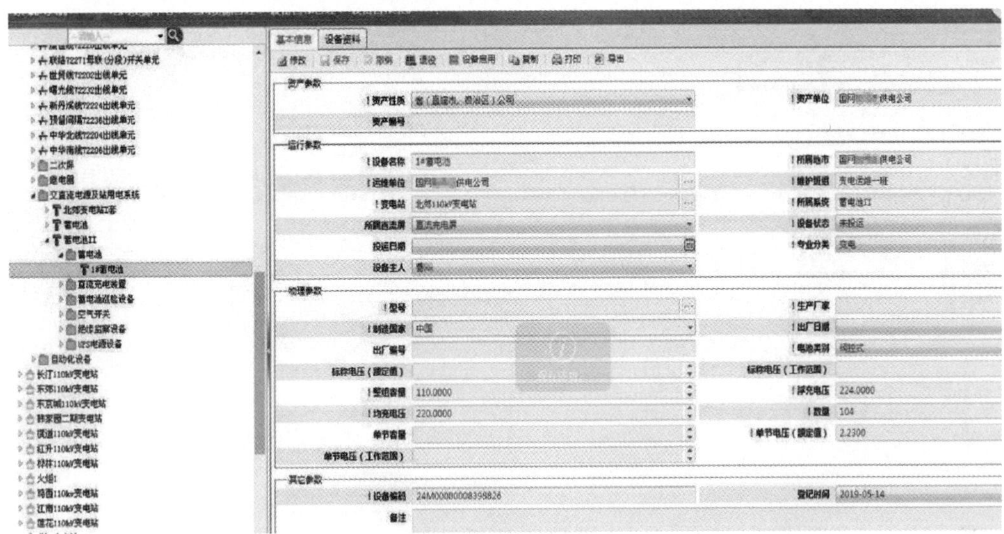

图 1–55　维护设备信息

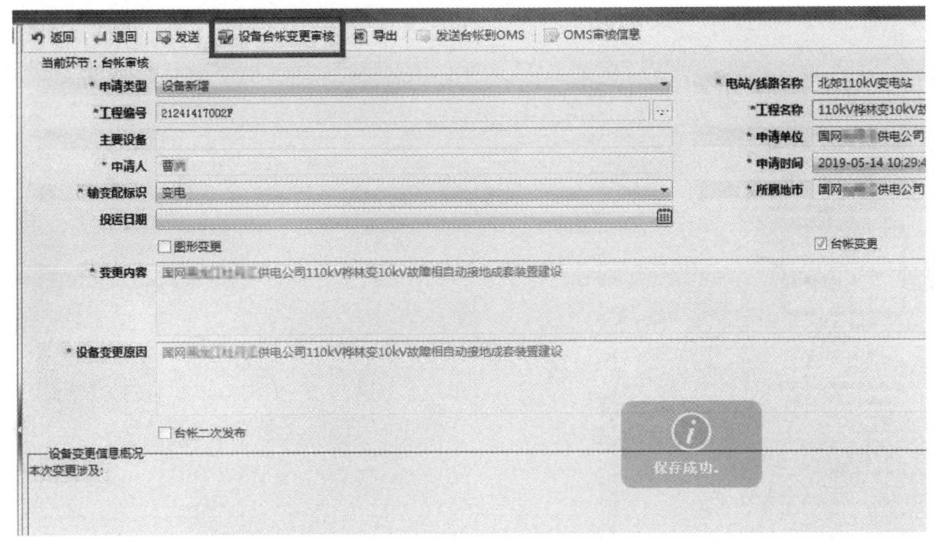

图 1–56　变更审核结束流程

12. 继电保护及自动化设备应如何建立？

答：新建一个台账新建任务，打开任务，单击“台账维护”，见图 1–57。选择“二次设备”→选择相应变电站→“二次屏”→“新建”，见图 1–58。

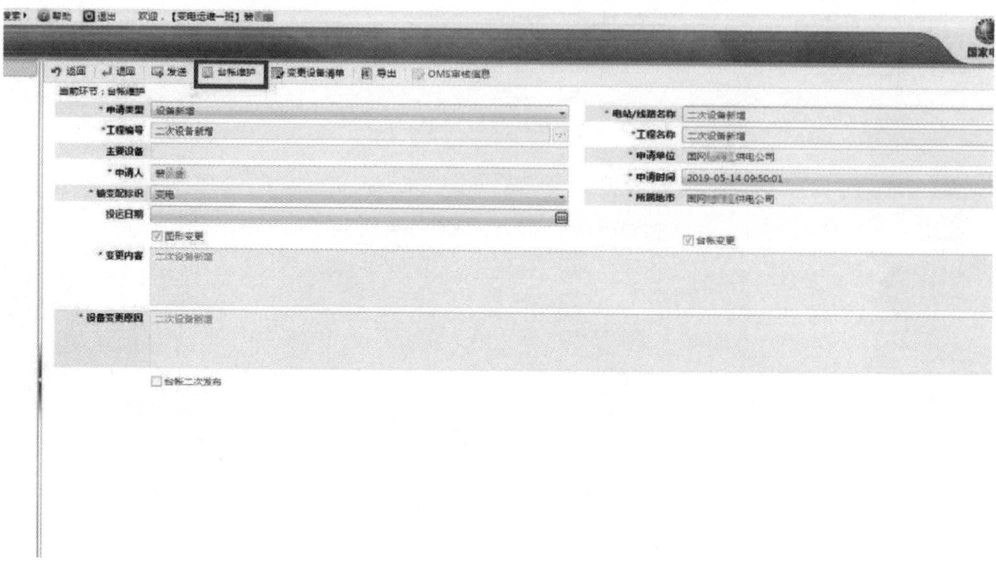

图 1-57　进入台账维护

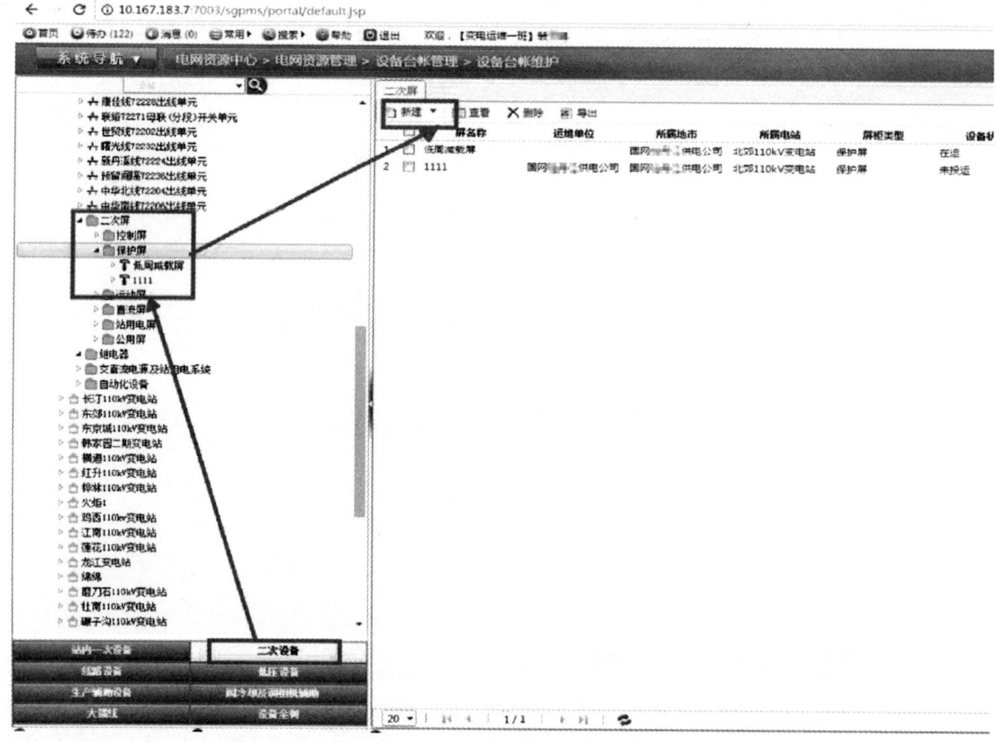

图 1-58　新建台账

在新建的目录下将该保护所属屏柜名称填写完全，屏柜类型选择正确，见图 1–59。

将设备状态更改为“在运”，其余必填项维护完全，见图 1–60。

图 1–59　填写名称

图 1–60　维护台账内容完全

然后找到所需将保护的相应间隔单元，在“设备列表”子菜单下单击“新建”，见图 1–61。

维护好必填字段，点击“确定”，见图 1–62。

单击“修改”维护必填字段，见图 1–63 和图 1–64。

选择刚刚新建的保护屏，将新建的保护屏和二次屏柜关联，见图 1–65。

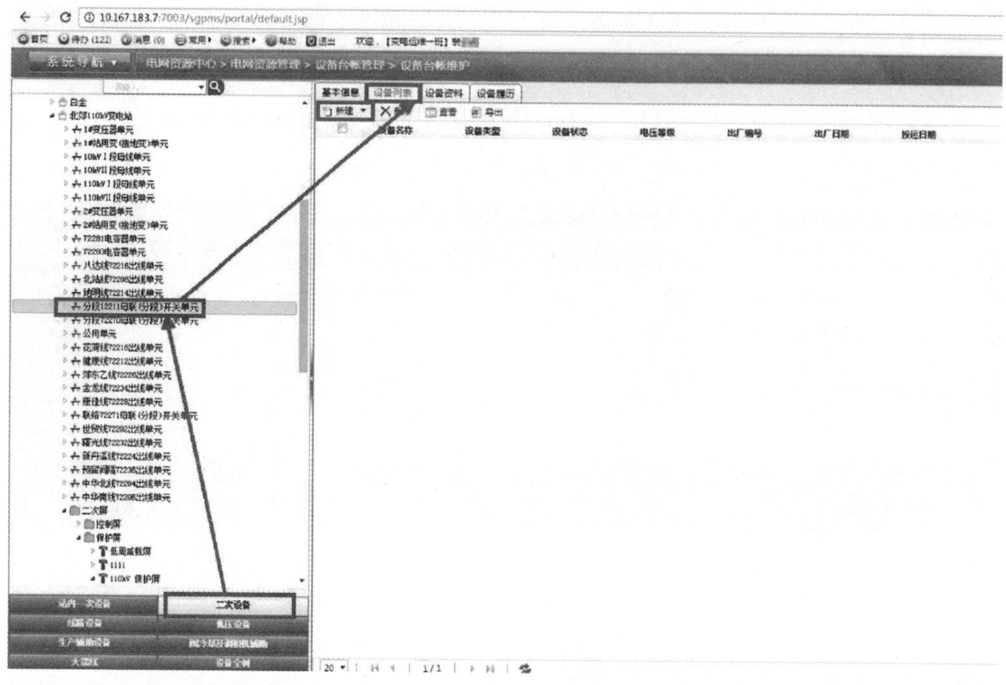

图 1–61　新建设备台账

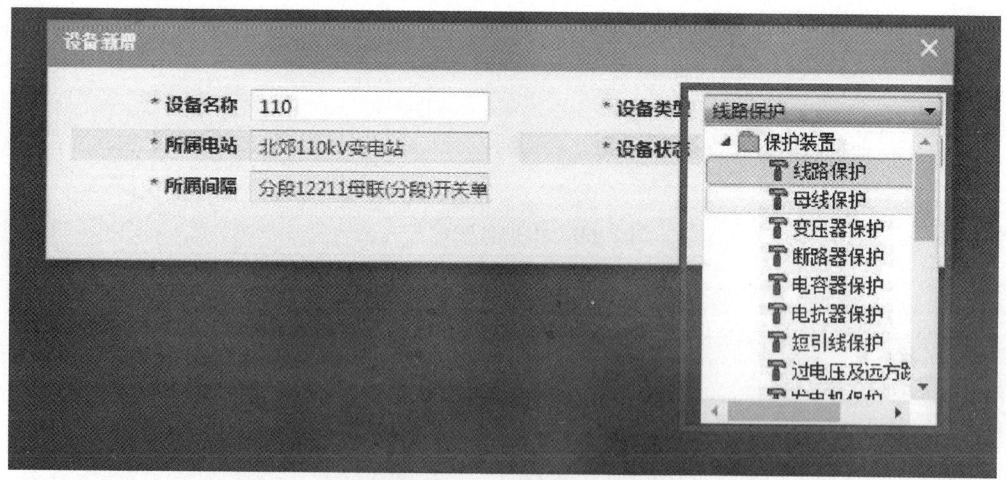

图 1–62　填写好设备字段

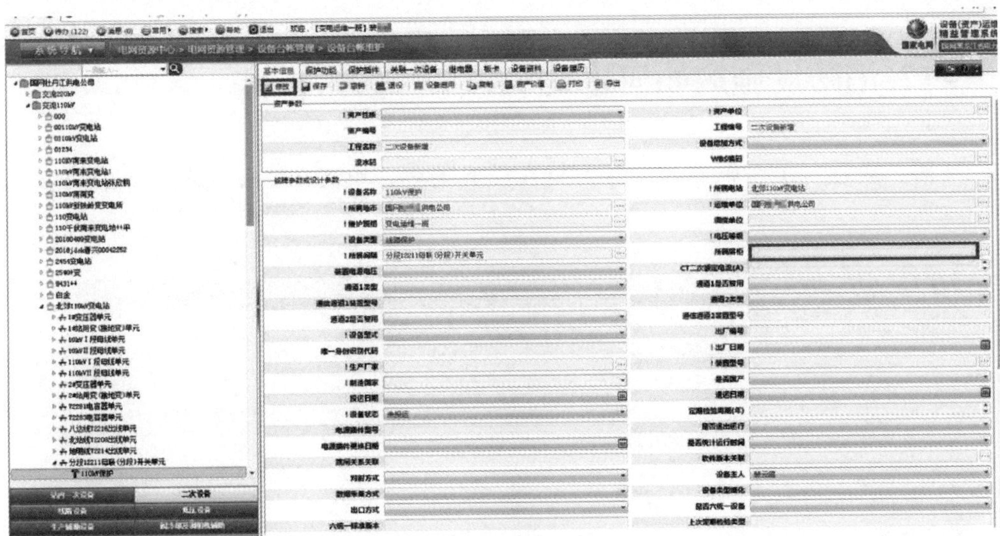

图 1–63 填写设备必填字段

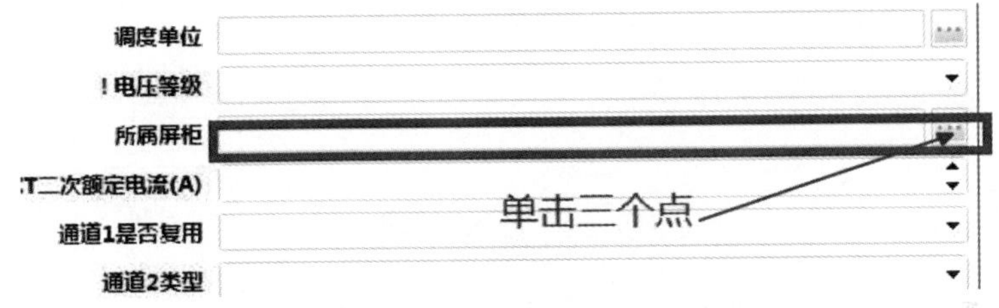

图 1–64 选择所属柜

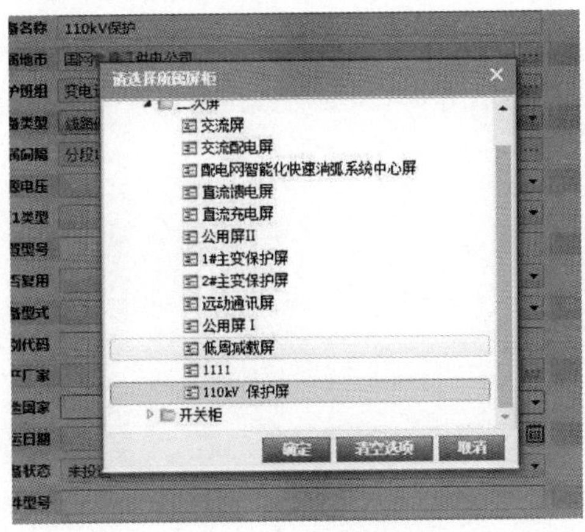

图 1–65 关联设备

保存之后启动结束流程。

13. 消防设施应如何建立？

答：新建一个台账新建任务，打开任务菜单，单击“台账维护”，见图 1–66。

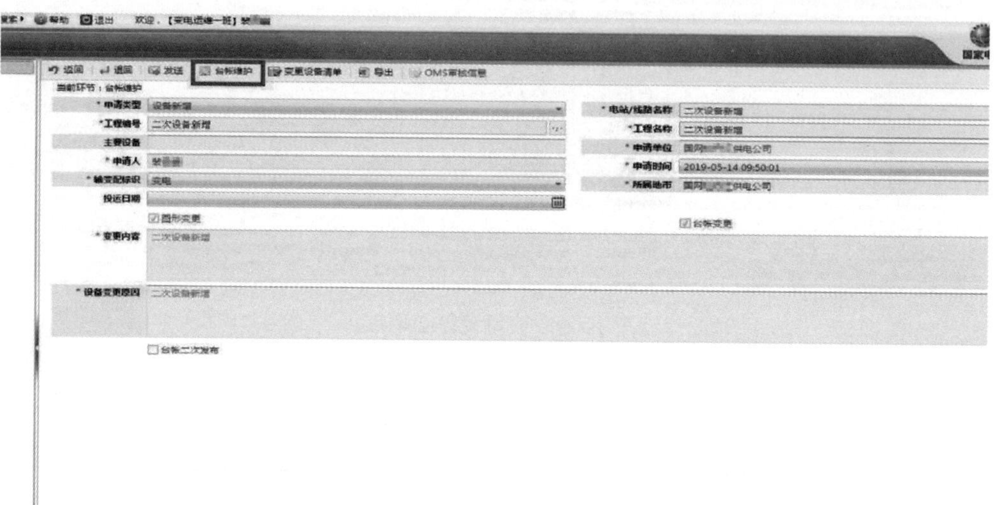

图 1–66　进入台账维护

点击生产辅助类设备，见图 1–67。

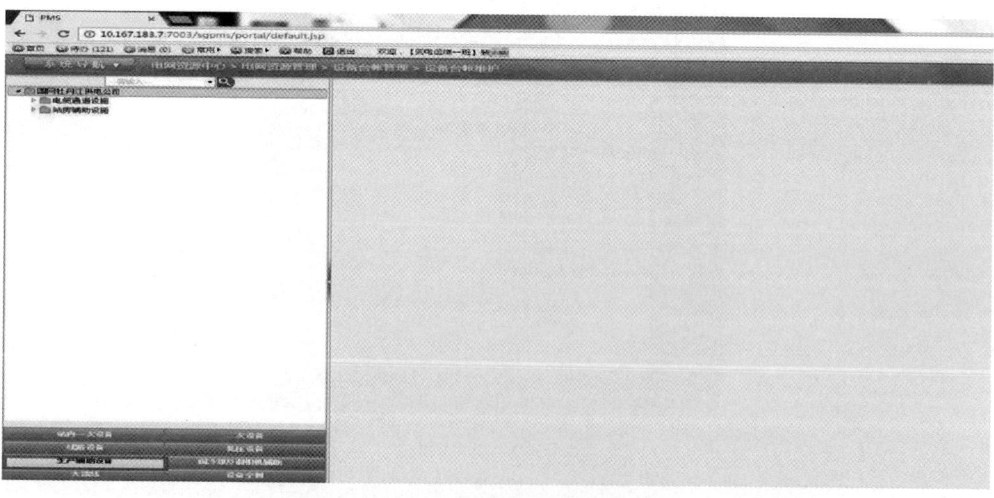

图 1–67　进入生产辅助设备

找到相应变电站，在该变电站节点下新建消防设施，见图 1–68。

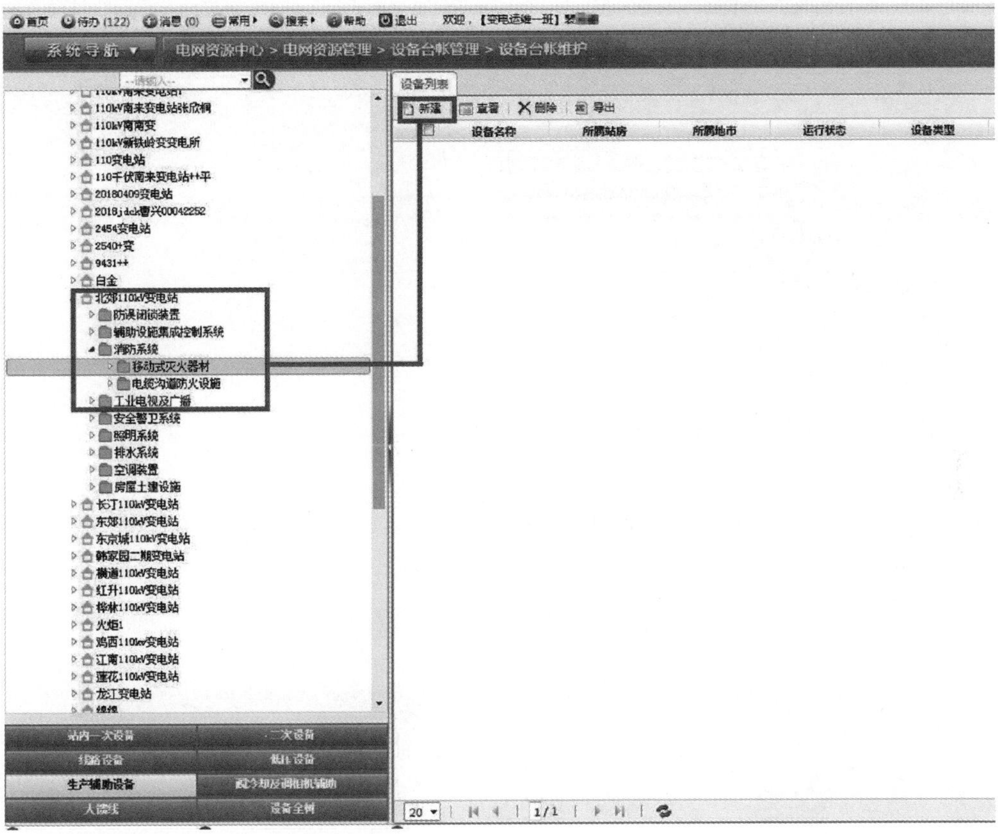

图 1–68 新建设备

点击“新建”后，在新建对话框中将信息维护完整后保存，见图 1–69。

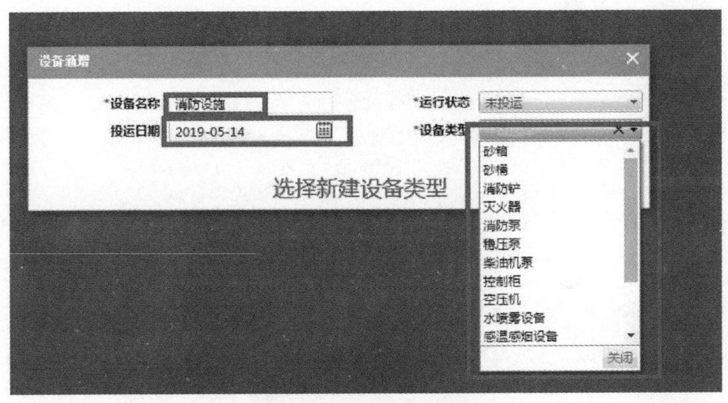

图 1–69 填写新建设备明细

在新增的设备台账处点击“修改”，将设备状态“未投运”更改为“投运”，见图 1–70。

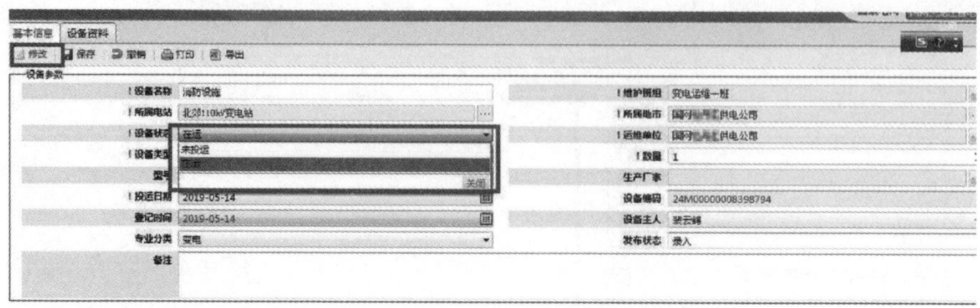

图 1–70　更改设备状态

然后将新建任务结束，消防设施新建完毕。

14. 防误装置应如何建立？

答：新建过程同消防设施，关键步骤见图 1–71。

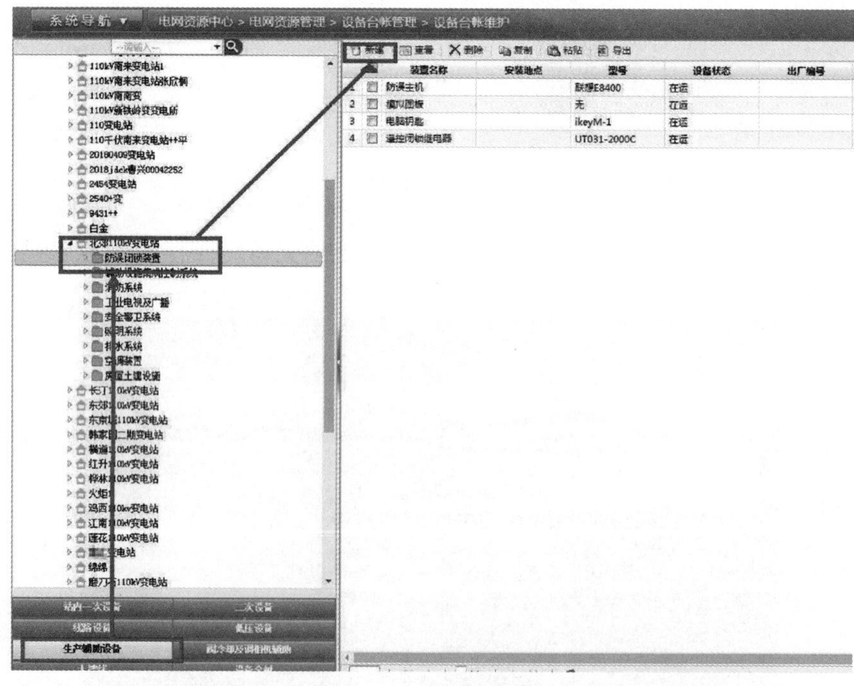

图 1–71　新建台账

15. 退役设备流程如何启动？

答：点击“系统导航”，下拉菜单中选择“电网资源管理”，右侧子菜单点击“设备变更申请”，见图 1–72。

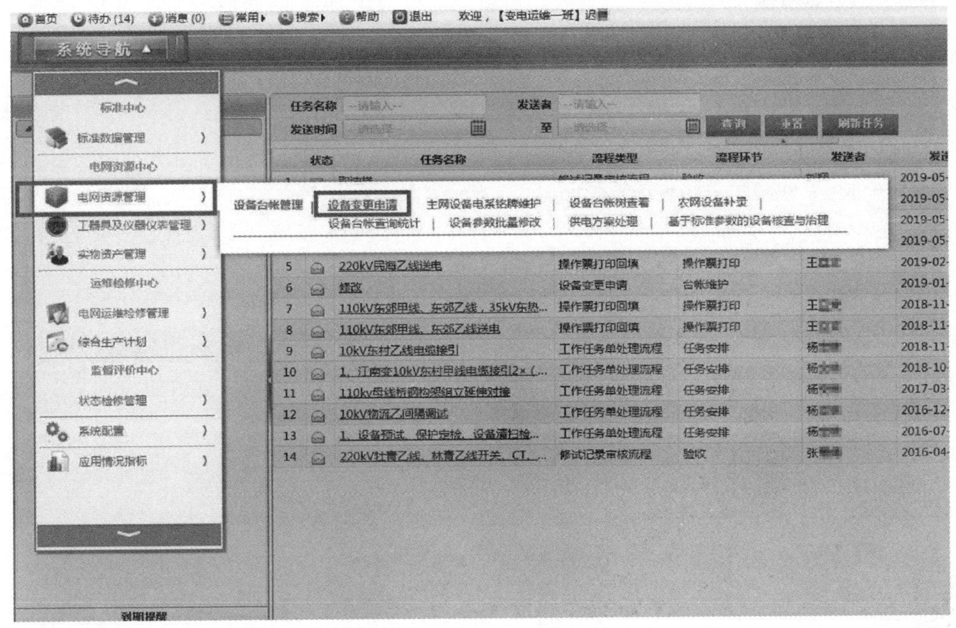

图 1–72 进入变更申请

单击“新建”，见图 1–73。

填全所有红色星号项目后单击“保存并启动”，发送给班长审核，见图 1–74。

系统导航 ▼ 电网资源中心 > 电网资源管理 > 设备台帐管理 > 设备变更申请

工程名称 --请输入-- 电站/线路 --请输入--
申请类型 --请选择-- 申请单状态 --请选择--
申请单编号 --请输入--

新建 修改 删除 发送 流程撤回 作废 查看详情 导出 打印申请单

	工程名称	变更内容	变更原因	电站/线路名称	主要设备	申请单位	申请人名称
1		管控	管控	管控		国网 供电公司	迟
2		修改	修改	修改		国网 供电公司	迟
3		xiugai	xiugai	xiugai		国网 供电公司	迟

图 1–73 新建变更申请单

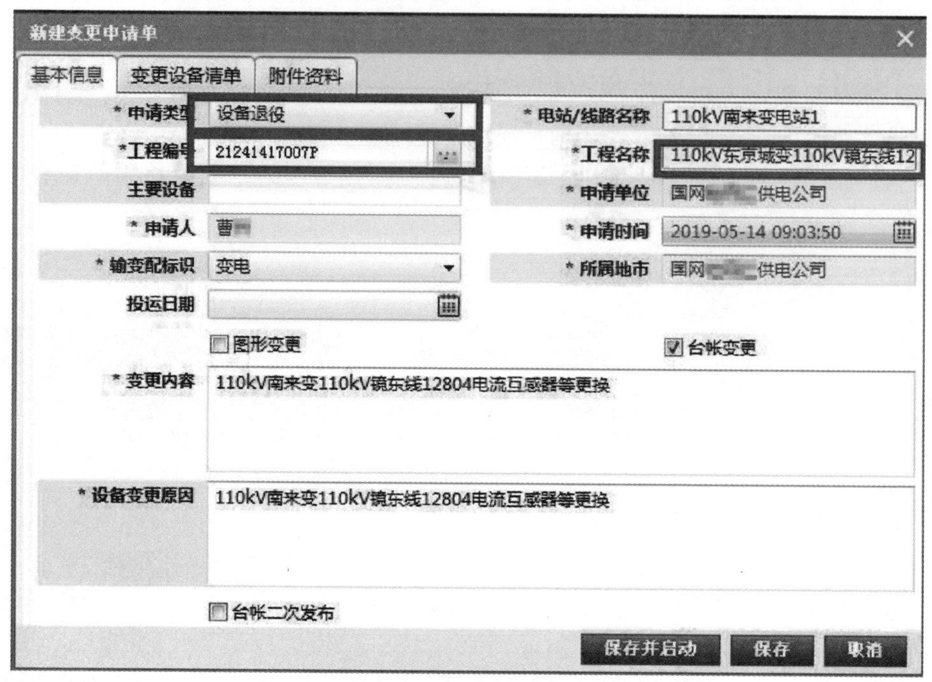

图 1–74　填写变更申请单

选择相应班组并选择本班组班长，见图 1–75。

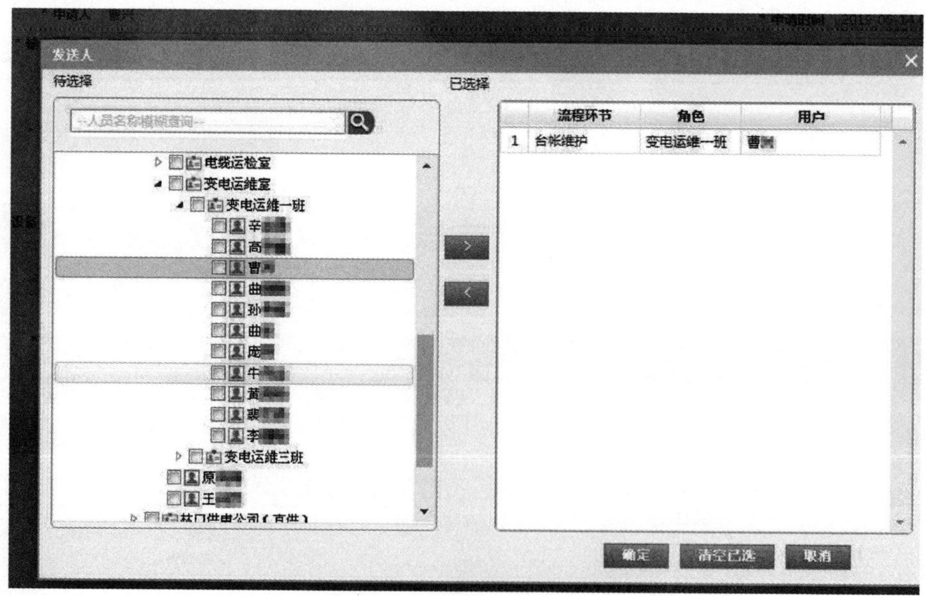

图 1–75　选择维护人员

班长审核，见图 1–76。

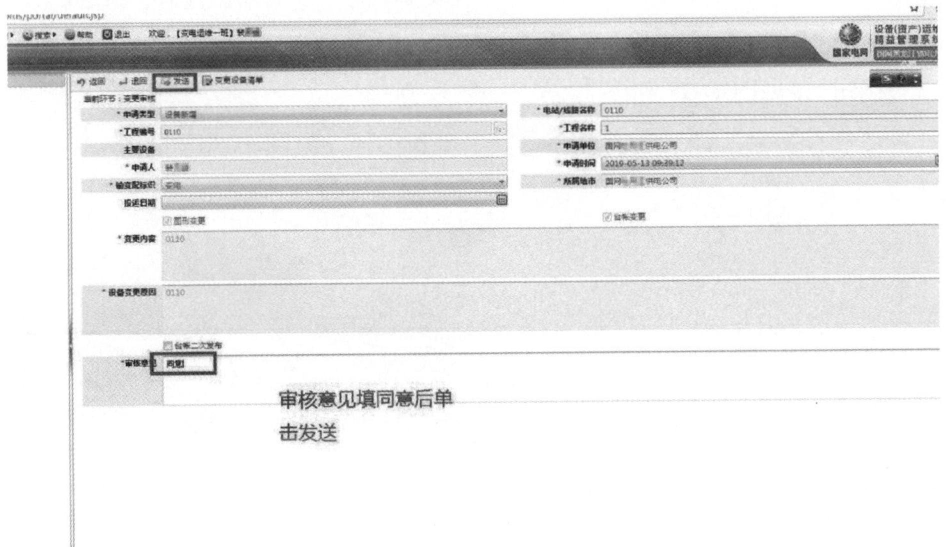

图 1–76 填写意见并发送

任务发送给班员，见图 1–77。

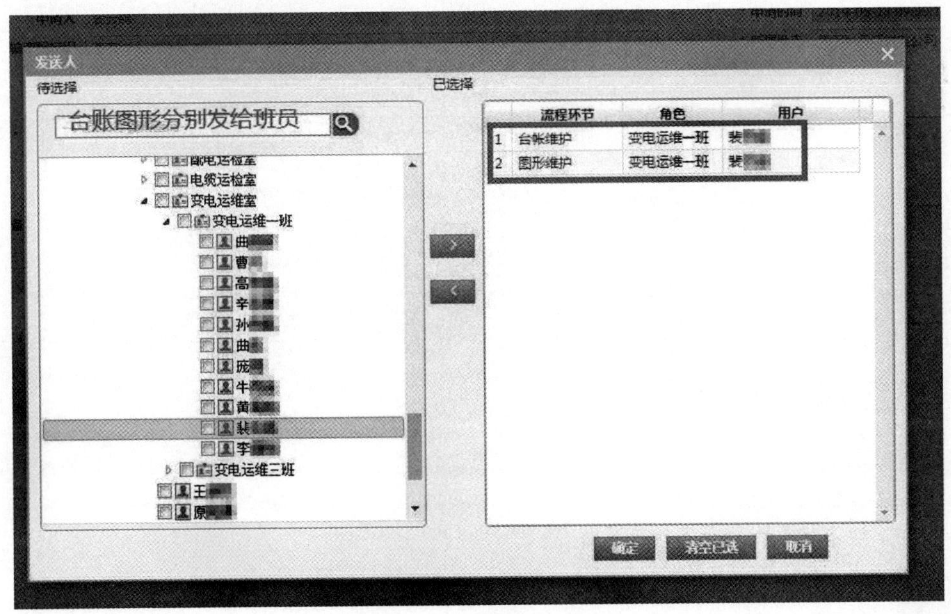

图 1–77 选择维护人员

任务启动结束。

进入 PMS 图形客户端图形任务，将该设备删除，并发送图形任务结束。

台账维护——选择要退役的设备，点击“退役”，选择退役时间及退役原因，点击“确定”，见图 1–78 和图 1–79。

发送任务结束流程：进入待办→发送班长审核，见图 1–80 和图 1–81。

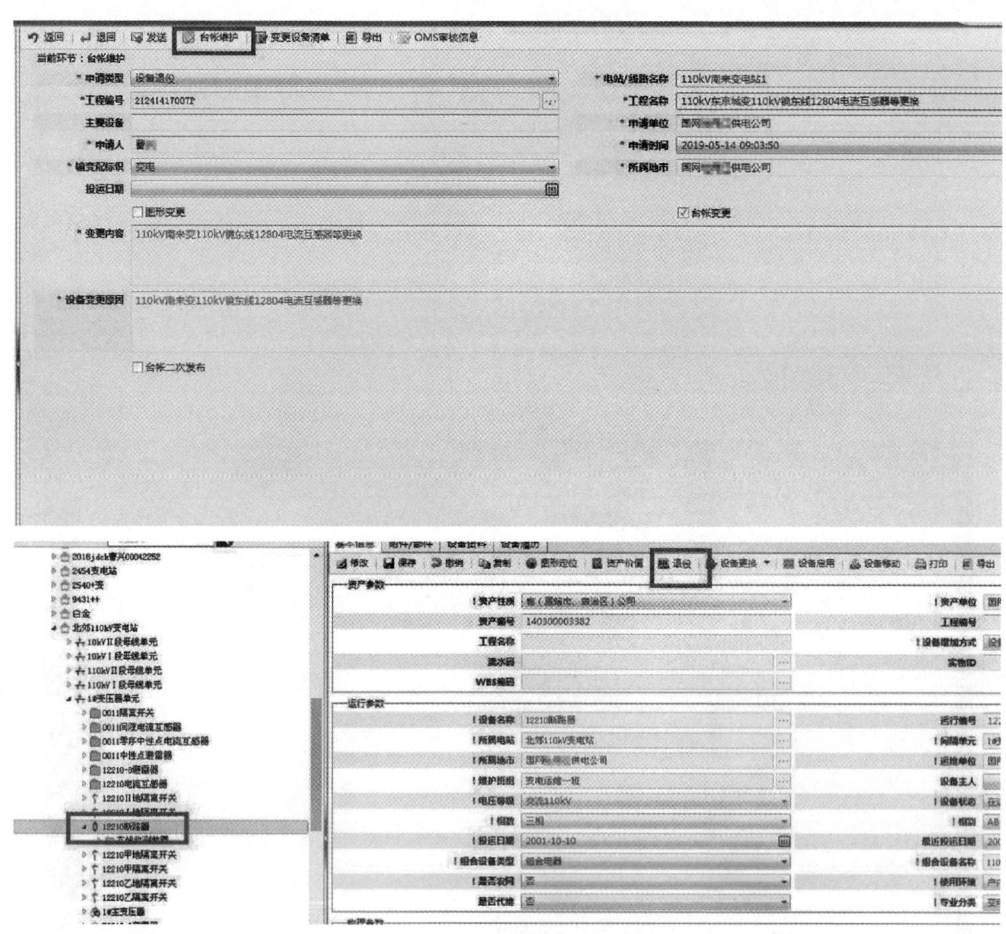

图 1–78　选择设备进行退役

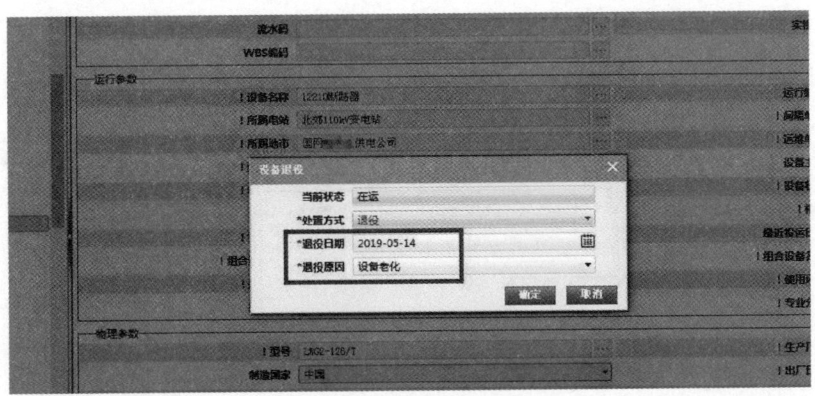

图 1-79 填写退役原因

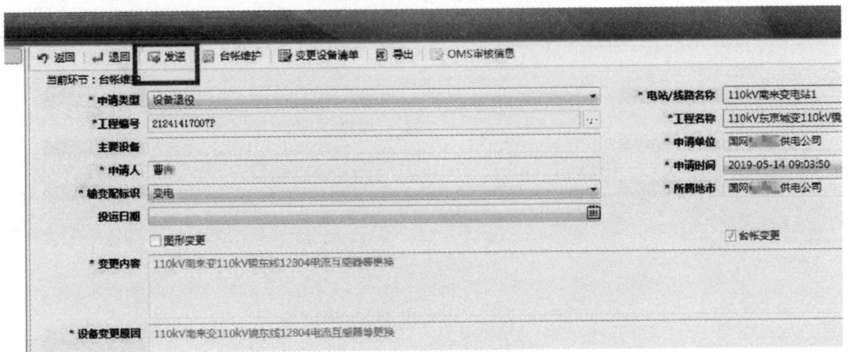

图 1-80 发送审核

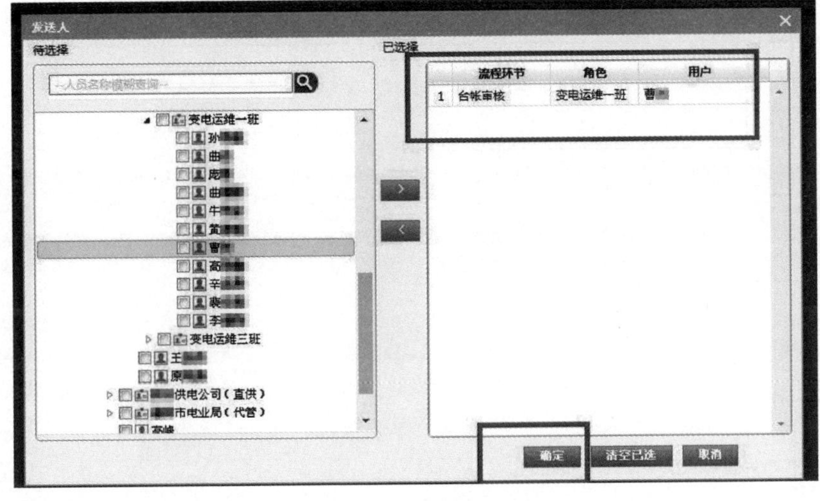

图 1-81 选择审核人员

在班长审核流程中，先选择“设备台账变更审核”→审核意见“同意”→“确定”，见图 1–82 和图 1–83。

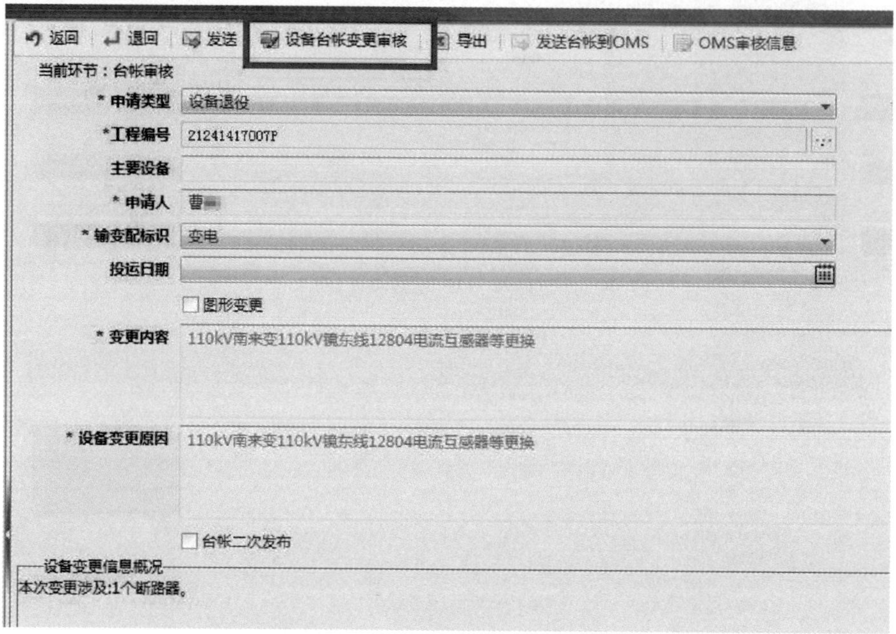

图 1–82　进入设备变更审核

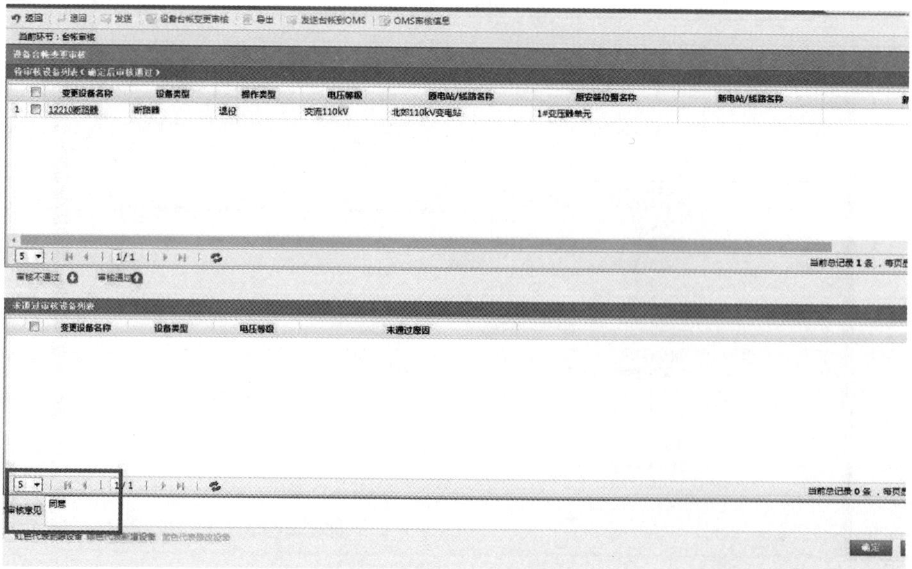

图 1–83　填写审核意见

系统自动跳转到该任务页面后，选择“发送”→显示“台账发布成功”→“确定”，见图 1–84 和图 1–85。

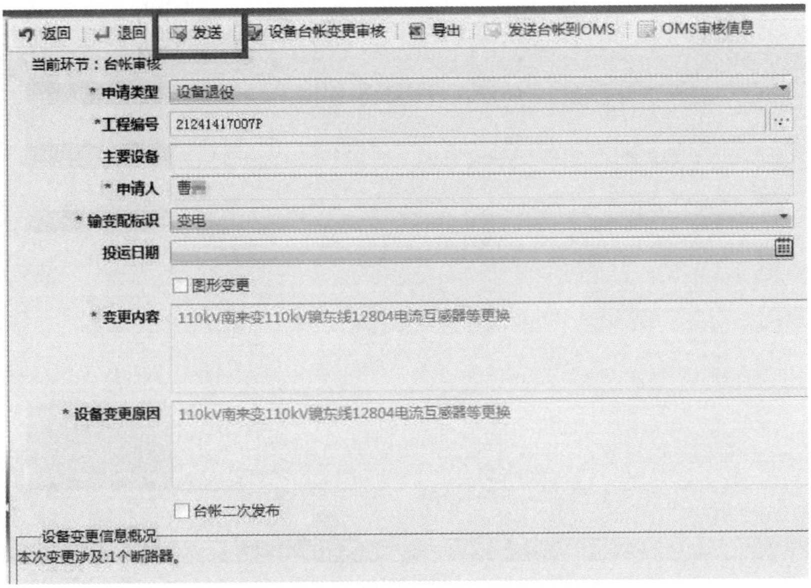

图 1–84　发布设备退役

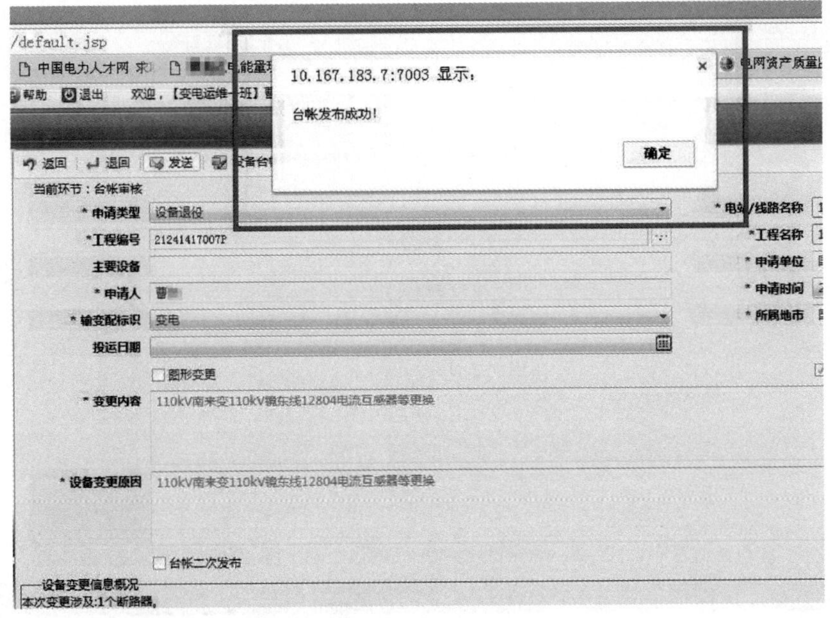

图 1–85　发布成功

系统跳转出现“参数同步”，根据提示内容选择“确定”或“关闭”，继续发送任务至结束，见图 1–86 和图 1–87。

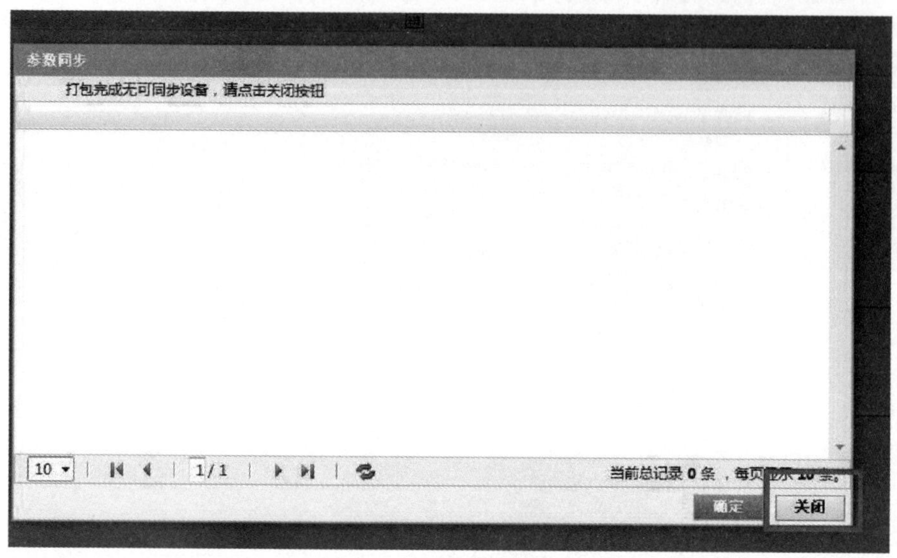

图 1–86　进行设备同步

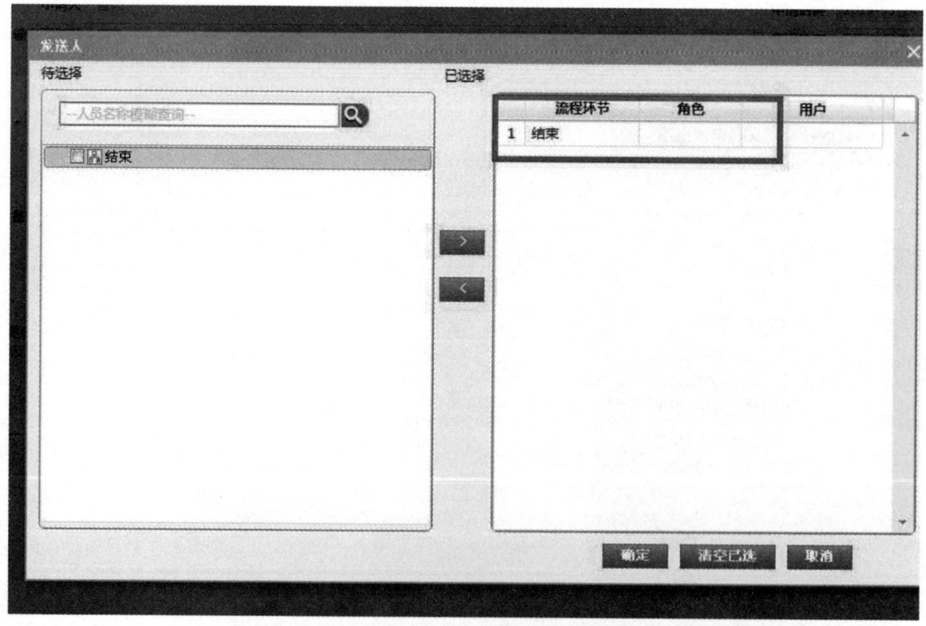

图 1–87　结束任务

16. 设备修改流程如何启动？

答：点击“系统导航”下拉菜单中选择“电网资源管理”，右侧子菜单单击“设备变更申请”，见图 1–88。

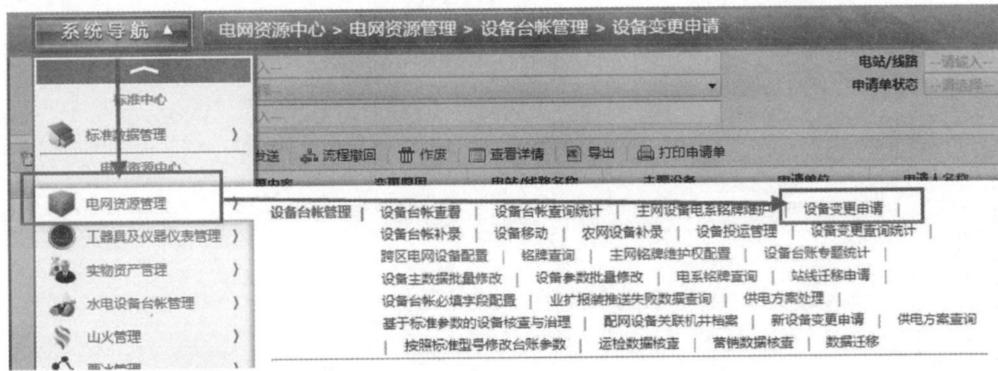

图 1–88　进入设备变更申请

进入“设备变更申请”后选择单击“新建”，在新建变更申请单对话框中填写必填字段，“申请类型”选择“设备修改”，修改台账在“台账变更”前打“√”，修改图形在“图形变更”前面打“√”，后点击“保存并启动”，见图 1–89。

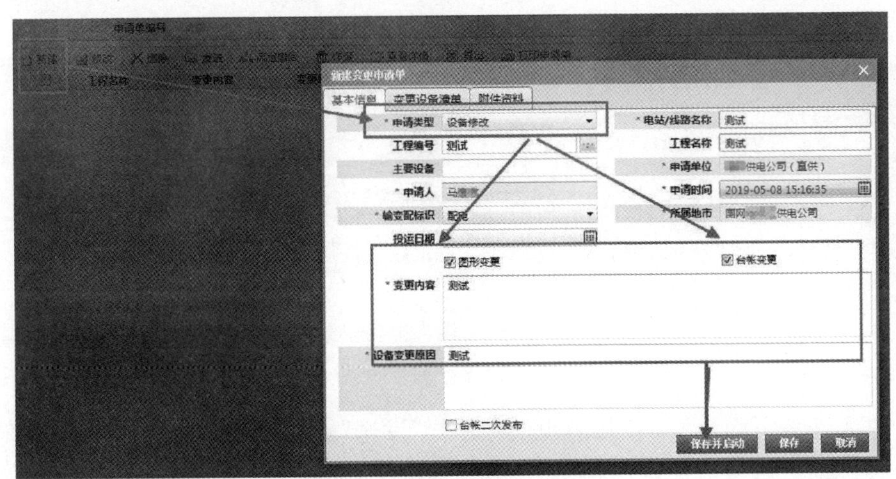

图 1–89　新建变更申请单

弹出审核界面发送给变更审核人，选择审核人后点击“确定”，见图 1–90。

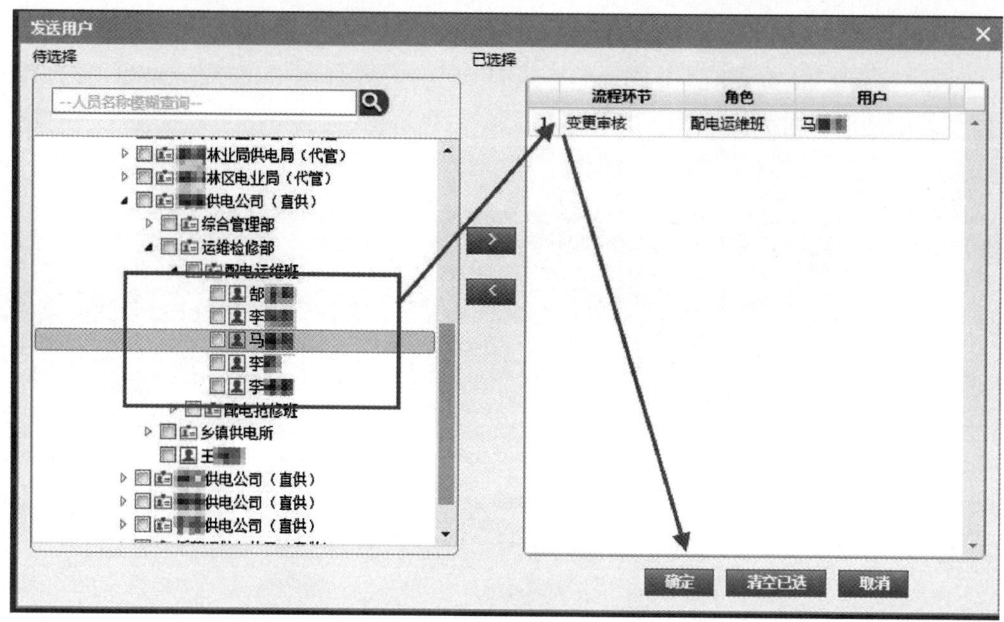

图 1–90　选择审核人员

进入发送的审核人账号在“待办”中找到刚才申请的任务，单击任务名称，见图 1–91。

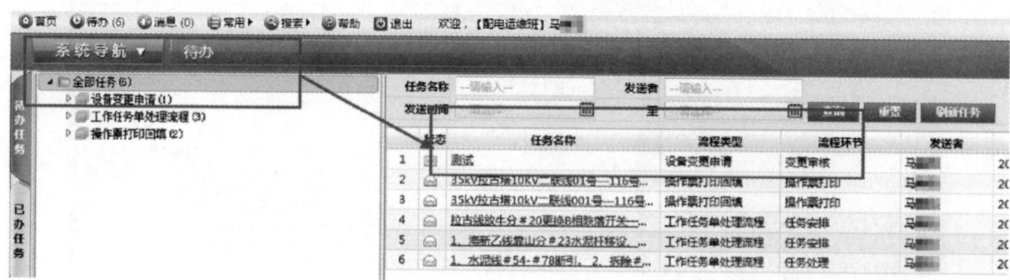

图 1–91　进入申请单

进入任务页面填写“审核意见”后点击“发送”，在“台账维护”或“图形维护”中选择维护人员双击选择后点击“确定”，见图 1–92。

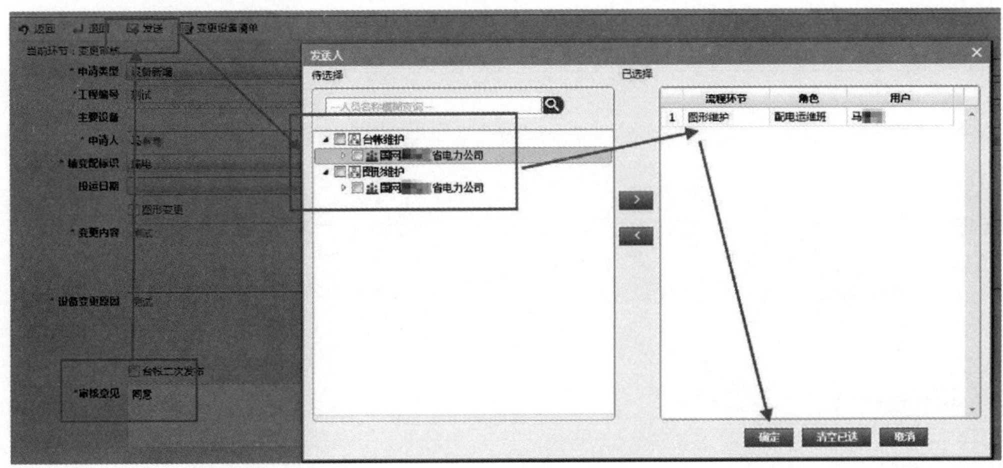

图 1–92 选择维护人员

进入发送的审核人账号在“待办”中找到刚才申请的任务，单击“任务名称”，单击进入，进行台账和图形的修改即可，见图 1–93。

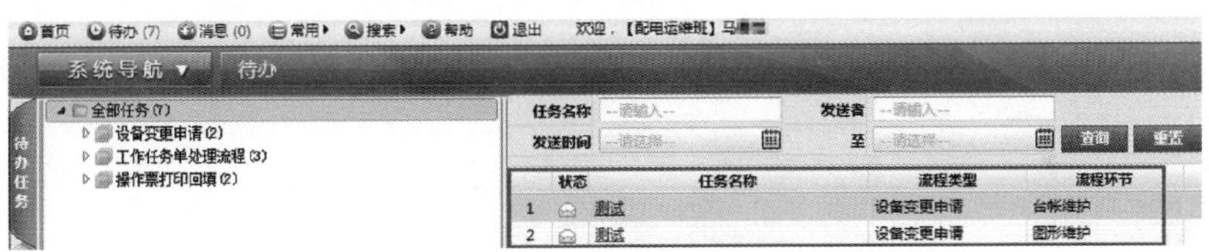

图 1–93 进行图形台账维护

17. 电系铭牌如何查询?

答：在系统导航中单击“配网运维指挥管理”菜单中“电系铭牌查询”，见图 1–94。

在“电系铭牌查询”界面中选择想查询铭牌的日期、状态、设备类型等后点击“查询”即可查询到所需要查看的铭牌信息，见图 1–95。

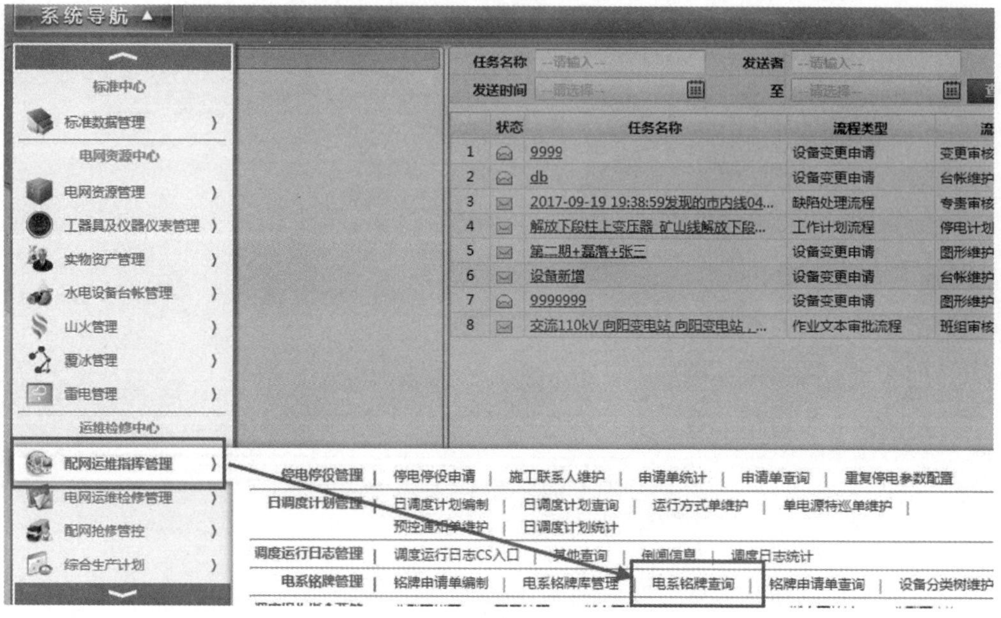

图 1–94　进入电系铭牌

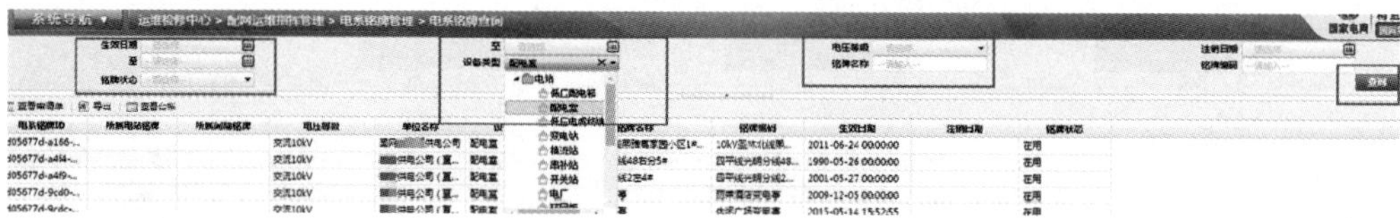

图 1–95　查询所需铭牌信息

二　电网资产管理——图形部分

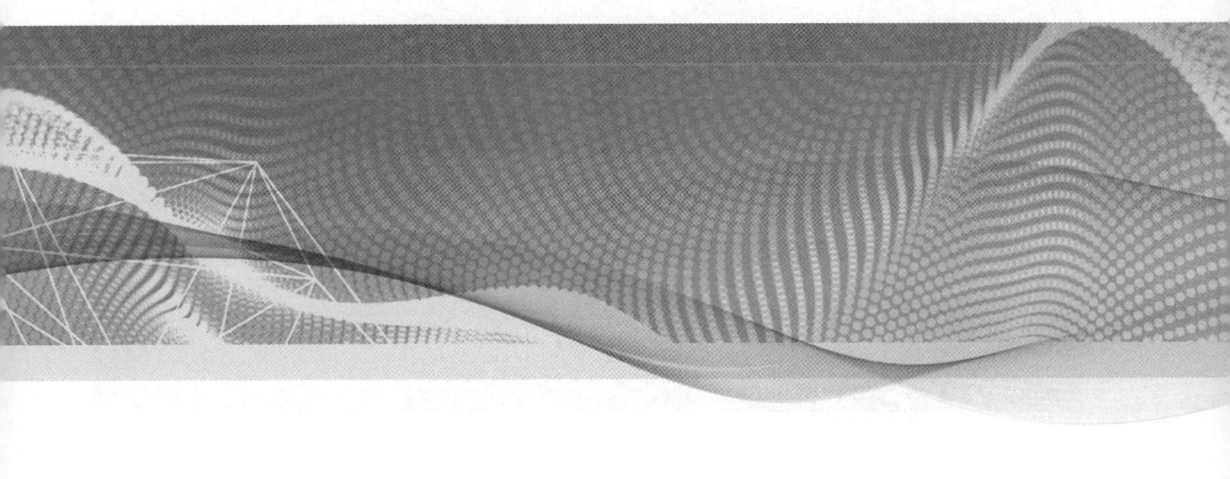

1. 电网图形资源维护应如何进行？有哪些注意事项？

答：打开“设备（资产）运维精益管理系统”登录界面，输入正确用户名、正确密码，系统根据输入的用户名自动默认所属分区、所属责任区。点击“登录”进入，见图 2–1。

注意：需进行配网业务维护时应勾选“配网运维指挥”选项。

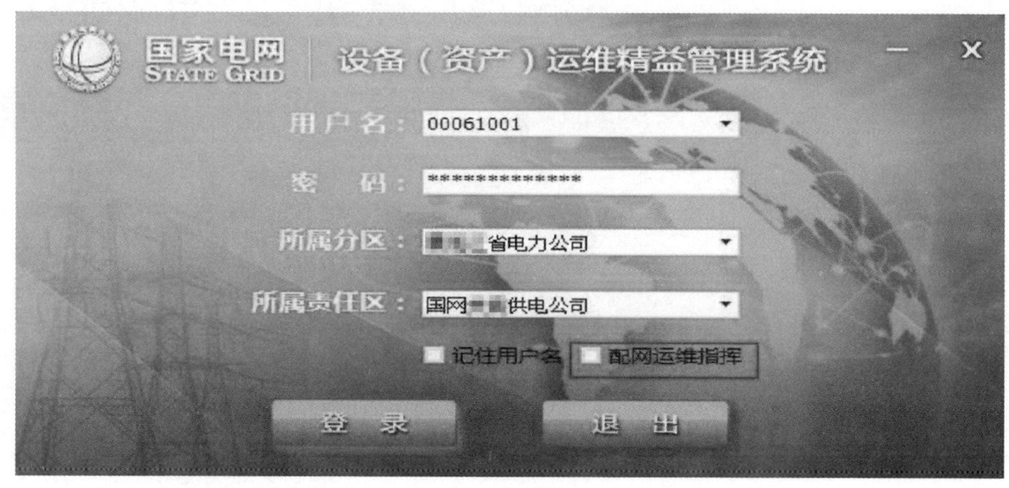

图 2–1　登录图形

点击图形工具栏中“任务管理”，在右侧弹出“任务管理”窗口。在“待办任务”列表中，选择需要的“变更申请任务”并双击，弹出“开启版本任务，将关闭原有数据连接”提示窗口，点击“确定”进入任务，见图 2–2。界面下方信息提示当前任务，见图 2–3。

注意：配电专业信息显示“当前任务（允许拓扑编辑）”。输电、变电专业打开图形任务后界面下方信息只显示“当前任务”。

图 2–2 打开图形任务

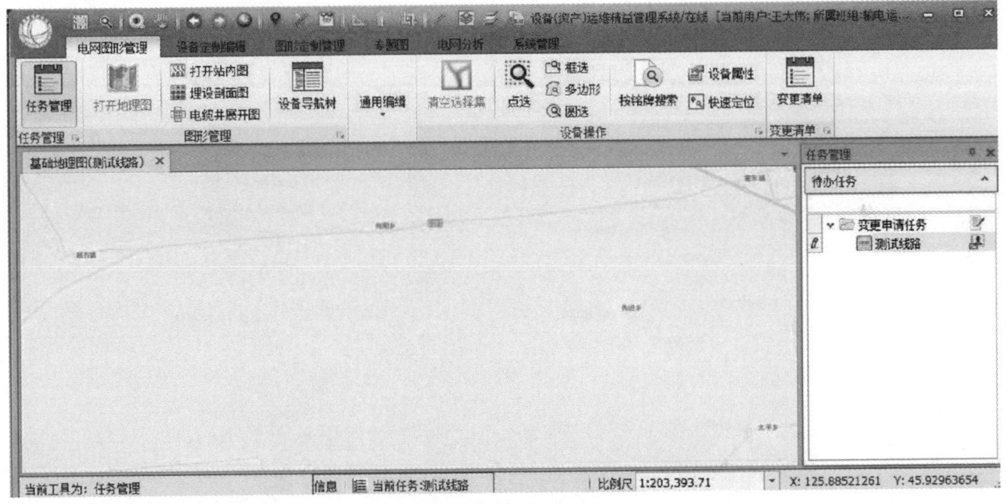

图 2–3 进入图形任务

2. 为何配电运行人员进入图形维护任务，无法进行图形编辑？

答：打开地理图，电网图形管理工具栏中“添加”“删除”图标为灰色，无法点选进行图形编辑，见图 2–4。先看“待办任务”列表任务选择是否正确。再看界面下方信息栏当前任务是否为“不允许拓扑编辑”状态。

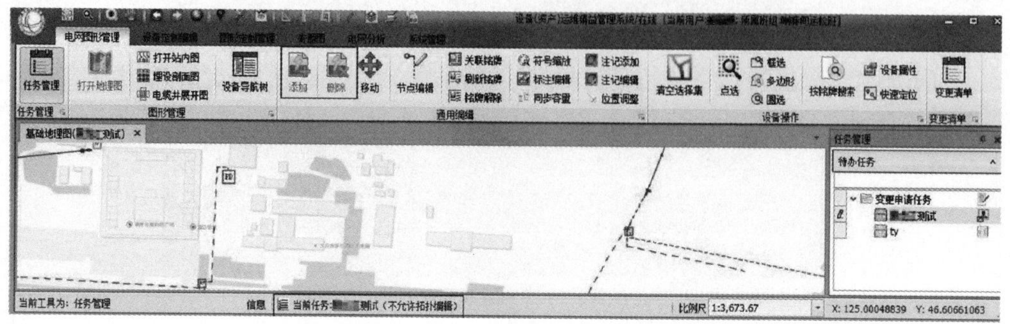

图 2–4　图形任务编辑失败示图一

如显示“不允许拓扑编辑”，原因为申请图形变更任务时，“变更图形拓扑”未勾选。客户端打开任务点击“退回”，在审核流程重新勾选，见图 2–5。

待办流程
全部任务（2）
设备变更申请（2）
返回　退回　发送　变更设备清单
当前环节：变更审核
* 申请类型　设备新增　　* 电站/线路名称　齐家
*工程编号　0518　　*工程名称　0518
主要设备　　* 申请单位　农牧场电业局（代管）
* 申请人　　* 申请时间　2019-05-17 09:13:06
* 输变配标识　配电　　* 所属地市　国网供电公司
投运日期
图形变更　台帐变更
* 变更内容　测试
* 设备变更原因　测试
台帐二次发布　变更图形拓扑
*审核意见　同意
到期提醒

图 2–5　图形任务编辑失败示图二

3. 图形端工具栏中的图标有何功能，如何操作？

答：“拉框缩放”功能使地理图中的设备放大或者缩小。点击“拉框缩放”，在地理图按住鼠标左键，自左上向右下的拖拽为放大操作，自右下向左上的拖拽为缩小操作。也可通过鼠标滚轮前、后滚动进行缩放，见图 2–6。

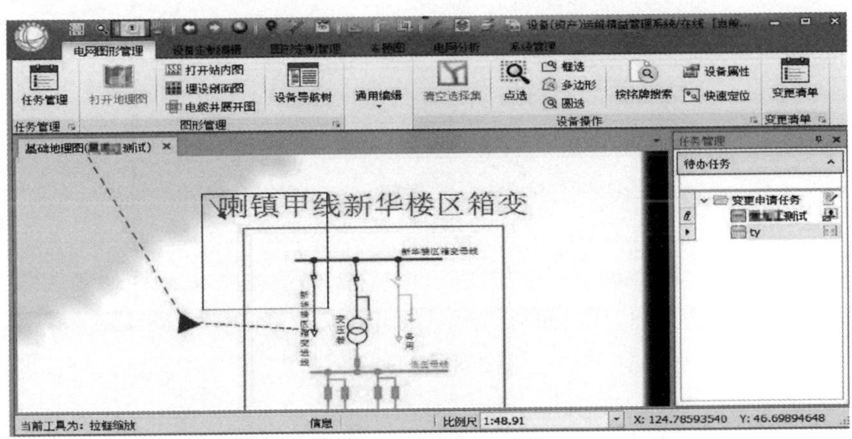

图 2–6　拉框缩放

“漫游”功能使地理图随意移动。点击“漫游”，地理图上出现白色小手，点击鼠标左键移动可拖动地理图移动，见图 2–7。

图 2–7　图形漫游

“角度量算”功能测量出任意角度。点击“角度量算”，在地理图点击鼠标左键，依图形轨迹移动鼠标。单击产生节点，双击结束可自动量算出角度，见图 2–8。

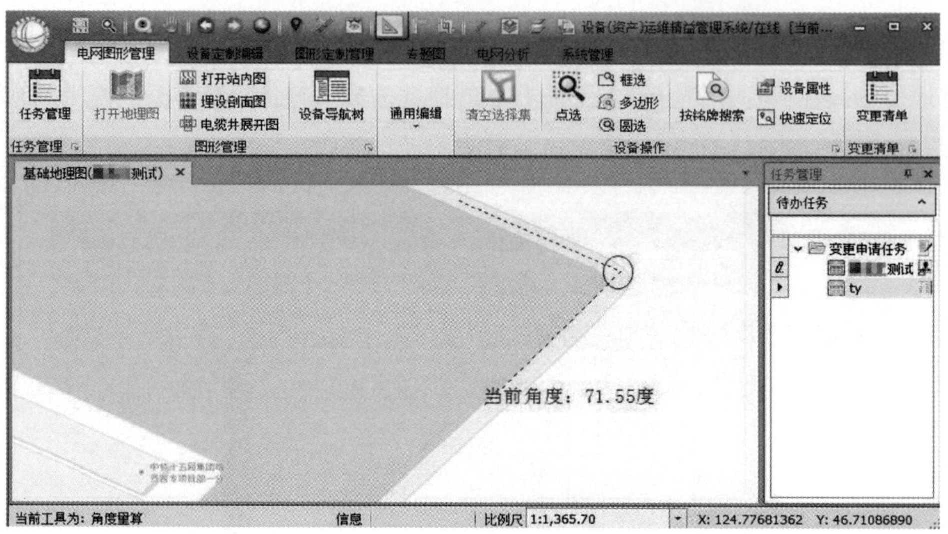

图 2–8　角度测量

“长度量算”功能测量出任意距离长度。点击“长度量算”，在地理图点击鼠标左键，依图形轨迹移动鼠标。单击产生节点，双击结束可自动量算出长度，见图 2–9。

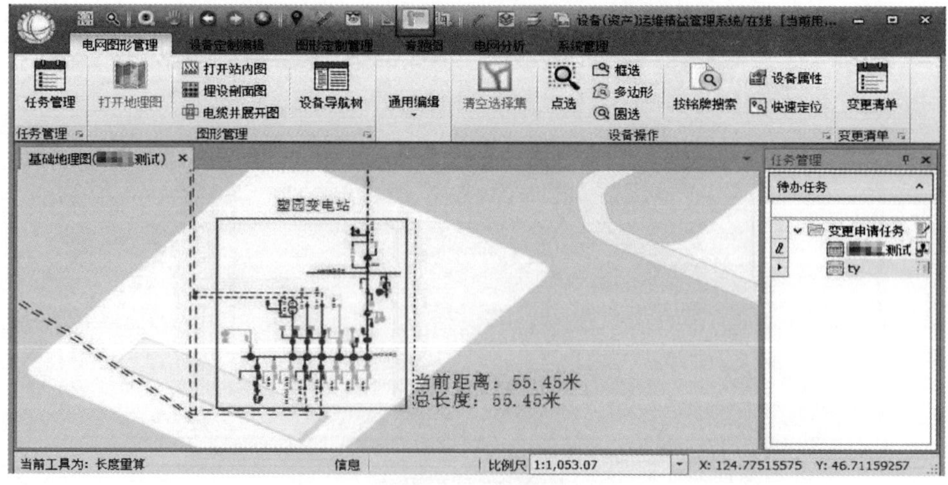

图 2–9　长度测量

“面积量算”功能测量出任意图形的面积和周长。点击“面积量算”，在地理图点击鼠标左键，依图形轨迹移动鼠标。单击产生节点，双击结束可自动量算出面积和周长，见图 2–10。

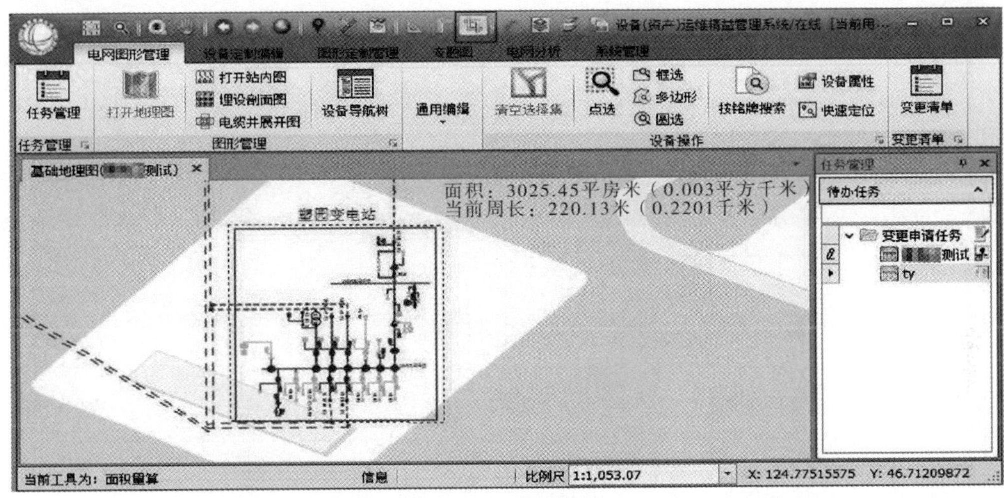

图 2–10　面积测算

“点选”功能对单个设备进行选择。点击“点选”，鼠标左键点击设备图形，弹出“选择集信息”窗口，勾选设备名称，点击“确认”图标设备高亮，见图 2–11。

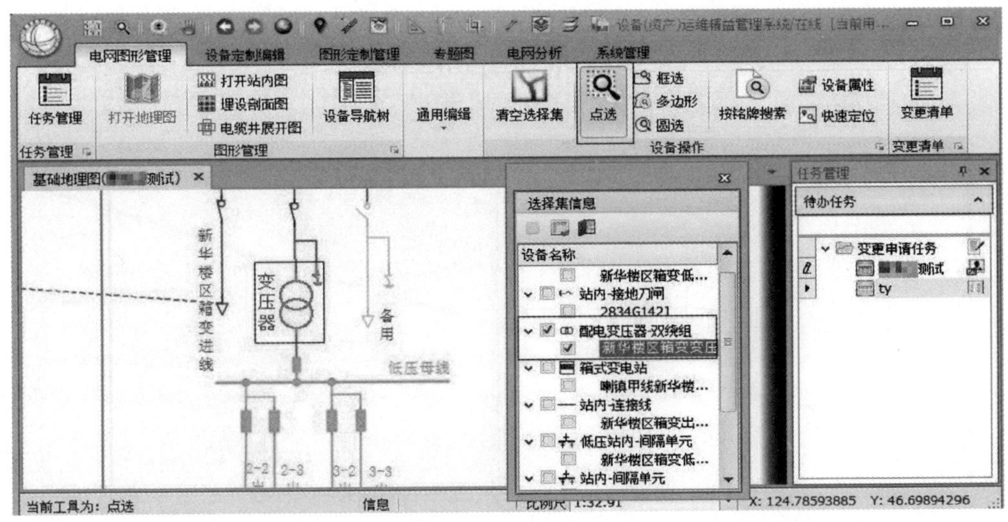

图 2–11　单选设备

“框选”功能对两个以上设备进行选择。点击“框选”，在图形外点击鼠标左键并拖动，图框随着拖动变大，双击鼠标左键结束，图框内设备全部高亮，见图 2–12。

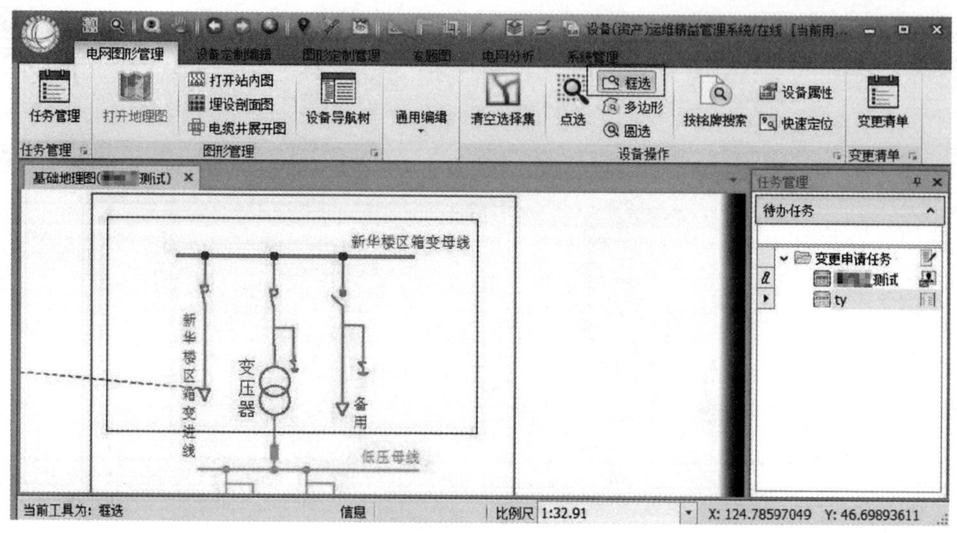

图 2–12　多选设备

“移动”功能设备位置发生改变。点击“移动”，通过“点选”或“框选”功能至设备高亮，拖拽至新的位置双击结束，见图 2–13。

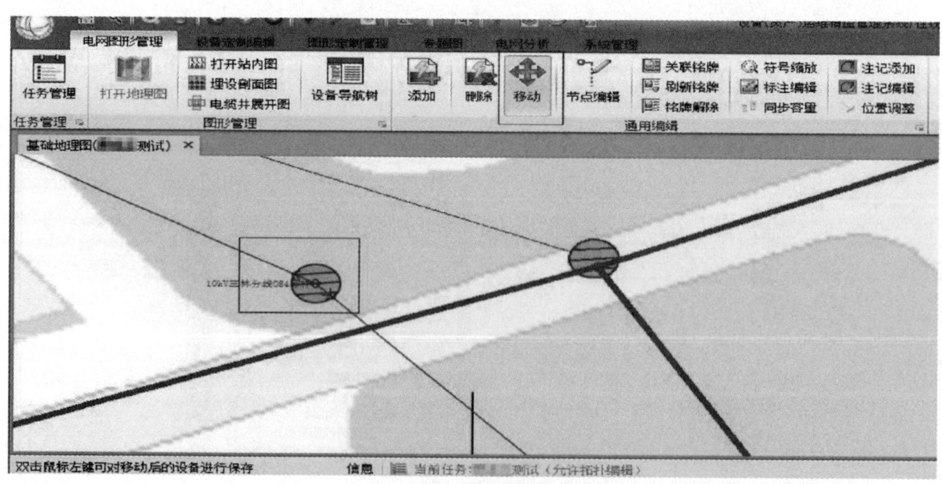

图 2–13　设备移动

4. 在图形中节点编辑功能有哪些不同的使用方法?

答: 根据设备要求点击“电网图形管理→节点编辑”功能。

鼠标点击“节点编辑”，点选设备至高亮出现节点。鼠标左键点击一端高亮节点拖拽，移动到指定地点点击“结束”。这种方法在改变设备位置时常用，见图 2–14。

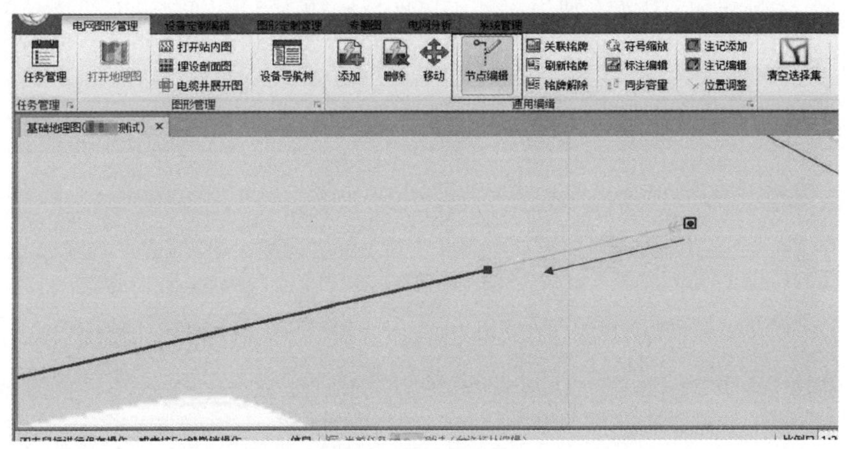

图 2–14　节点编辑 1

鼠标点击“节点编辑”，点选连接状态下的导线至高亮。按住键盘 Shift 键的同时，鼠标左键点击一端高亮节点拖拽，使导线脱离连接，点击结束。这种方法在线路切改时常用，见图 2–15。

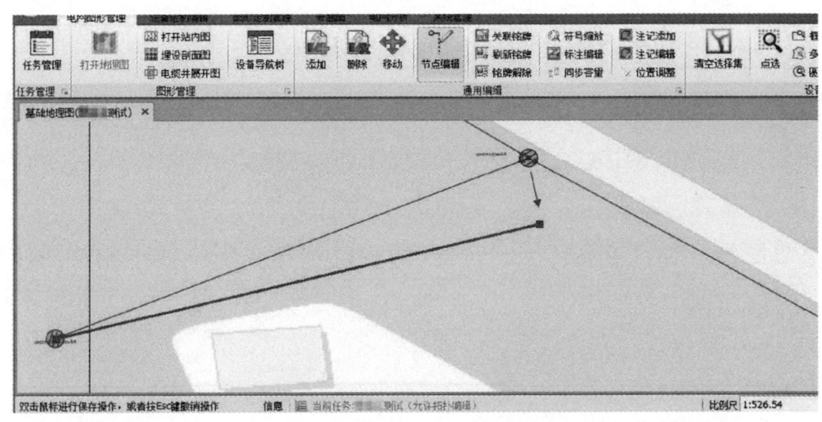

图 2–15　节点编辑 2

5. 如何使地理图中的设备位置与实际位置接近?

答：图形工具栏中确定设备位置有精确定位和影像图层定位。精确定位是现场采集的坐标在地理图中定位，影像图层定位是采用街道、建筑物等为参照物进行定位。

点击"坐标定位"图标，弹出坐标定位窗口，输入采集的经纬度坐标：*X*和*Y*，点击"确定"地理图中确定位置。见图 2–16。

注意：输入的坐标格式与界面格式一致。

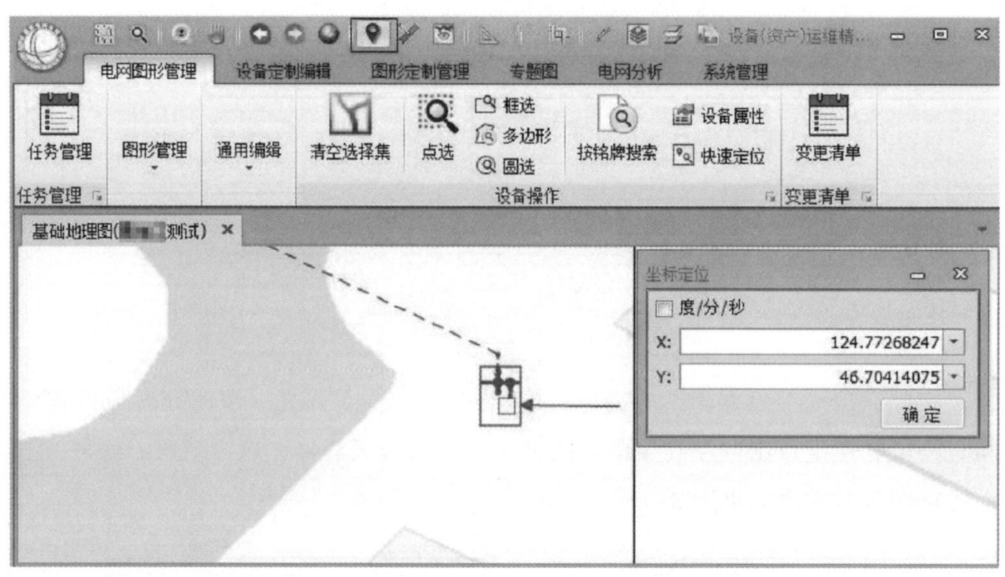

图 2–16 坐标定位

点击"图层管理"图标，弹出图层管理窗口。找到"影像图层"点击"眼睛"，"眼睛" 张开表示该图层打开。不勾选"营销设备"，点击"应用"，地理图中显示街道等影像，见图 2–17。如若所画站房位置与实际位置不相符，使用移动按钮将站房移动到正确位置。

图 2-17 参照物定位

6. 如何绘制站房类设备，在绘制过程注意哪些问题？（箱式变电站为例）

答：用坐标定位或影像图层定位法确定站房位置，再绘制外框。“电网图形管理”中点击“添加”，弹出工具箱窗口，“站外一次”里打开左侧“站所类设备”列表显示设备名称，右侧点选“箱式变电站”的图元，在地理图上已确定的位置点击鼠标左键并拖动，见图 2-18。

注意：拖拽过程中站房外框面积不断增大，达到站房实际面积时点击鼠标结束。

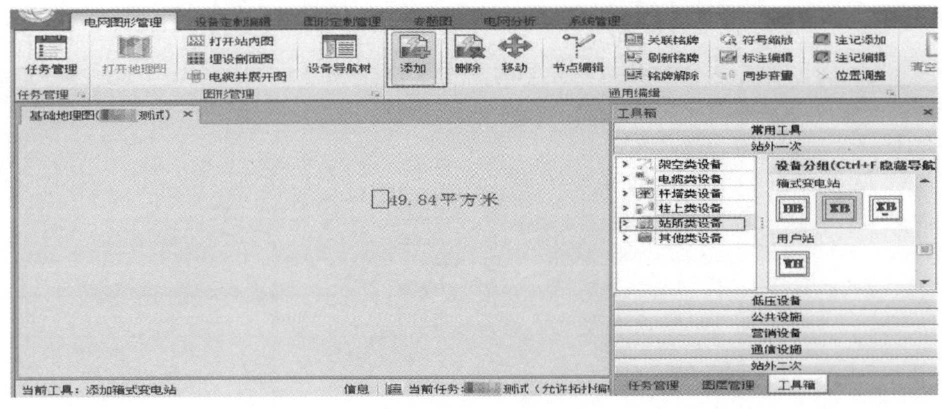

图 2-18 站房定位

在弹出的“电站 - 新建”窗口，选择所申请的站房铭牌名称，点击“确定”关联设备铭牌，地理图中站房外框生成，见图 2–19。

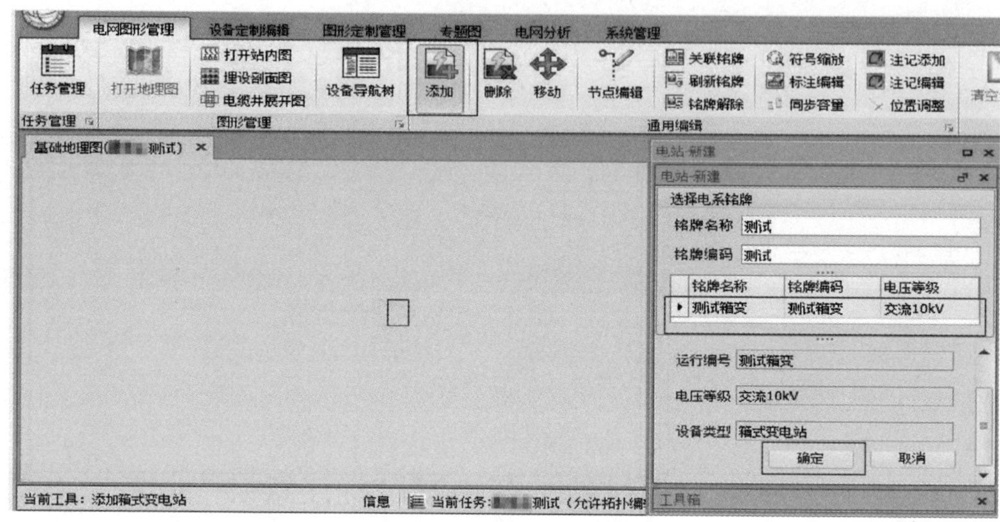

图 2–19　站房命名

绘制站内设备时要先打开站内图。通过工具栏“点选”点击站房高亮后，在“电网图形管理”里点击“打开站内图”。或者点击站房高亮后，鼠标右键弹出列表，点击“打廾站内图”，见图 2–20。

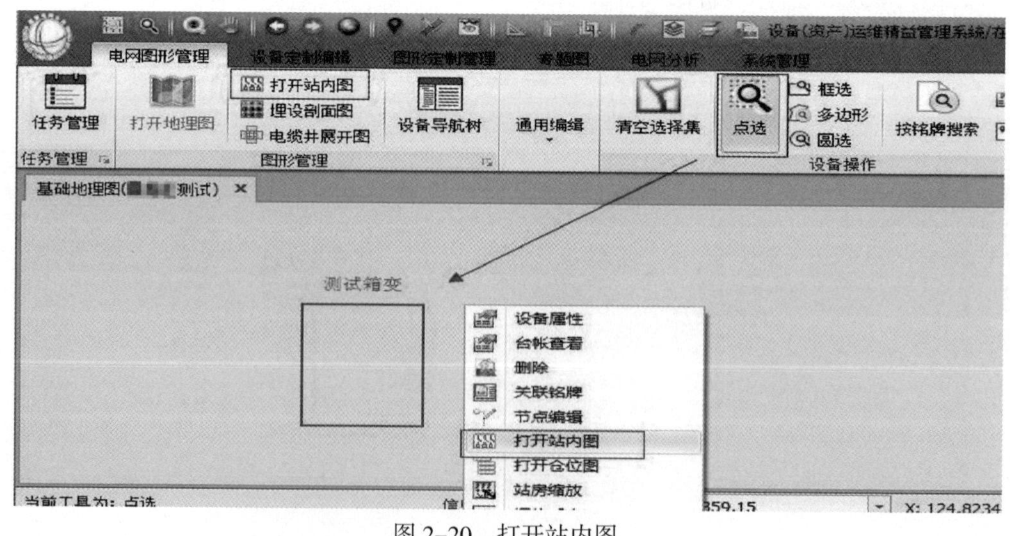

图 2–20　打开站内图

在站内图点击“添加”，弹出工具箱窗口，在“站内一次”打开左侧“母线类设备”，右侧点选“站内－母线”图元，在站内图点击鼠标左键并拖动，移到合适位置点击结束，见图 2–21。

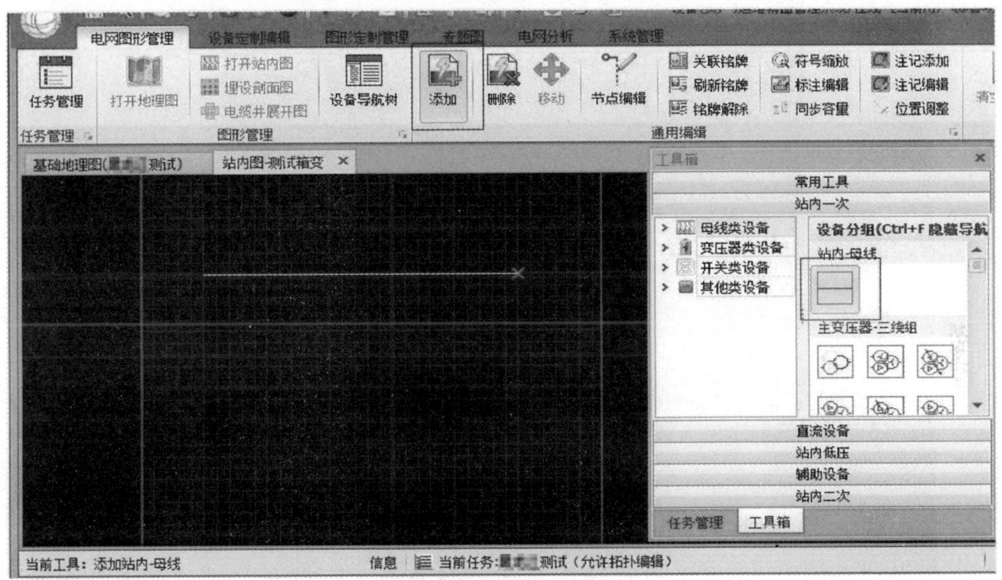

图 2–21　绘制母线

在弹出的“站内－母线－新建”窗口，选择母线铭牌名称，点击“确定”，见图 2–22。

站内-母线-新建

选择电系铭牌

铭牌名称

铭牌编码

所属间隔　测试箱变母线

铭牌名称	铭牌编码	电压等级
测试箱变母…		交流10kV

设备名称　测试箱变母线母线

运行编号

电压等级　交流10kV

设备类型　站内-母线

确定　取消

工具箱

图 2–22　母线名称

关联母线的铭牌名称，母线创建成功，见图 2–23。

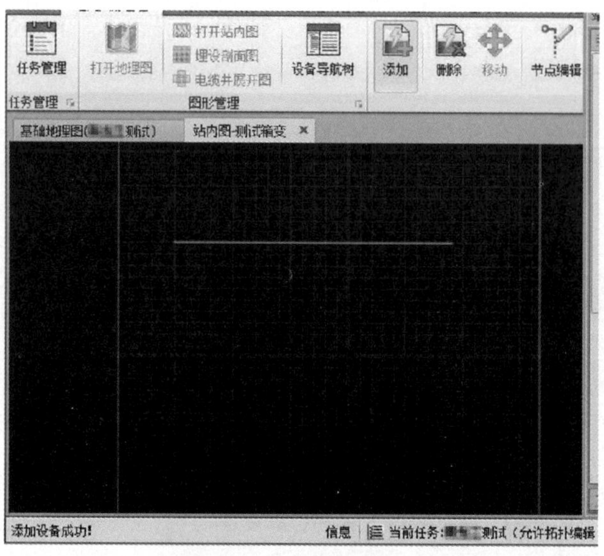

图 2–23　母线创建成功

点击“添加”，弹出工具箱窗口，在“站内一次”打开左侧“其他类设备”名称列表，右侧点选“站内 – 连接线”图元，点击鼠标左键在母线上向下拖动，移到合适位置点击结束，见图 2–24。

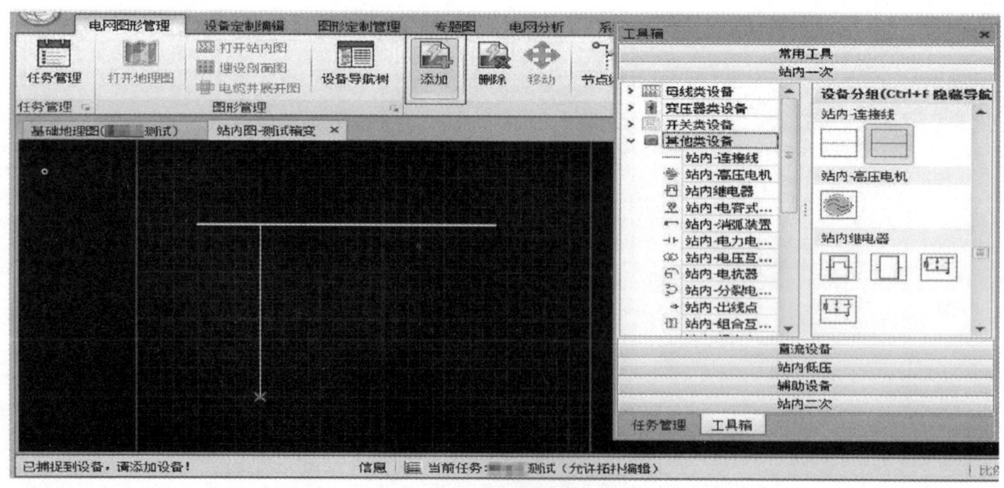

图 2–24　绘制间隔连接线

在弹出的“站内 – 连接线参数设置”窗口中，选择“创建间隔”，点击“确定”，生成新的间隔。如选“继承间隔”，连接线成为母线间隔一部分，见图 2–25。

在弹出的“站内 – 间隔单元 – 新建”窗口中，选择出线间隔的铭牌名称，点击“确定”关联铭牌，创建出新的间隔名称，见图 2–26。

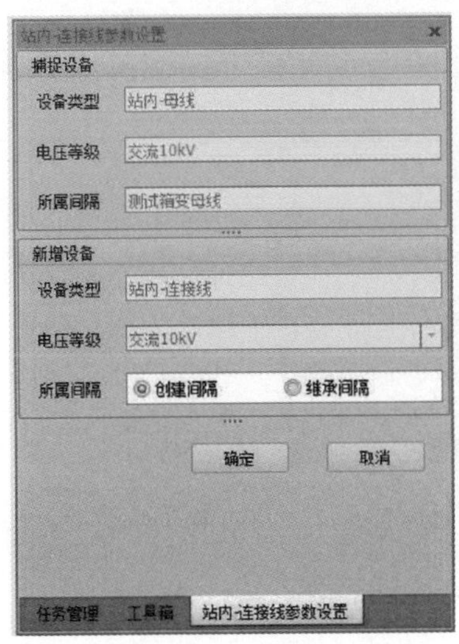

图 2–25 创建间隔

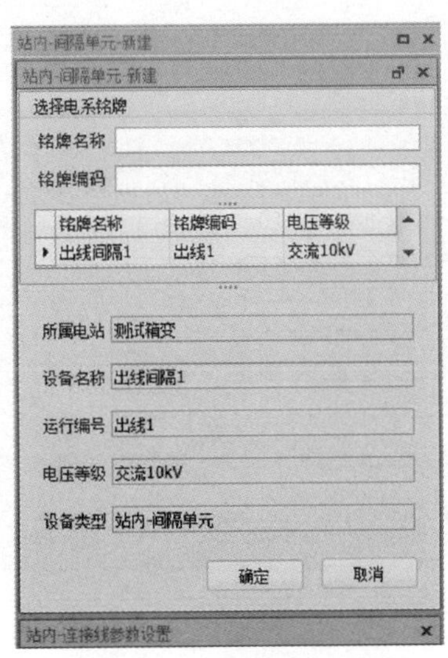

图 2–26 间隔关联铭牌

站房内母线间隔、出线间隔连接方式，见图 2–27。多个出线间隔的创建方式相同。

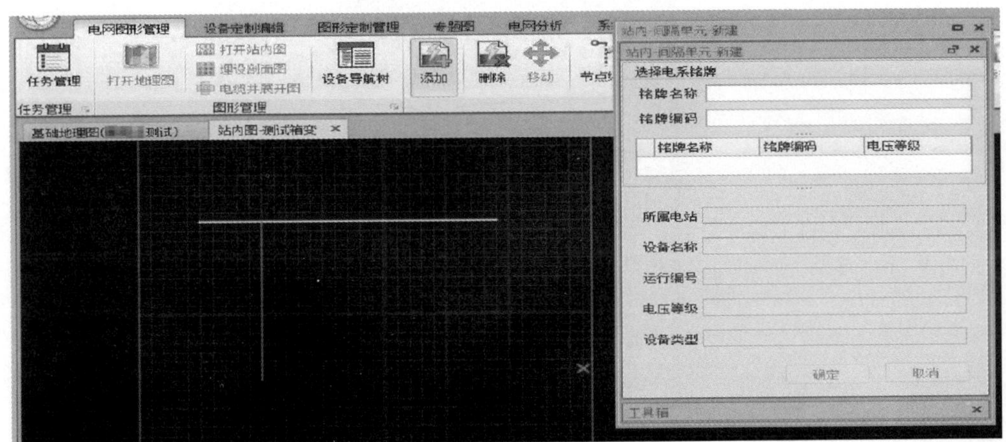

图 2–27 间隔创建成功

添加站内开关设备。点击“添加”，弹出工具箱窗口，在“站内一次”打开左侧“开关类设备”列表，右侧点选“站内－断路器”图元。点击鼠标左键在出线间隔自上向下拖动，移到合适位置点击结束，见图 2–28。

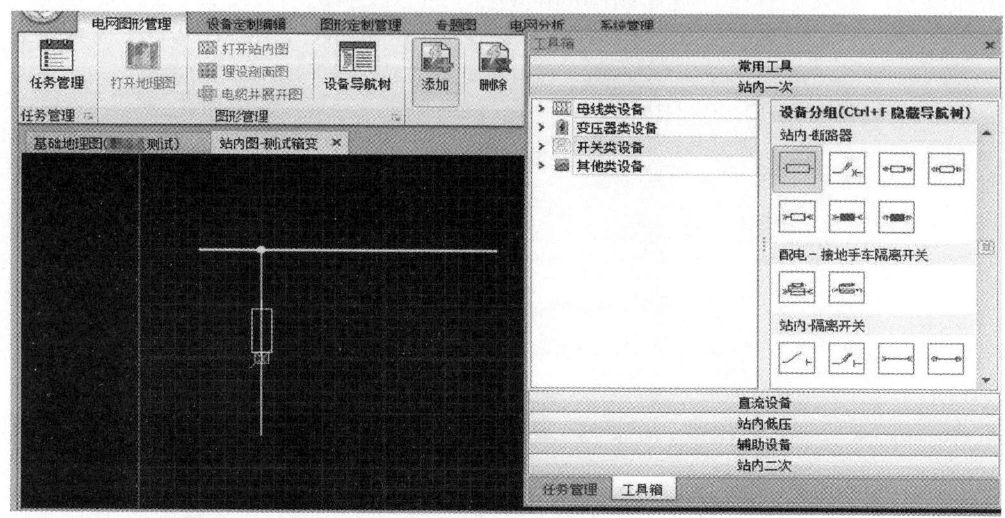

图 2–28　添加站内开关

在弹出“站内－断路器－新建”窗口中，选择此间隔下创建的开关设备铭牌，点击“确定”关联铭牌，见图 2–29。

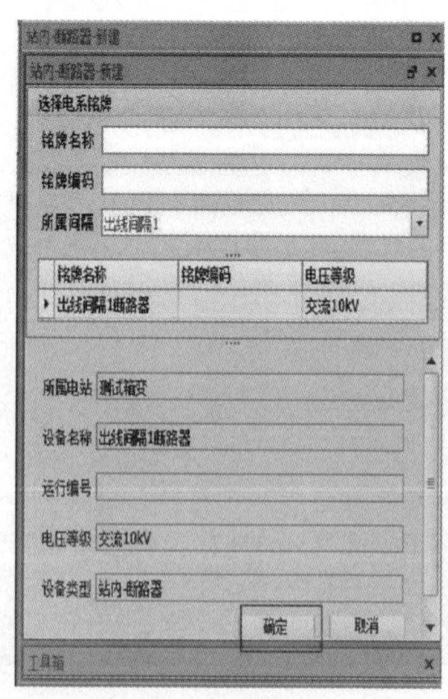

图 2–29　关联站内开关铭牌

站内间隔开关设备创建完成，见图2-30。在同一间隔有多个设备，创建方法相同。

注意：先绘制出线间隔再添加设备，使设备间拓扑连通性好，无连接断点。

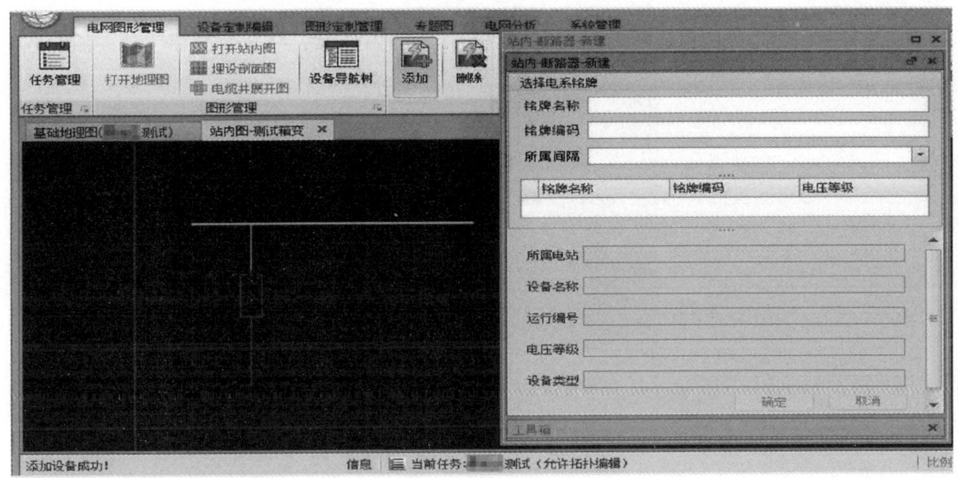

图 2-30　站内开关完成

出线间隔最终创建完成都以出线点结束，出线点无铭牌直接绘制。

点击“添加”，弹出工具箱窗口，“站内一次”左侧打开“其他类设备”列表，右侧点选“站内－出线点”图元，在连接线末端点击鼠标左键并移动，点击结束，见图 2-31。

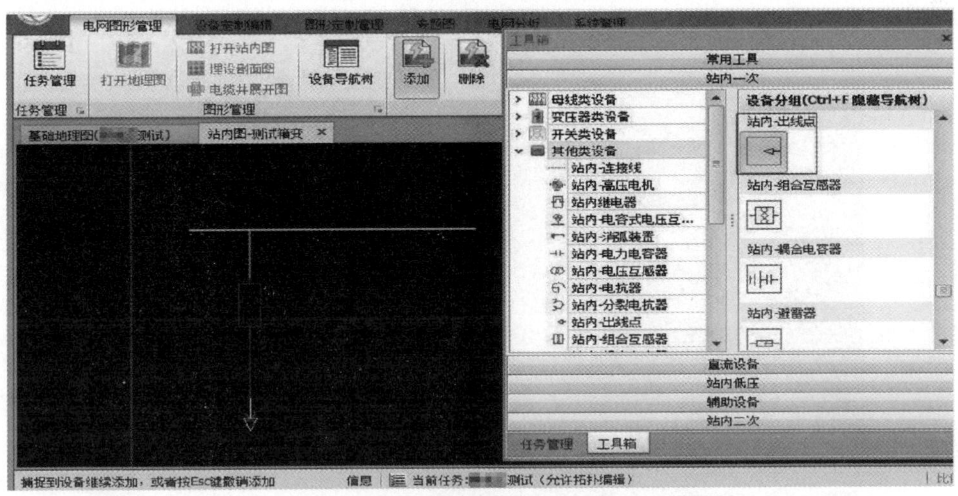

图 2-31　绘制间隔出现点

站房内一个母线及多个间隔设备绘制见图 2-32。

注意：同一个母线连接的各间隔电压等级相同。

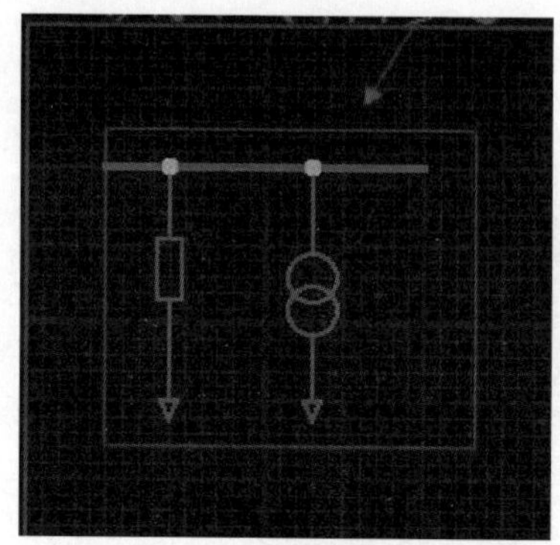

图 2-32　绘制多个间隔

7. 如何使站房内添加的设备准确无遗漏?

答：站内设备的创建必须关联铭牌，所以可采用“设备定制编辑→按铭牌添加”功能。点击“按铭牌添加”，弹出按铭牌添加窗口，点击箱变母线“›”打开铭牌信息。点选母线铭牌名称，单击“站内－母线”图元，在站内图中拖动鼠标绘制母线，见图 2-33。

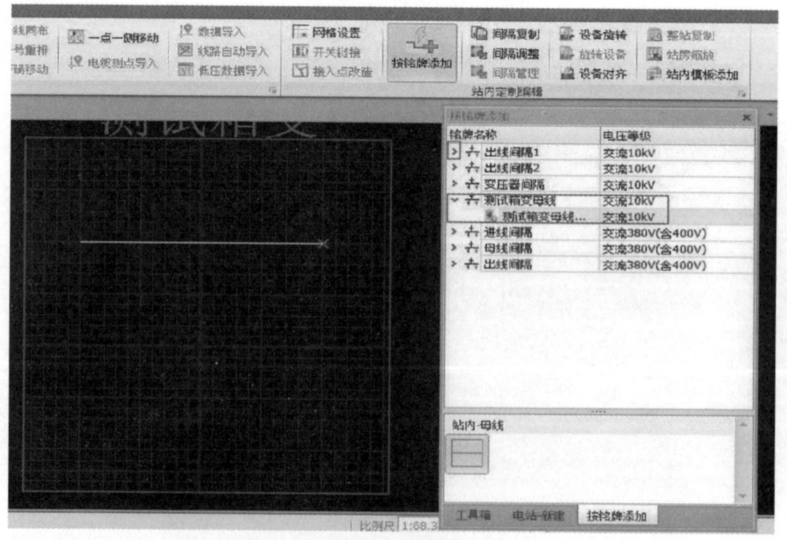

图 2-33　按铭牌绘制母线

站内图中母线创建完成后，在“按铭牌添加”窗口，系统自动将母线铭牌减掉。图形与铭牌相对应，做到图形设备无遗漏，见图 2–34。

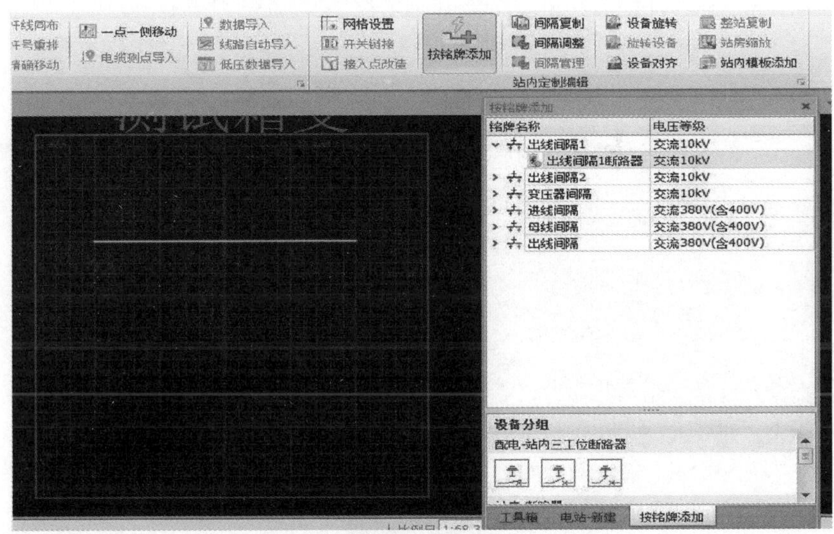

图 2–34 按铭牌绘制站内设备 1

站内图形“按铭牌添加”依次进行创建，先母线间隔后出线间隔，先高压间隔后低压间隔，见图 2–35。

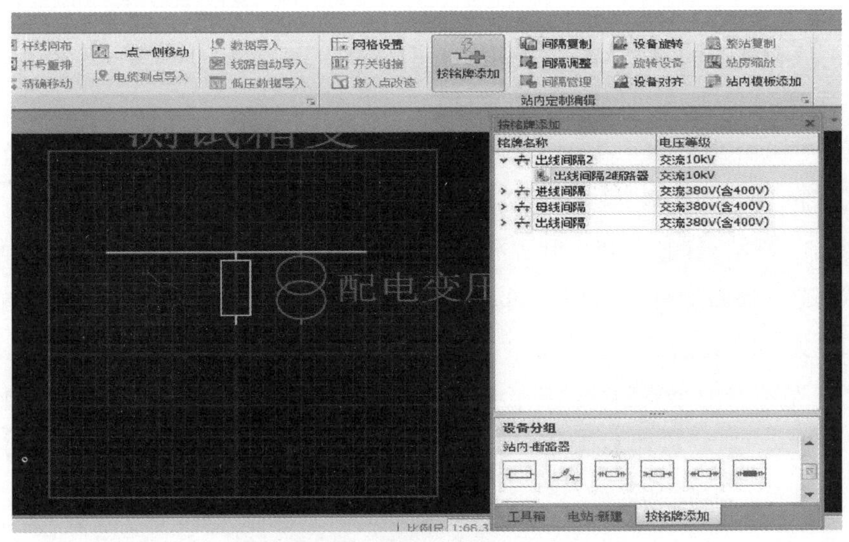

图 2–35 按铭牌绘制站内设备 2

站内间隔创建完成后，添加出线点为最后结束。在“按铭牌添加”窗口点击下面“工具箱”，“站内一次”左侧打开“其他类设备”列表，右侧点选“站内-出线点”图元，在间隔末端点击鼠标左键并移动，点击结束，见图 2-36。

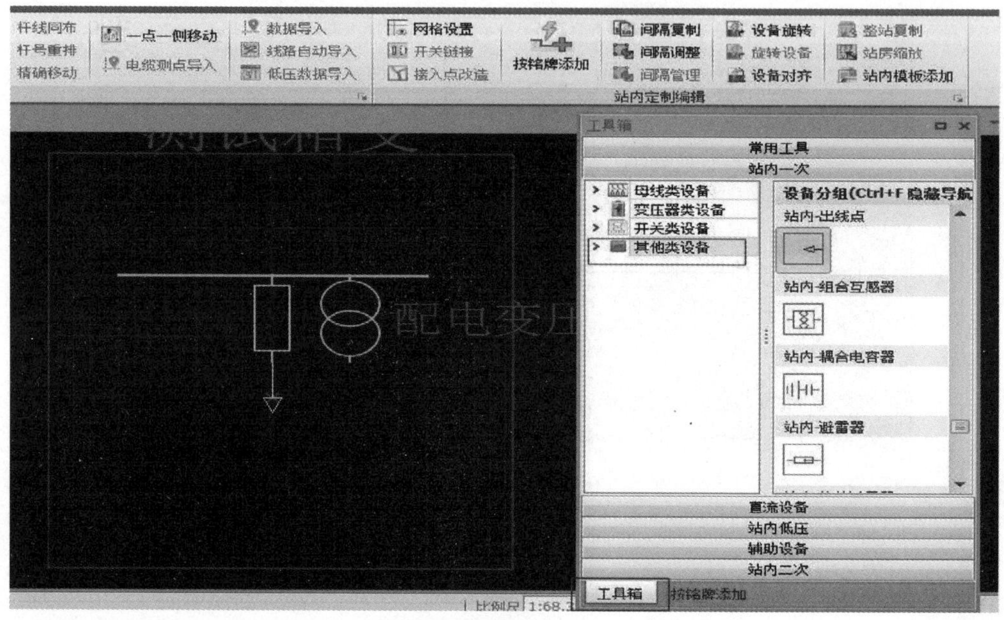

图 2-36　绘制出线点

8. 怎样绘制多个类似的站房？

答：图形中绘制多个类似的站房类设备，一个一个绘制比较费时。可采用“设备定制编辑→整站复制”功能，这样省时、高效。

点击“整站复制”，弹出开关状态设置窗口，选择开关状态，点击“确定”。开关状态选“保持原样”，复制出的站房与原站房一致。开关状态选“全部断开”，复制出的站房开关断开，见图 2-37。

鼠标左键点击要复制的站房，拖拽高亮图框至新的位置，点击结束复制，见图 2-38。新的站房虽然与原站房一致，但站房包括站内设备属性都未命名，需要一个个手动关联铭牌名称。

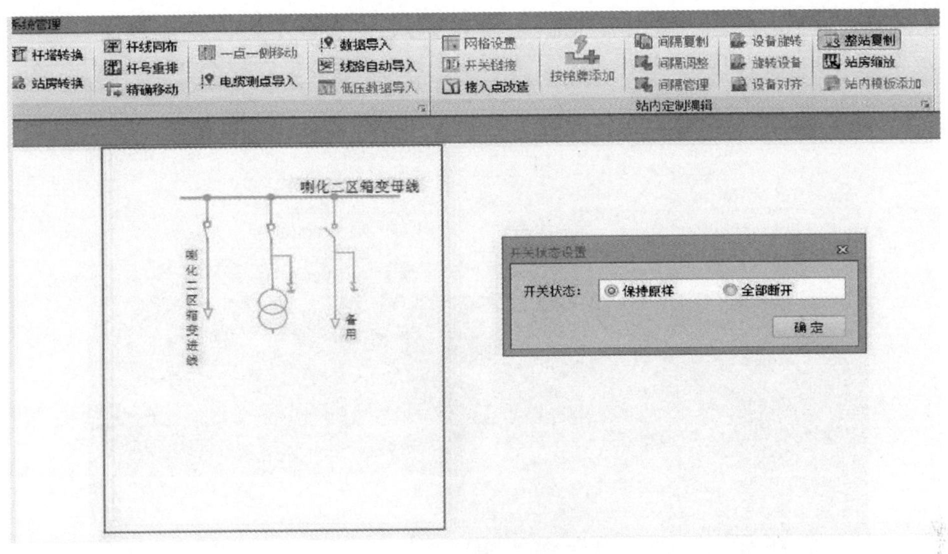

图 2-37　复制站房 1

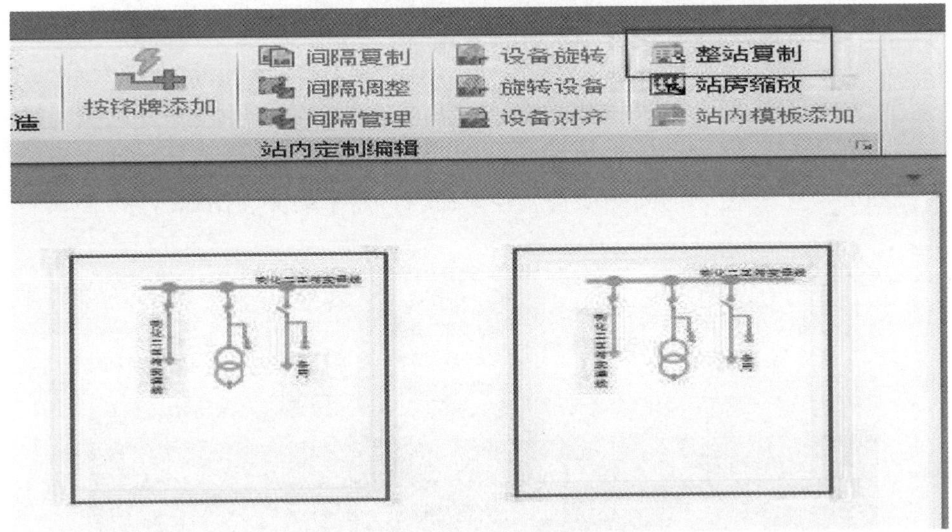

图 2-38　复制站房 2

9. 如何高效绘制站房内类似的间隔、设备?

答：在站房内有多个间隔，并且间隔内设备一样，可以采用“设备定制编辑→间隔复制”功能在站内图中创建间隔。这样创建出的间隔高效、美观。

点击“间隔复制”弹出开关状态设置窗口，选择开关状态，点击“确定”，见图 2-39。

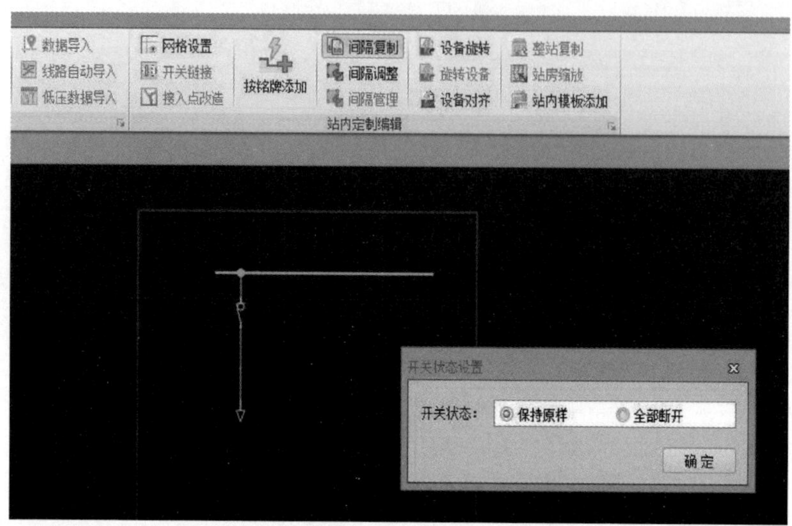

图 2-39 复制间隔 1

点击要复制的间隔，鼠标拖动高亮的间隔到新位置，搭接在母线上点击结束，见图 2-40。新复制的间隔设备属性未命名，需手动关联铭牌名称。

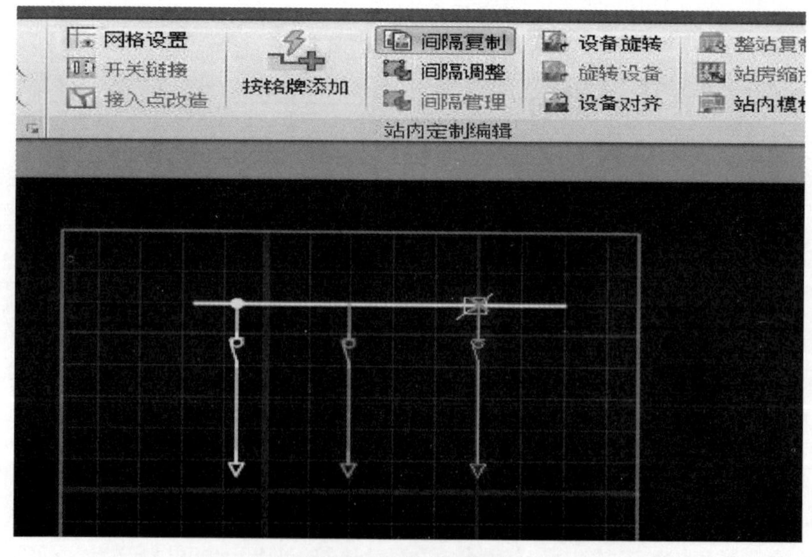

图 2-40 复制间隔 2

10. 站房类设备能否先绘制站内图，再进行铭牌关联?

答：站内图绘制可将已生成的类似站房设备设为模板，通过“设备定制编辑→站内模板添加”功能，必要时也可略有改动。

点击“站内模板添加”，弹出站房复制窗口，在站房列表中选择站房，点击“设为模板”。在站房模板中选择站房，点击“按模版添加”。将鼠标移至站内图中，出现高亮的站内设备后点击结束，见图 2–41。此功能生成的站内设备未命名，需创建铭牌后手动关联。

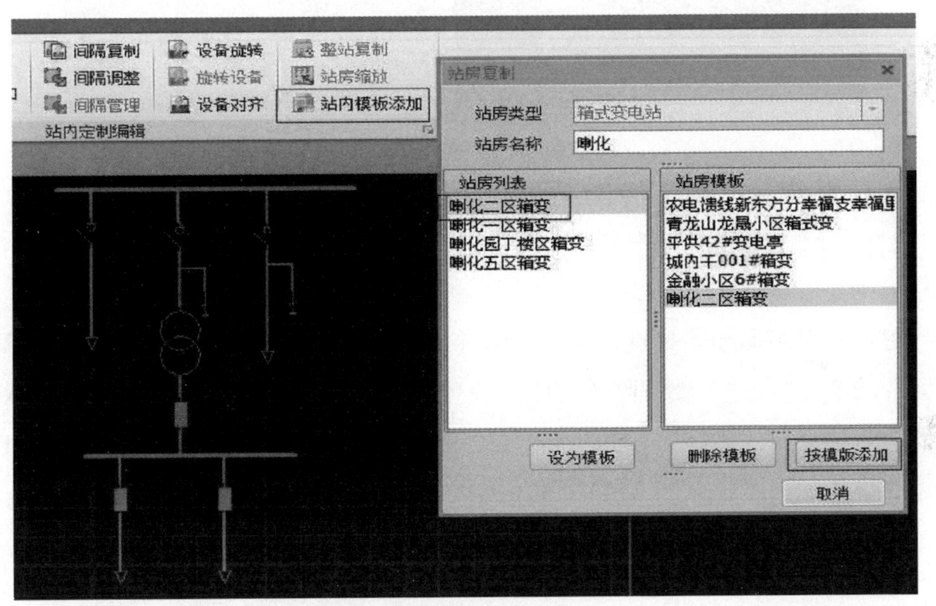

图 2–41　按模板添加

11. 关联铭牌功能在何时使用?

答：对复制的站房、间隔设备，图形删除重画的设备需进行“电网图形管理→关联铭牌”功能。“点选”要关联的设备配电变压器高亮，点击“关联铭牌”，弹出“配电变压器 – 新建”窗口。选择要关联的铭牌名称，点击“确定”，见图 2–42。左下方提示“设备成功关联铭牌”。

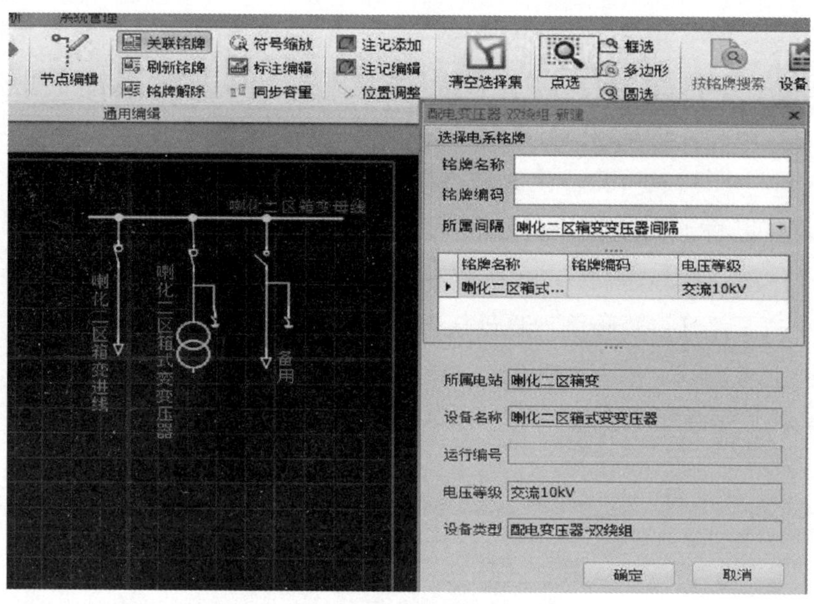

图 2–42　关联铭牌

12. 对已生成的铭牌设备删除重新绘制前有何操作?

答：只对图形删除处理，设备铭牌继续留用的，使用“电网图形管理→铭牌解除”功能。“点选”要解除铭牌的设备高亮，点击“铭牌解除”，弹出“提示信息”窗口。点击“确定”，同间隔的其他设备铭牌也解除了。点击“取消”，只解除高亮设备的铭牌，见图 2–43。左下方提示“设备解除铭牌成功”。

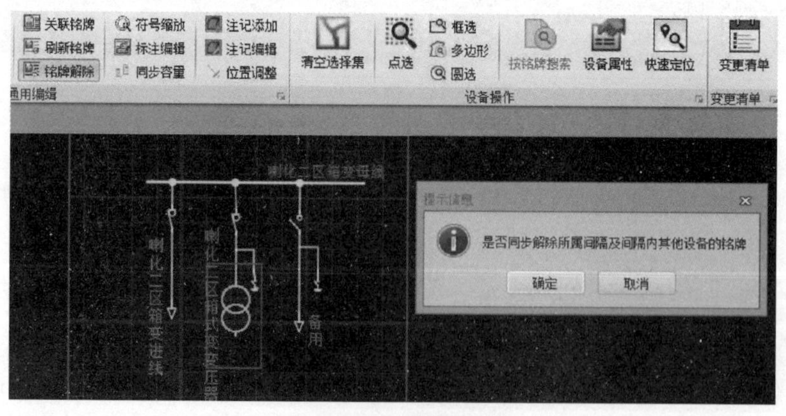

图 2–43　铭牌解除

13. 设备名称变更后，图形是否也需要重新创建？

答： 设备名称虽改变，图形不用改变，采用“电网图形管理→刷新铭牌”功能。“点选”要刷新铭牌的设备配电变压器高亮，点击“刷新铭牌”，弹出“配电变压器 – 双绕组 – 新建”窗口，选择要刷新的铭牌名称，点击“确定”，弹出“提示信息”窗口。点击“确定”同间隔的其他设备铭牌也变更，点击“取消”只有选中的设备铭牌变更，见图 2–44。左下方提示“成功刷新铭牌”。

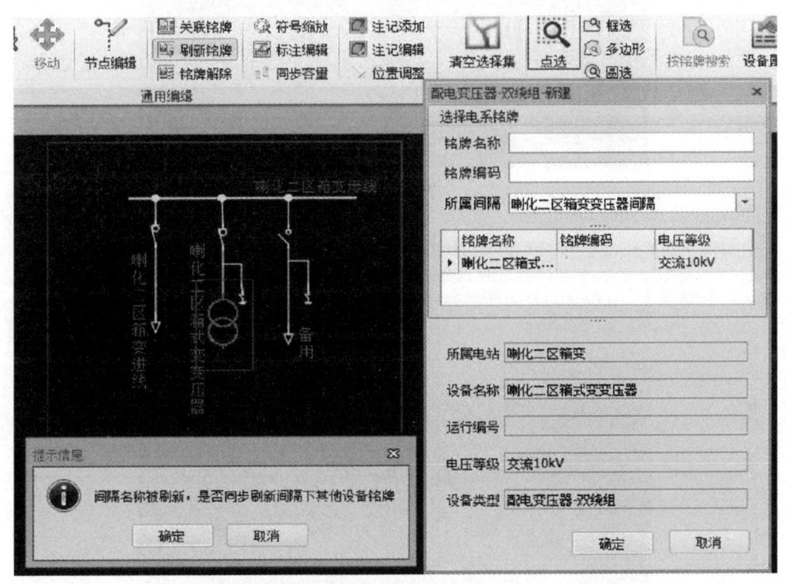

图 2–44　刷新铭牌

14. 不改变原站房面积，但站内增加设备如何处理？

答： 在原站内增加设备，可以“设备定制编辑→站房缩放”功能改变现有设备大小，增大剩余空间。

点击“站房缩放”，点选站房至高亮节点出现。选择节点拖动，站房外框缩放，站内设备不变，见图 2–45。

点击“站房缩放”，点选站房至高亮节点出现。按住“Shift”键的同时选择站房四个角上的节点拖动，站房整体放大或缩小，双击结束，见图 2-46。

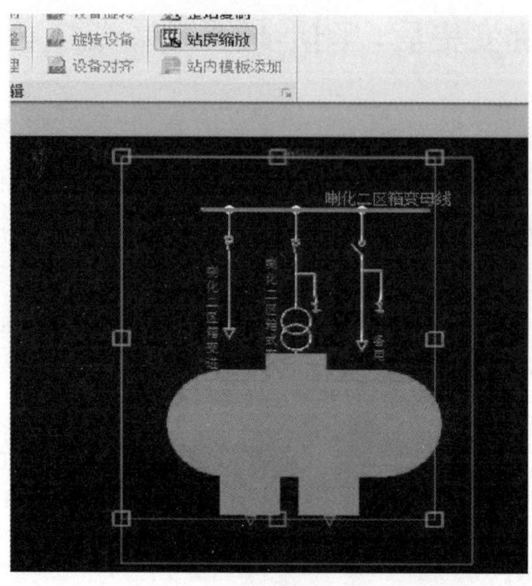

图 2-45　站房缩放

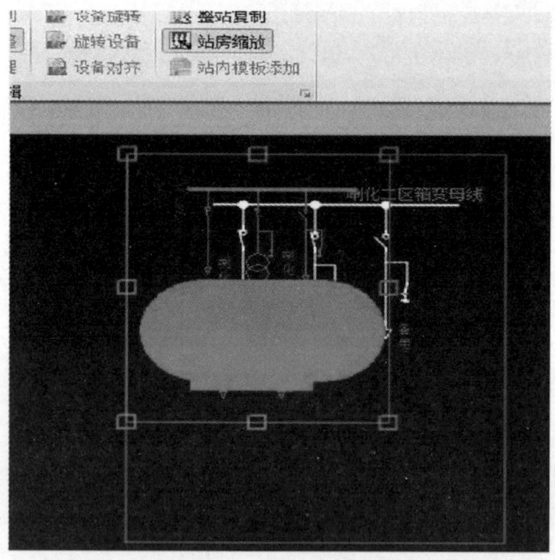

图 2-46　站房整体缩放

15. 站房图形美化操作有哪些？

答：“电网图形管理→标注编辑”功能。打开站内图，点击“标注编辑”，选择站内设备，弹出批量设置标注窗口，在“设备分类”里勾选设备至图形高亮。双击“可选字段”里内容移至“标注字段”栏中，在“属性设置”栏填写内容，点击“应用”。对多个同类设备的标注，可使用“标注对齐”功能，见图 2–47。

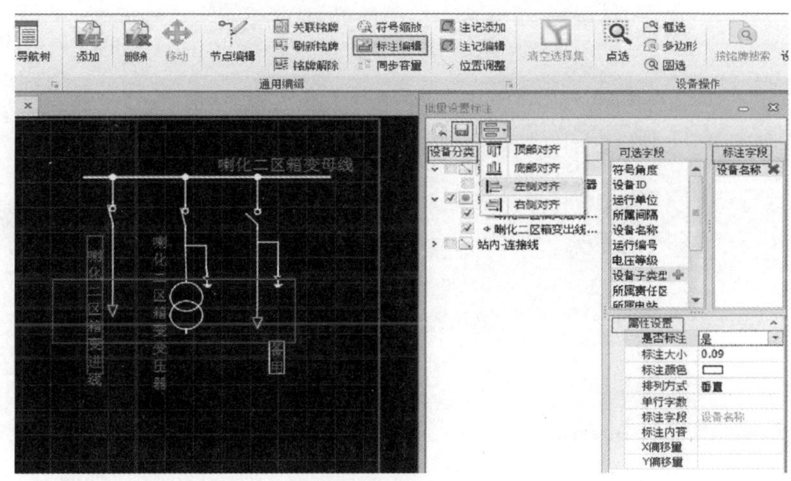

图 2–47　标注编辑

“电网图形管理→符号缩放”功能。点选需要缩放的设备高亮，点击“符号缩放”。按住“Shift”+“W”键，弹出“符号大小设置”窗口，在“设置符号大小”栏输入新的符号，点击“确定”，见图 2–48。

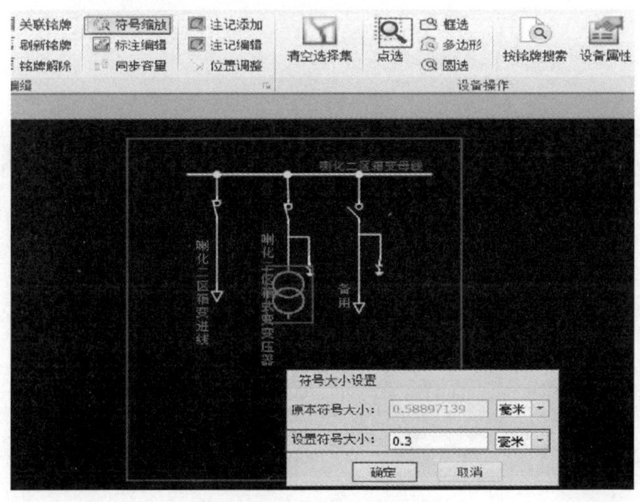

图 2–48　符号缩放

“设备定制编辑→间隔调整”功能。点击“间隔调整”，点选需要调整的间隔，间隔高亮时拖动到合适位置双击结束。点选母线拖动时，该母线下的所有连接设备图形位置进行整体调整。见图 2–49 和图 2–50。

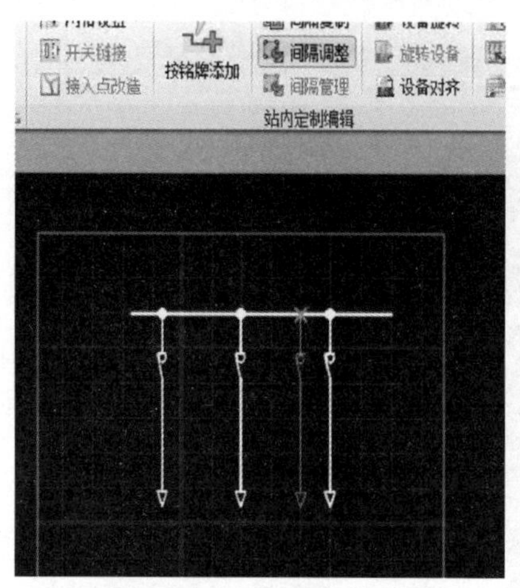

图 2–49　间隔单体调整

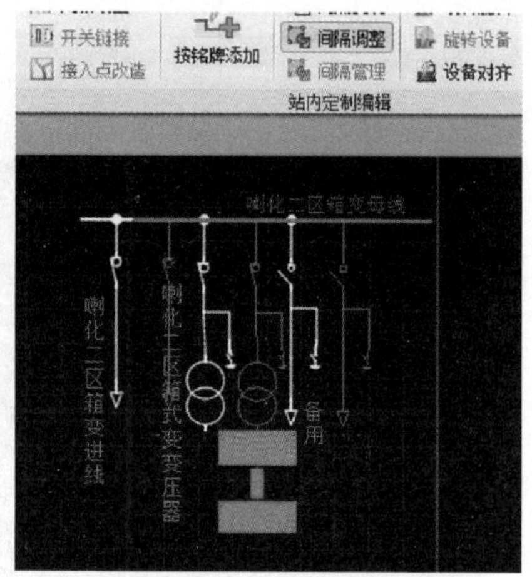

图 2–50　间隔整体调整

提高标注调整的效率，在地理图、站内图、系统图均可批量调整图形标注，“图形定制管理→标注格式刷”功能。点选已经调好大小的设备图元，点击“标注格式刷”（左下角提示：获取标注模板）。框选需要刷新的设备，弹出“选择集信息”窗口，勾选设备名称，点击保存，见图 2–51。

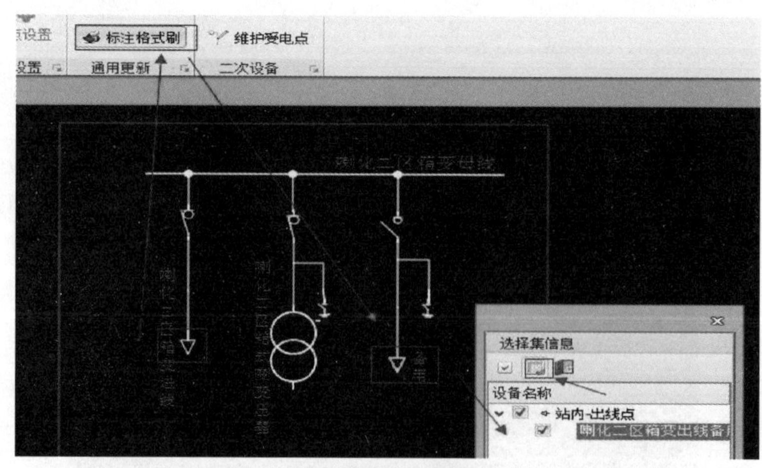

图 2–51　图元统一格式

16. 输、配电专业创建线路时有何不同?

答: 电网图形管理栏点击“添加”，弹出工具箱窗口。点选“站外－超连接线”从站房出线点向站外拖动。在弹出“线路参数设置”窗口，点选“创建线路”，完成配电线路创建，见图 2–52。

注意：利用“站外－超连接线”创建站外线路。从站房内向站外绘制的为馈线，从站外向站内绘制的为连接关系。

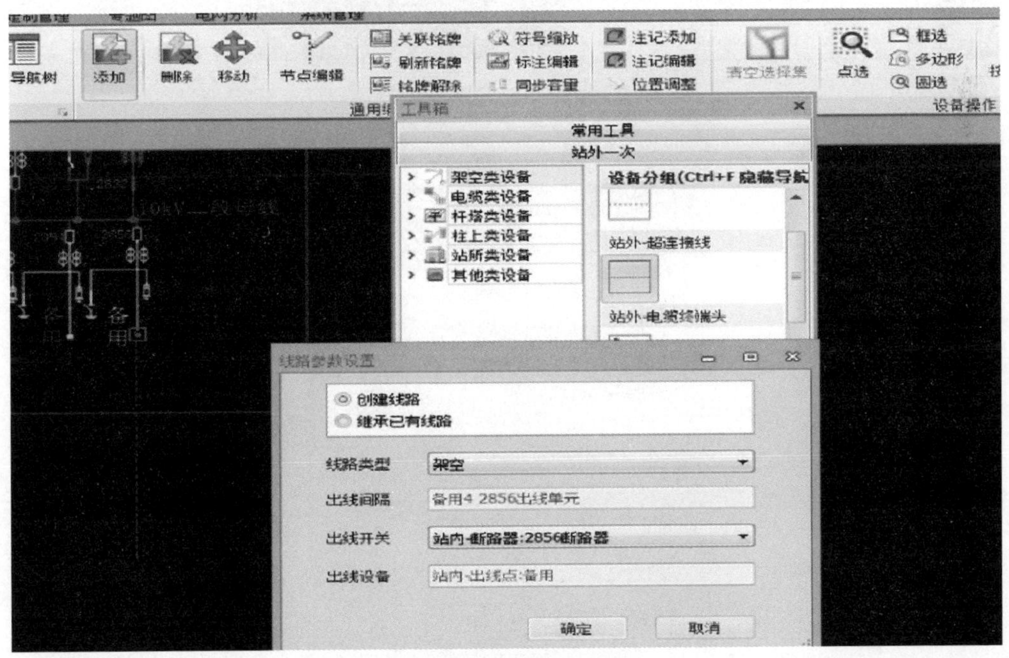

图 2–52　创建配电线路

点击“添加”，弹出工具箱窗口。点选“站外－超连接线”从站房出线点向站外拖动。在弹出“线路参数设置”窗口，点选“创建线路”，选择线路类型，点击“确定”，见图 2–53。

弹出“线路－新建”窗口，选择线路铭牌名称，点击“确定”创建完输电线路，见图 2–54。

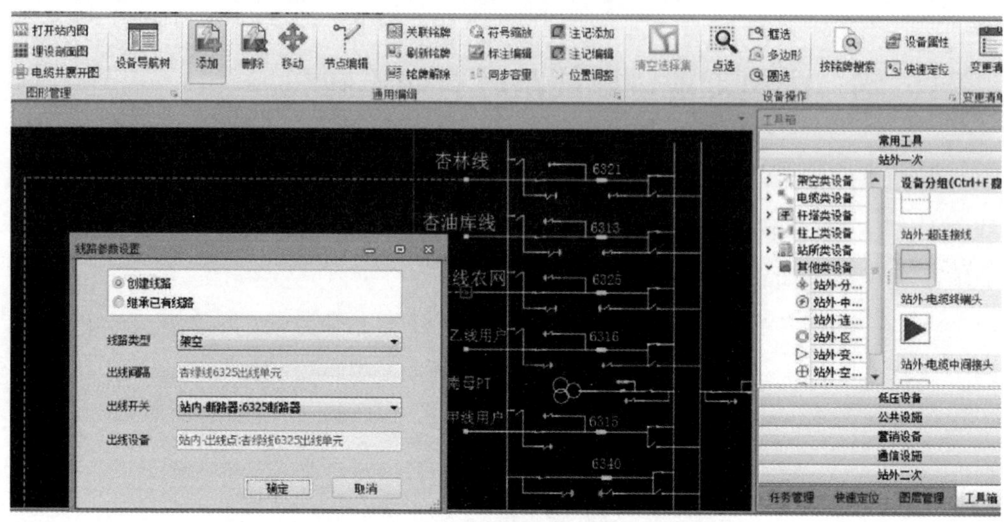

图 2-53　创建输电线路

线路-新建

选择电系铭牌

铭牌名称

铭牌编码

铭牌名称	铭牌编码	电压等级
杏绿线		交流35kV

设备名称　杏绿线

运行编号

电压等级　交流35kV

设备类型　线路

确定　取消

任务…　快速…　图层…　工具箱　线路-…

图 2-54　关联输电线路铭牌

注意：配电、输电线路电压等级不同，在变电站出线单元显示颜色不同。输电线路需要关联铭牌。

17. 如何绘制电缆，电缆段过长如何处理？

答：点击“添加”，弹出工具箱窗口，在“站外一次里”点击“站外－电缆段”图元，点击“站外－超连接线”并拖动，双击结束生成电缆。开始单击生成起始终端头，按住“Ctrl”键同时单击生成电缆中间接头，双击生成终止终端头。在弹出“电缆命名修改”窗口填写名称，点击“确定”结束，见图 2–55。

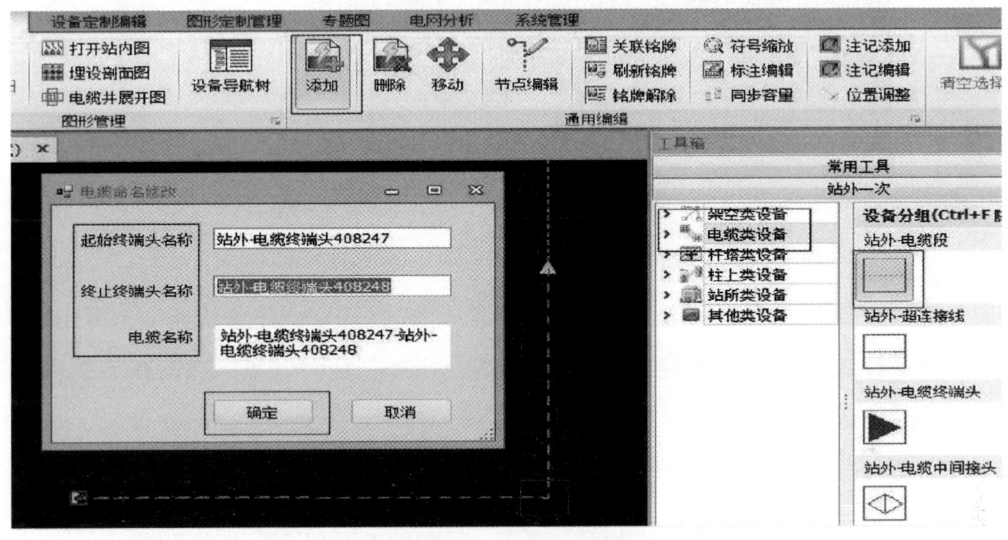

图 2–55　绘制电缆

18. 单双回架空线路如何绘制？

答：单回线路绘制：“设备定制编辑→杆线同布”功能。点击“杆线同布”，弹出“添加架空线路”窗口，按实际填写建模参数。点选“杆塔材质”图元，从“站外－超连接线”开始依次点击，绘制杆塔和导线段，双击结束，见图 2–56。

注意：“杆线同布”单击起始杆塔为耐张杆，双击终止为耐张杆，其余为直线杆塔。

按住“Ctrl”键同时单击为绘制耐张杆塔，导线在此处打断。

参数：档距未勾选，生成线路后档距需治理。如档距勾选填写，系统自动默认档距。

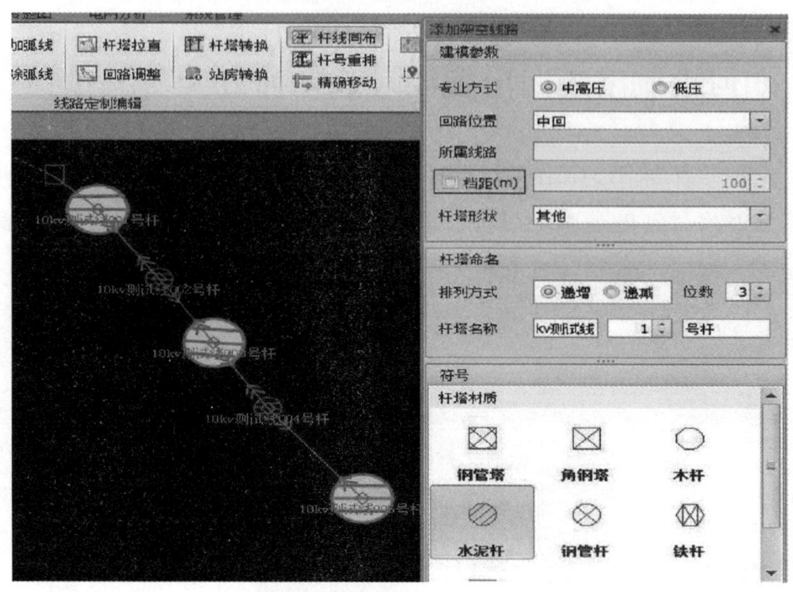

图 2-56　绘制单回线路

双回线路（同杆架设）绘制：点击“杆线同布”操作完成一条线路 A，再用“杆线同布”操作完成一条线路 B，B 线路每次点击画杆塔时，鼠标点击在 A 线路的物理杆塔上，见图 2-57。

注意：双回线路选择不同回路位置，回路位置相同导致线路重叠。

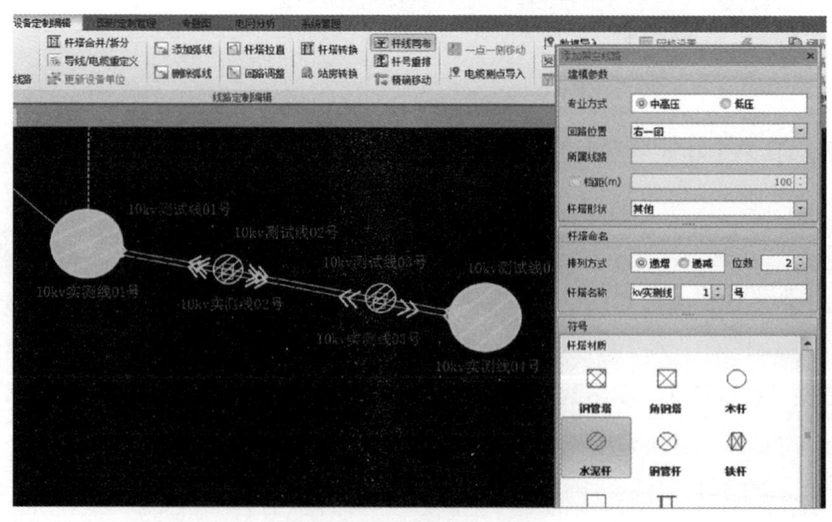

图 2-57　绘制双回线路

19. 如何使线路走向与现场一致?

答:“设备定制编辑→精确移动”功能实现位置准确性。点击“精确移动”，弹出精确移动窗口。地理图中框选杆塔高亮，勾选对话框内物理杆塔，输入现场杆塔的坐标，点击“应用”，杆塔按坐标值分布，见图 2-58。

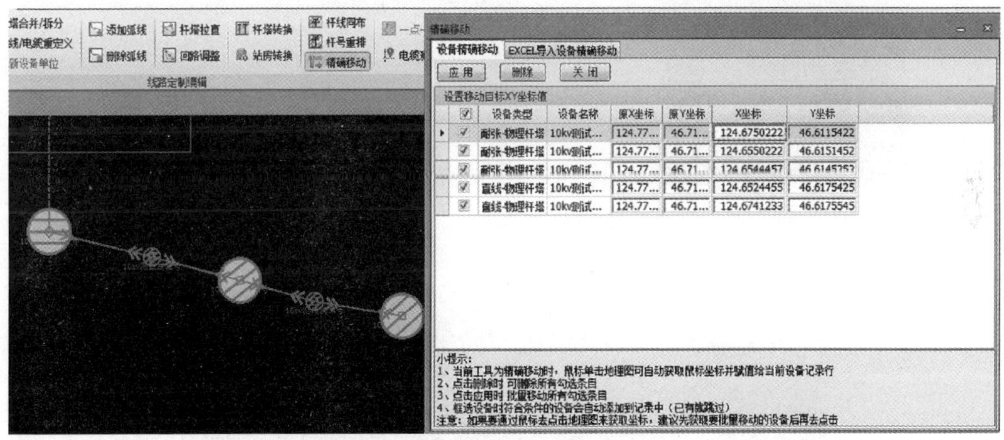

图 2-58 精确线路位置

20. 如何在线路上增加柱上设备?

答: 柱上变压器和柱上开关在线路上挂接方式不同，柱上避雷器不需要铭牌。在“电网图形管理”点击“添加”，弹出工具箱窗口，在“站外一次里”点选柱上设备图元。在设备搭接的耐张杆塔上拉出设备图元，弹出“柱上－新建”窗口，选择铭牌名称，点击“确定”关联设备名称，见图 2-59。（柱上变压器、柱上避雷器挂接结束）。

点击“节点编辑”，点选与开关设备相连接的导线高亮。按住键盘 Shift 键，鼠标左键点击与开关相接的高亮节点拖拽，使导线脱离连接与开关另一端连接。见图 2-60。

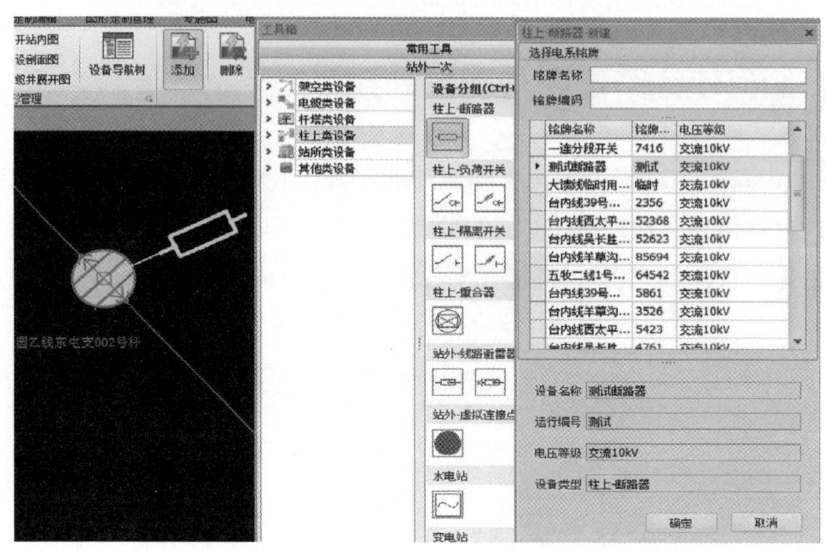

图 2–59　挂接柱上设备

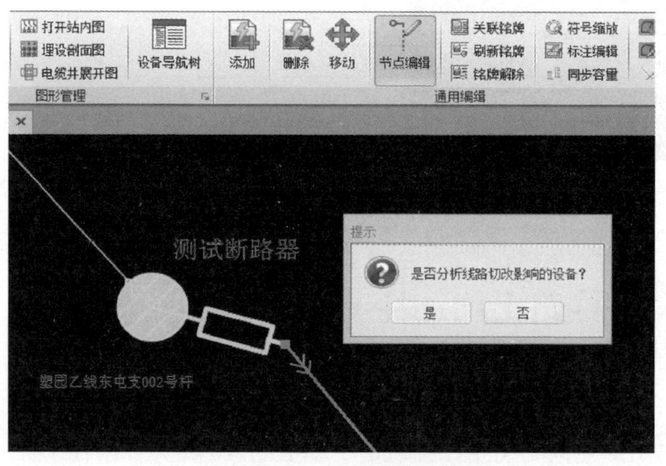

图 2–60　柱上设备连通

注意：操作后弹出“是否分析线路切改影响的设备”窗口，选择“是”系统自动分析，选择“否”需进行线路更新操作。

21. 图形中如何新增杆塔、导线？

答：（1）图形中新增杆塔，在“电网图形管理”点击“添加”，弹出工具箱窗口，在“站外一次→杆塔类设备”选择物理杆塔图元。点击图元拖到导线上捕捉导线段，导线高亮后双击结束，见图 2–61。

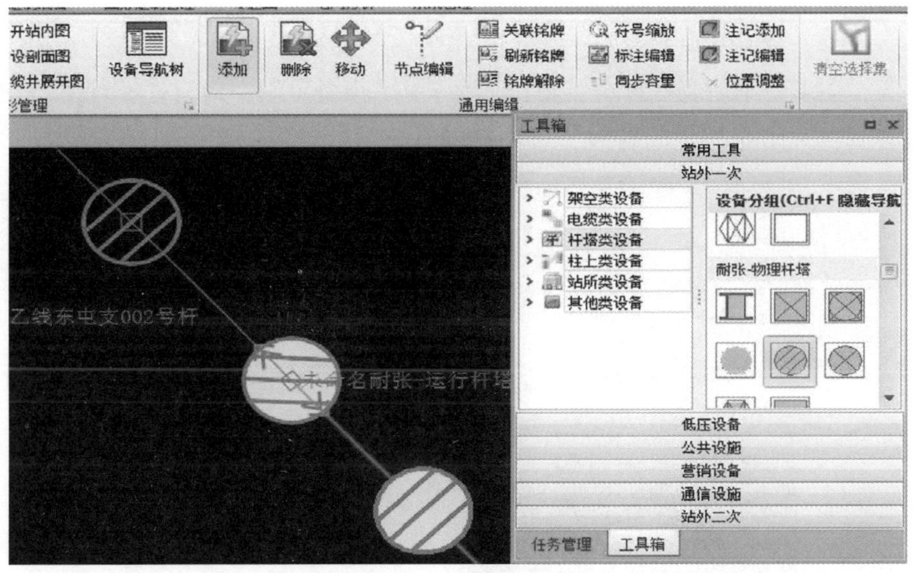

图 2–61　新增杆塔

（2）图形中新增导线，在“电网图形管理”点击“添加”，弹出工具箱窗口，在“站外一次”点选导线段图元，点击图形中需要添加导线的起始耐张杆位置，拖至终止耐张杆位置单击结束，见图 2–62。

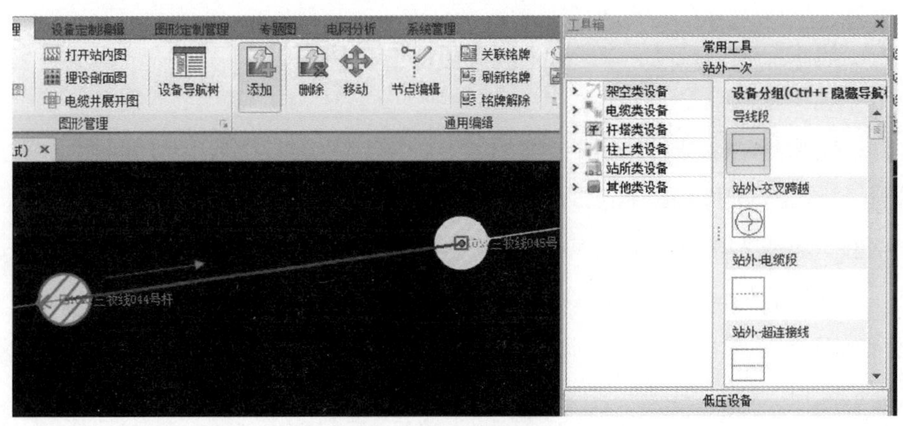

图 2–62　新增导线

22. 线路中的杆塔性质发生变化，图形中的处理方法是什么？

答：图形中不用删除杆塔重新添加，采用“设备定制编辑→杆塔转换”功能，可进行直线和耐张杆之间转换，可进行杆塔材质的转换。点击“杆塔转换”，弹出杆塔转换窗口。在左侧栏选择地理图中需转换的运行杆或物理杆，在右侧栏中选择变更后杆塔的图元，点击“确定”。在询问窗口，点击“确定”，提示变更成功，点击“确定”，见图 2–63。

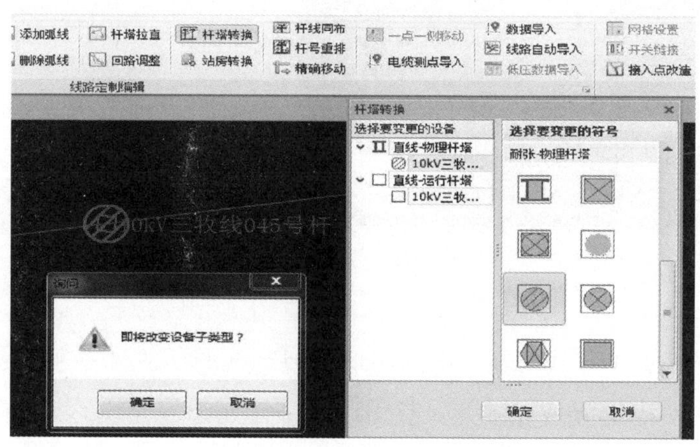

图 2–63　改变杆塔性质

23. 导线无起始、终止杆塔如何处理？

答：线路新增耐张杆塔或杆塔性质改变后，导线属性会出现无起始、终止杆塔问题。“设备定制编辑→导线 / 电缆重定义”功能可以处理。

点击“导线 / 电缆重定义”，弹出导线 / 电缆重定义窗口，点击“起点设备”，在图形中选择起始耐张运行杆，点击“终止设备”在图形中选择终止耐张运行杆。系统自动分析可选所属导线，勾选所要更新起止杆塔的导线，点击“重定义”，弹出提示窗口，确认无误点击“确定”，见图 2–64。

注意：在打开其他方式勾选“新建导线”，重定义时，设备树多余的导线需要删除，台账中导线合并。

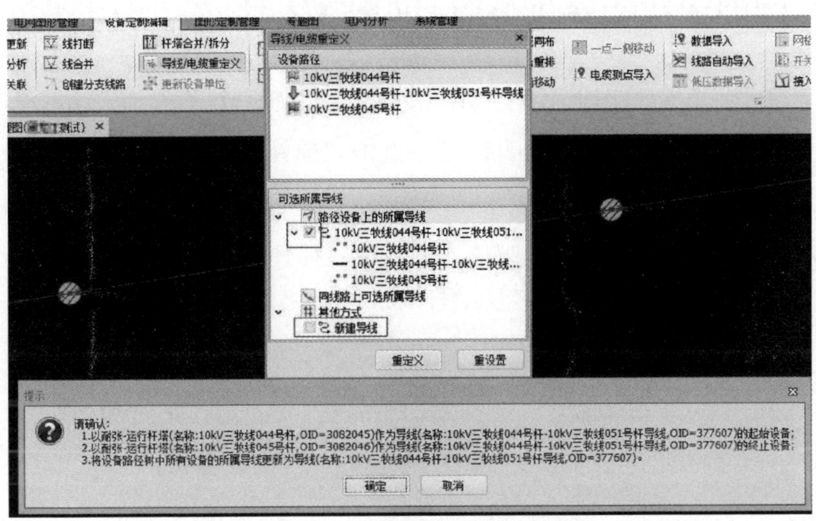

图 2-64 导线重命名界面图

24. 如何防止直线杆 T 接设备导致拓扑不通?

答：如用“杆塔转换”改变杆塔类型的方法 T 接，但图实不一致不建议采用。可用“设备定制编辑→线打断”功能。点击“线打断”，在直线运行杆小方框中心位置单击选中导线，在高亮点上单击进行打断，弹出提示窗口，点击“确定”，在弹出“打断操作成功”窗口点击“确定”，见图 2-65。

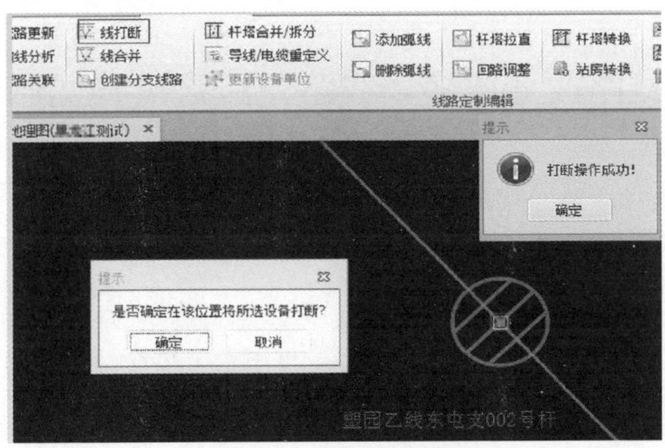

图 2-65 打断导线界面图

25. 图形中杆塔分布不均匀如何解决？

答：杆塔分布影响图形效果，用“设备定制编辑→杆塔拉直”功能解决问题。点击“杆塔拉直”，弹出杆塔拉直窗口。点击“选择起点”，在地理图中选择对应的耐张运行杆，点击“选择终点”，在地理图中选择对应的耐张运行杆。勾选“均分”，点击“预览”查看结果，确认无误点击“保存”，见图 2–66。

注意：杆塔拉直是对没有定位的杆塔进行美化分布。

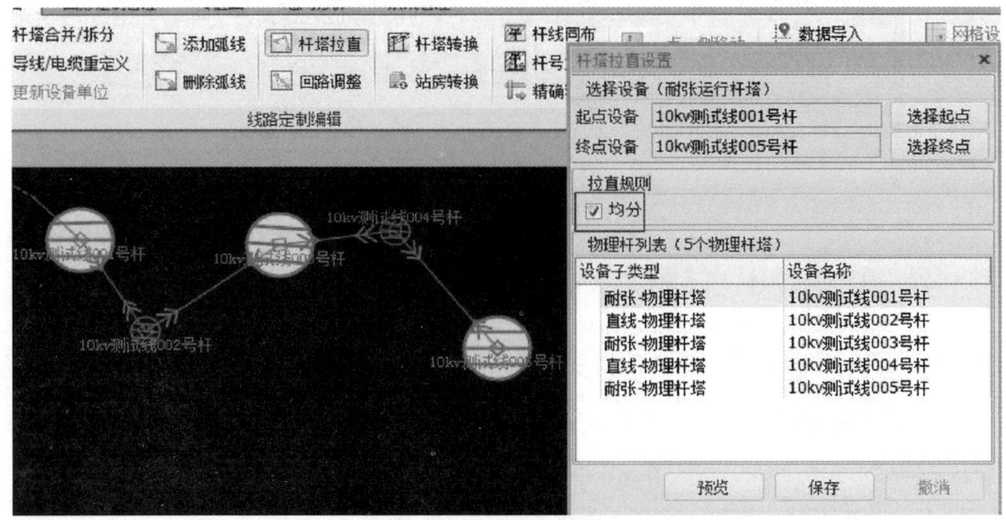

图 2–66　杆塔均匀分布界面图

26. 单条线路改变成多条线路，线路重叠如何处理？

答：逐个杆塔移动分开费时又费力，“设备定制编辑→回路调整”功能让线路快速分开。点击“回路调整”，弹出回路调整设置窗口。点击“选择起点”，图形中选择起始耐张运行杆塔，点击“选择终点”，图形中选择终止耐张运行杆塔。选择回路信息（如两条线路，一个选左二回，一个选右二回）。点击“预览”查看调整结果，点击“保存”，见图 2–67。

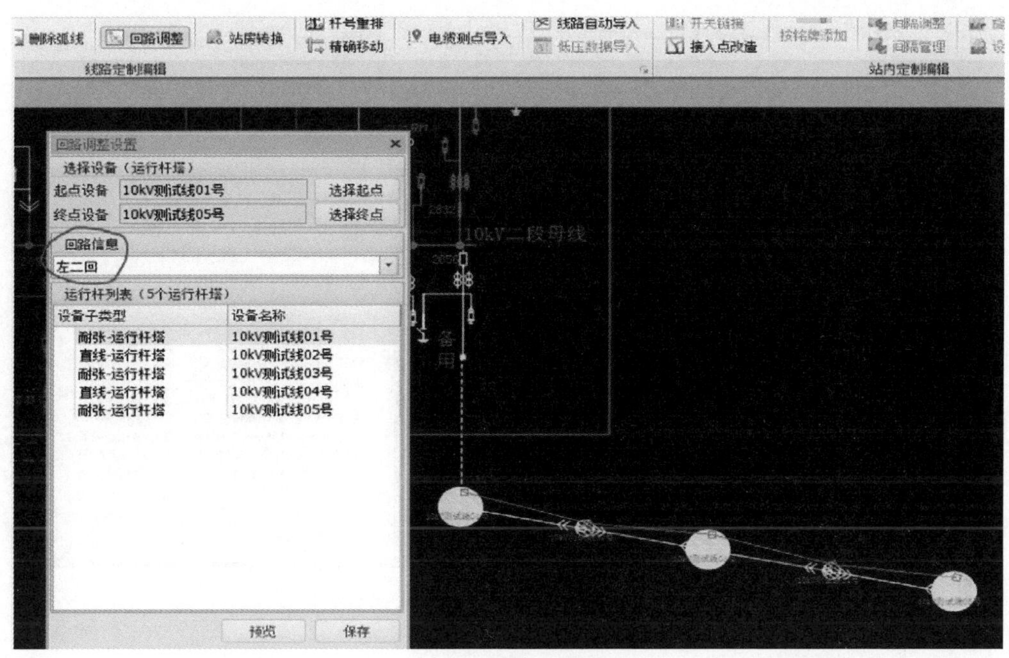

图 2–67　回路调整

27. 如何处理架空线路上杆塔数量发生变化，杆塔杆号混乱问题?

答：逐个杆塔修改杆号非常费时，利用“设备定制编辑→杆号重排”功能快速修改杆号。

点击“杆号重排”，弹出“杆号重排设置”窗口。点击“选择起点”和“选择终点”，在地理图选择对应的运行杆塔。填写编号规则（编号前缀、起始编号、杆号位数、编号后缀、编号排序），勾选（首杆重命名、尾杆重命名、导线段重命名、导线重命名），点击“预览”，确认后点击“保存”。在“设备定制编辑→杆号重排”中勾选物理杆重命名，点击“预览”，确认后点击“保存”，见图 2–68。

注意：支线重命名时，不选择首杆（首杆属于上级线路）。

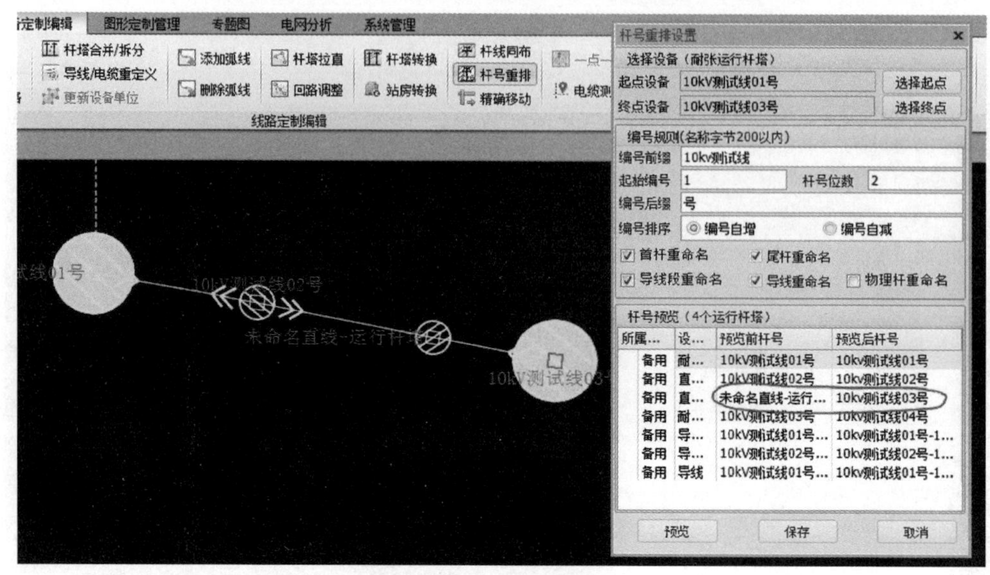

图 2–68　杆号重排

28. 新绘制的线路、电站开关未闭合，下端白色如何处理?

答：开关未闭合线路未连通，通过“变电开关置位”对开关进行操作。

登录设备（资产）运维精益管理系统，勾选“配网运维指挥”，见图 2–69。

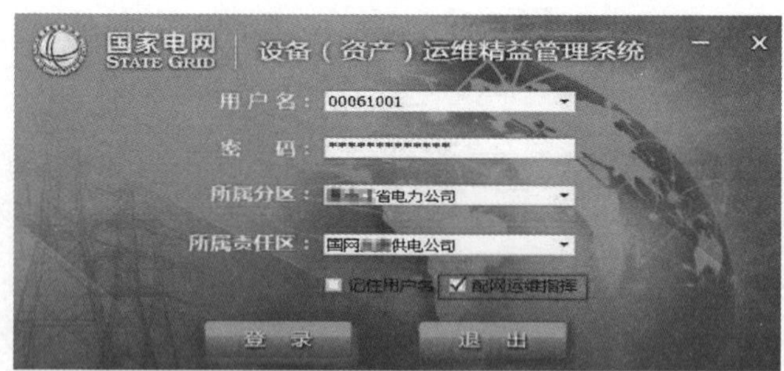

图 2–69　分合开关登录

打开地理图，“电网图形管理→图形定制管理”，点击“变电开关置位”，点击图中开关设备高亮，弹出开关置位完成窗口，点击“确定”，见图 2–70。

注意：开关置位不用任务，站房类设备开关置位不需打开站内图。

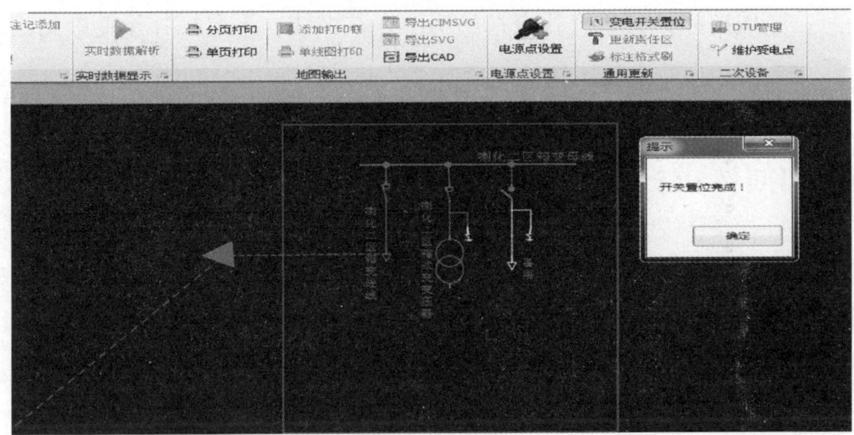

图 2-70　分合开关

29. 如何确定新画站房所属线路?

答: 点击“设备定制编辑→馈线分析”，弹出馈线分析窗口，点选分析站房。在对话框内点选馈线名称右键，点选线路名称右键，点击“保存”，在弹出提示窗口点击“是”。在“设备上级线路保存成功”窗口点击“确定”，见图 2-71。

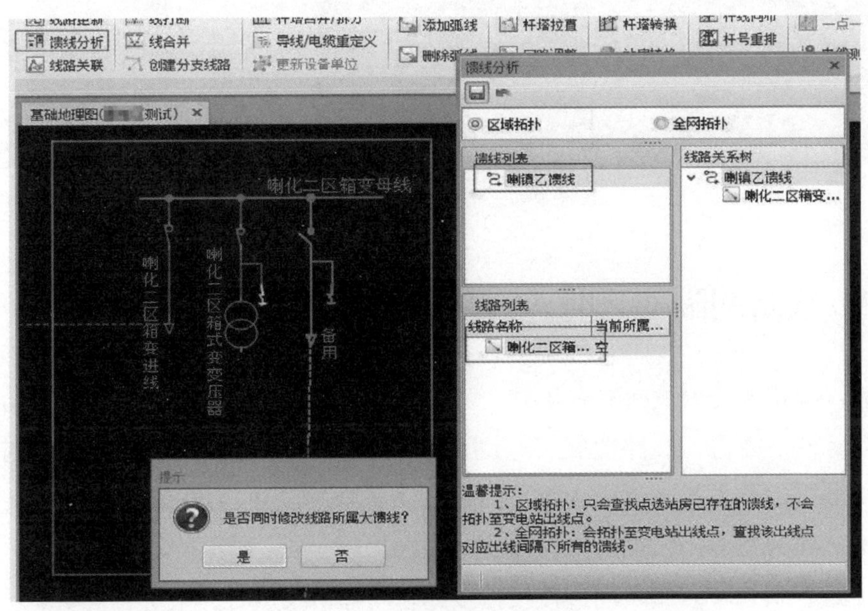

图 2-71　馈线分析界面图

注意：区域拓扑，只会查找点选站房已存在馈线，不会拓扑至变电站出线点。全网拓扑，会拓扑至变电站出线点，查找该出现点对应出线间隔下所有的馈线。

30. 如何保证线路切改后与馈线的正确关系？

答：点击“设备定制编辑→线路更新”，弹出线路更新窗口。选择切改搭接的线路为目标线路，选择搜索方式（如“一点一侧”），选择搜索方向（切改的线路方向），点击系统中“自动分析”功能，系统刷新设备列表，在图中高亮显示，见图 2–72。

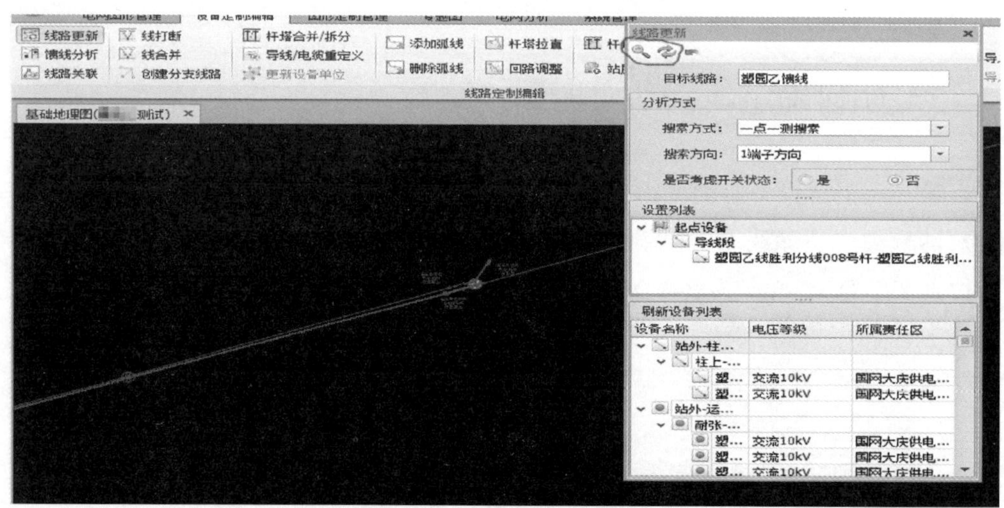

图 2–72　线路更新界面图

31. 线路间隔变化时，线路关系如何改变？

答：线路涉及出线间隔变化时，可应用“设备定制编辑→线路关联”功能手动重新关联。点击“线路关联”，点击需关联的站外超连接线，弹出线路属性变更窗口。点选站外超连接线关联的站内开关，数据变更后点击“保存”，关联成功点击“确定”，见图 2–73。

注意：通过节点编辑超连接线搭接到新间隔出线点时，系统会自动更新线路关系。

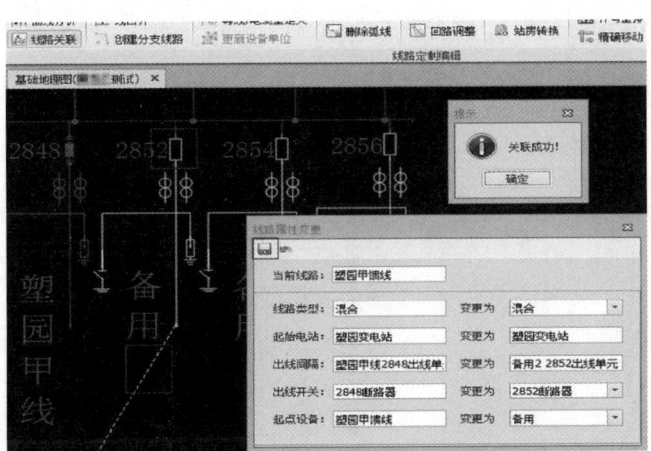

图 2-73　线路关联界面图

32. 图形中变压器挂接线路发生改变，显示所属线路错误如何处理？

答：对于少量设备可通过“局部刷新所属线路”更新关系。“点选”需要刷新的变压器高亮，在设备导航树上找到要刷新的馈线，点击右键，在弹出列表中点击“局部刷新所属线路”，见图 2-74。

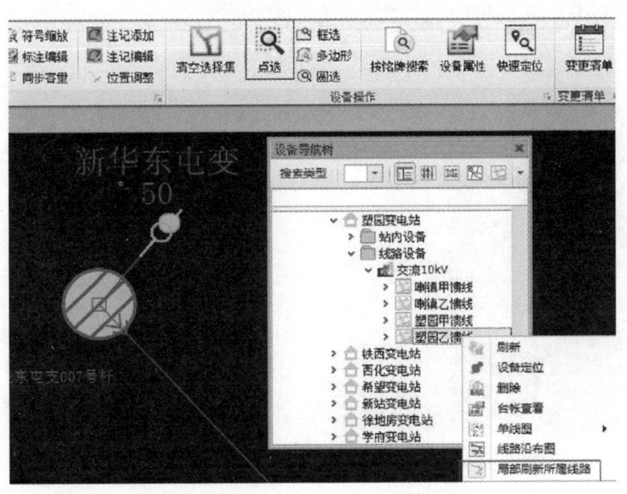

图 2-74　刷新变压器所属线路

在弹出窗口勾选要更新操作的设备，并点击“确定”图标。在“所选设备的所属线路属性更新成功”窗口点击“确定”，见图 2–75 和图 2–76。

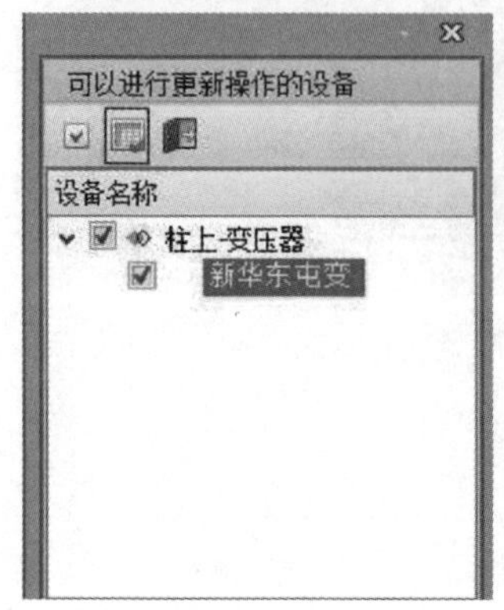

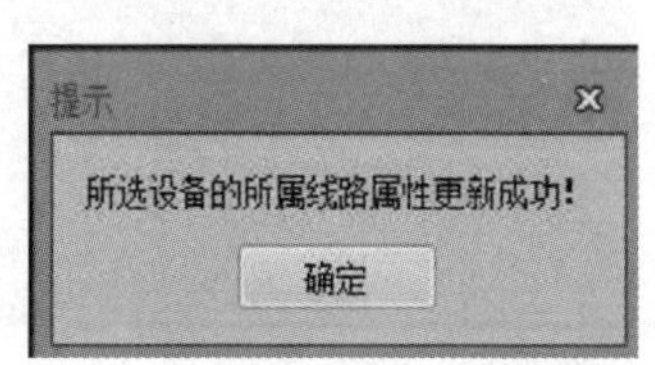

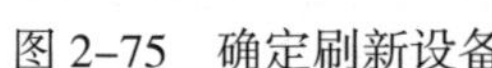

图 2–75　确定刷新设备　　　　图 2–76　刷新成功

33. 图形中变压器挂接杆塔改变，显示所属杆塔错误如何处理?

答：“点选”需要更新的变压器高亮，在设备导航树上找到更新后的杆塔，点击右键，在弹出列表中点击“更新所属杆塔”，见图 2–77。

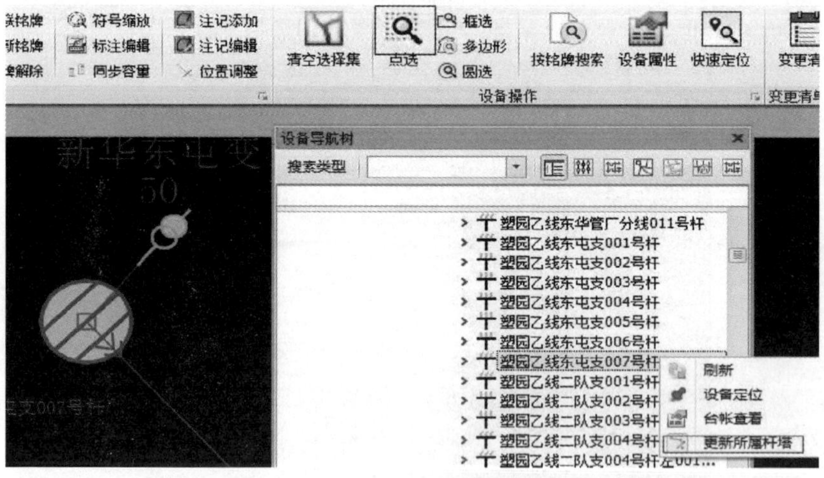

图 2–77　更新杆塔

弹出“请选择可更新的设备”窗口勾选要更新的设备，并点击“确定”图标，在弹出“成功更新”窗口点击“确定”，见图 2–78 和图 2–79。

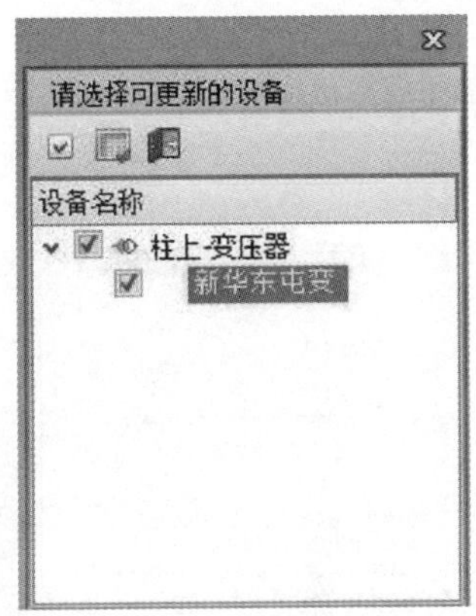

图 2-78 确认设备

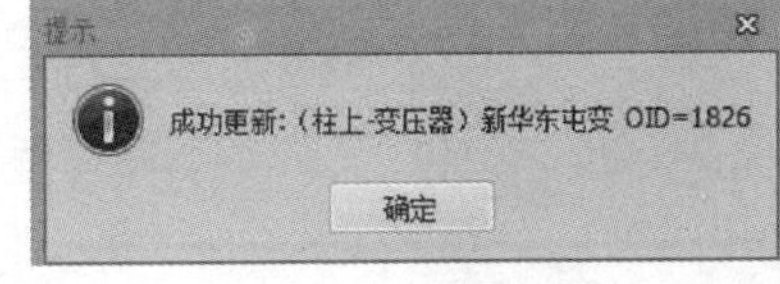

图 2-79 更新成功

34. 图形中删除导线时注意的问题?

答: 删除导线时，误删与其他导线连接的耐张运行杆会导致相连接的导线无起止杆塔。点击“删除”选中要删除的导线，见图 2-80。所属子设备列表中有与其他导线连接的耐张杆，如果确定删除导线，与其连接的导线会无起止杆塔。

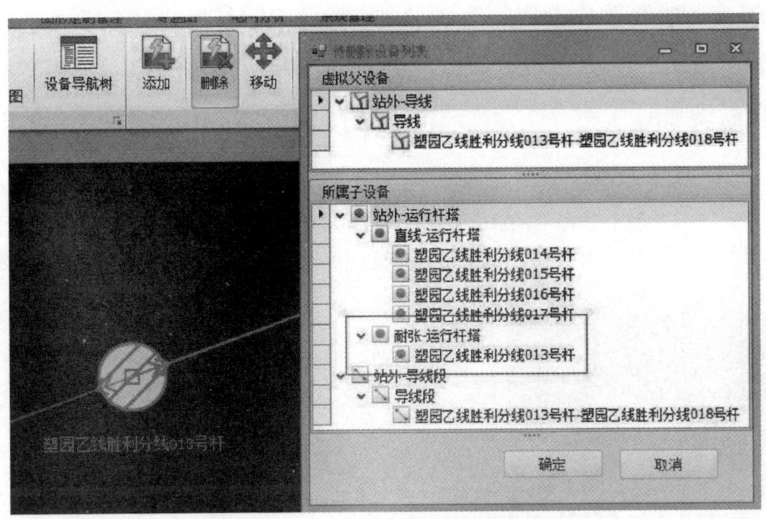

图 2-80 确认杆塔所属导线

处理方法：点击要处理的耐张杆塔高亮，在设备导航树找到与要删除导线连接的另一条导线。选中连接导线点击鼠标右键，在弹出窗口点击“更新所属导线”，见图 2–81。

杆塔更新导线成功后，再删除导线。

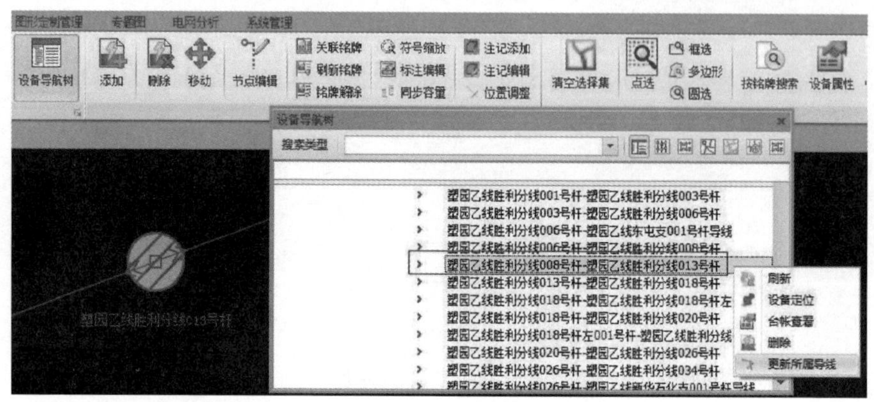

图 2–81　杆塔刷新导线

35. 创建大馈线前的准备？

答：创建大馈线首先设置好开关状态（常开）。点击“设置常开”，在地图上选择需设置的开关，弹出“设置常开开关状态”窗口，开关状态选择“常开”。在地图上选择需设置的开关，查看“设备属性”，常开状态选择“常开”，见图 2–82。

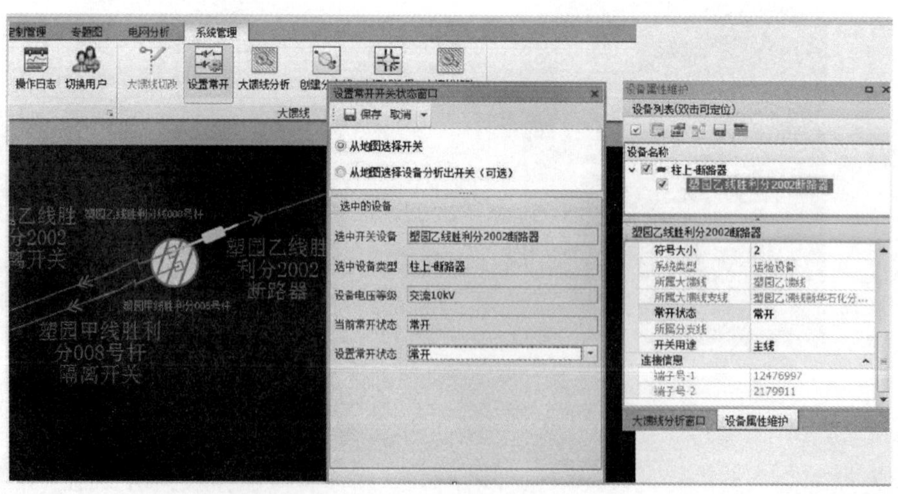

图 2–82　设置开关状态

36. 如何体现馈线各级关系？

答：馈线中主线、分线、分支线关系通过大馈线分析进行各级分支线分析。

点击“大馈线分析”，选择与变电站内出现单元连接的“站外－超连接线”，获取起始设备。选择线路在变电站内的出线开关，输入大馈线的名称、运行编号，选择馈线类型，点击“新增”“分析”，成功后点击“保存”，见图 2–83。

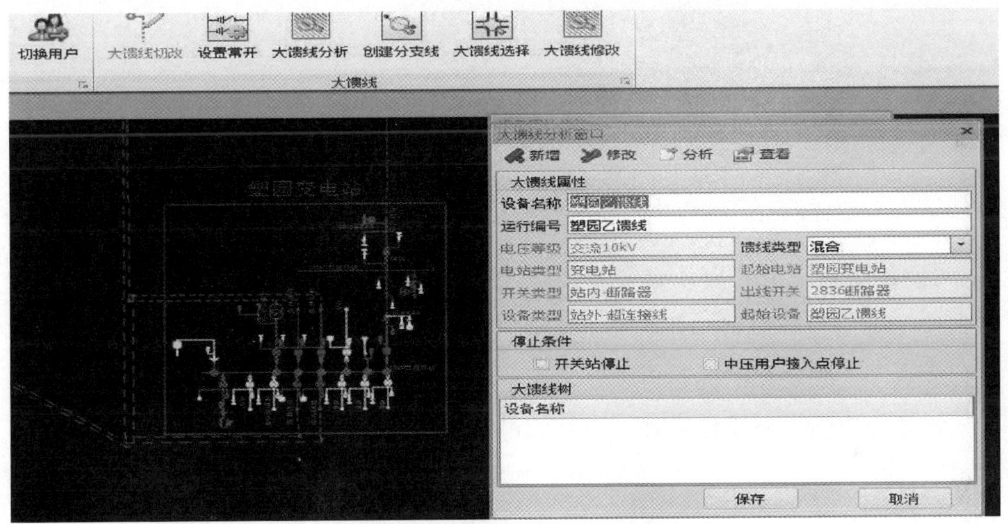

图 2–83　大馈线分析界面图

37. 对图形设备进行编辑时，出现设备单位、责任区不一致怎么办？

答：“图形定制管理→更新责任区”：进入申请任务，点选设备高亮，点击“更新责任区”弹出更新责任区窗口，勾选“写入运行单位”“写入所属责任区”，点击“确定”，见图 2–84。

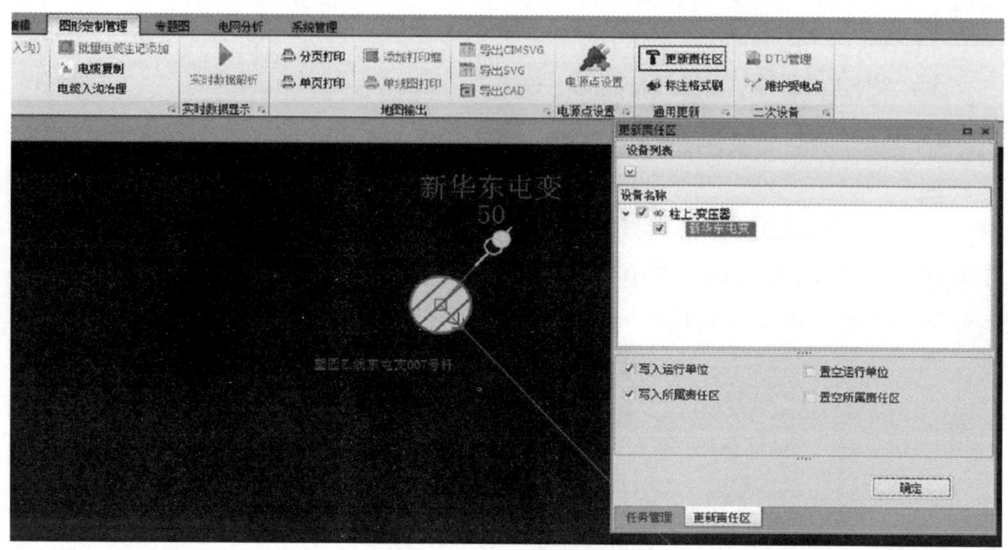

图 2-84　更新设备责任区

“设备定制编辑→更新设备单位”：任务外，点选设备高亮，点击“更新设备单位”弹出更新设备单位窗口，勾选正确运行单位点击“确定”，弹出更新设备列表点击“确定”图标。再次弹出提示窗口，点击“确定”，见图 2-85。

注意：更新设备单位责任区直接就继承了。

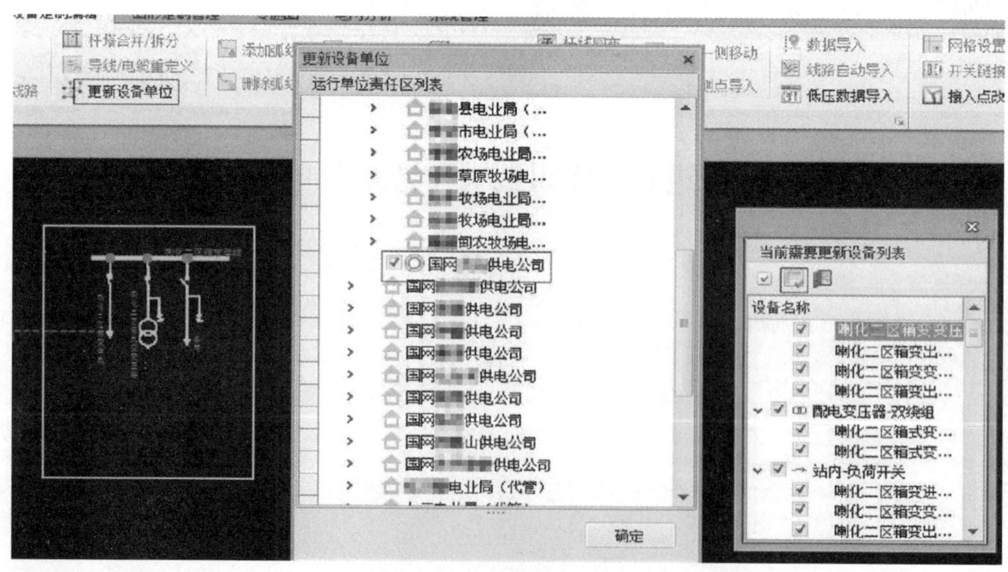

图 2-85　更新设备单位

38. 对图形绘制中的某一步进行撤销如何操作？

答：对任务内的新增、修改、删除等操作选择性回退。进入“任务管理”中的“待办任务”，选中当前任务点击右键，弹出对话框中点击“版本差异数据”。在弹出“设备回退”对话框中勾选需要撤销的操作项，点击“一键回退”。在设备批量工作中点击“是”按钮，见图 2–86。

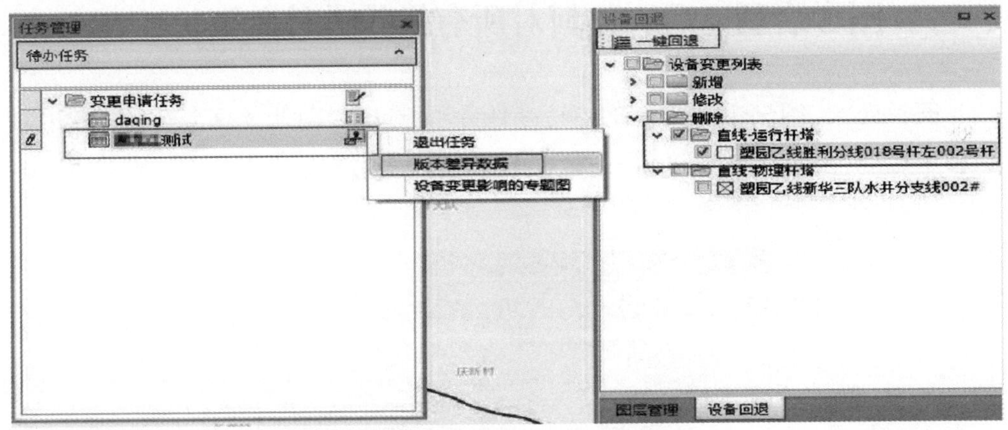

图 2–86　任务单一步骤回退操作界面

提示“开始设备批量回退”，点击“是”，见图 2–87。

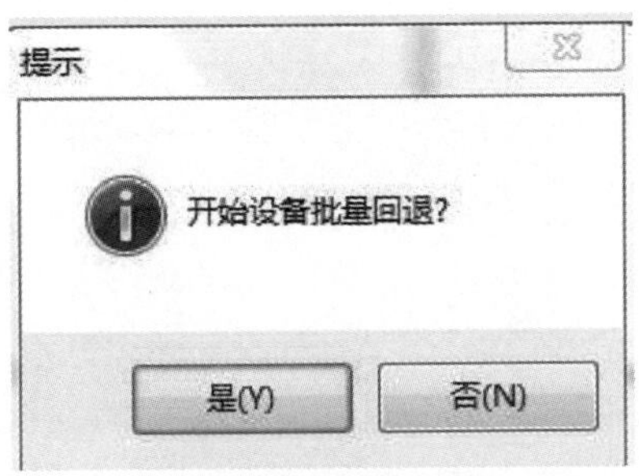

图 2–87　操作提示

提示“设备回退完成”，点击“确定”，见图 2–88。

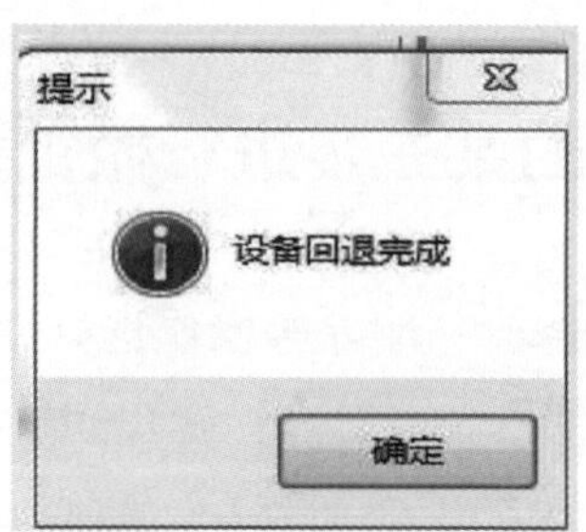

图 2-88　回退成功

39. 图形绘制完后，如何对所有操作进行撤销?

答：进入“任务管理”中的“待办任务”，选中当前任务点击右键，弹出对话框中点击“退出任务”，见图 2-89。在“询问”对话框中点击“是”，见图 2-90。

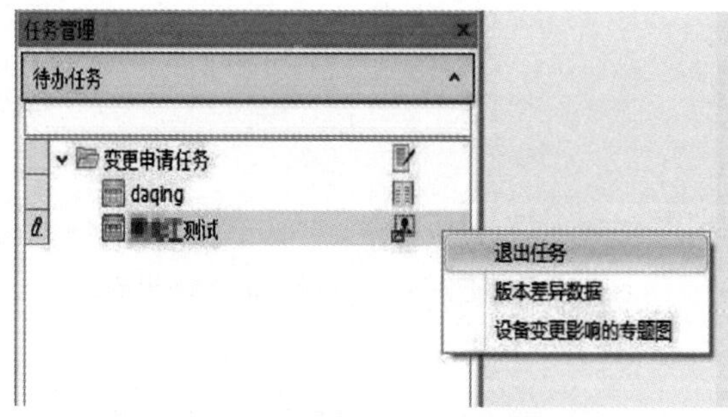

图 2-89　任务整体回退

图 2-90　退出提示

任务管理窗口再次选中当前任务点击右键，弹出“任务回退”并点击，见图 2-91。

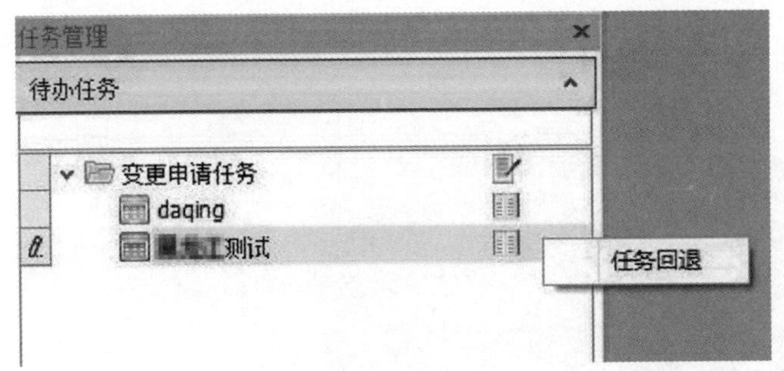

图 2-91 再次任务回退

弹出“开始回退任务”提示框，点击“是”，见图 2-92。弹出“任务回退完成”提示框，点击“确定”结束，见图 2-93。说明：两次右键退出任务，此任务里无任何操作项。

图 2-92 任务退出提示

图 2-93 任务退出成功

40. 绘制站房低压时与高压有何区别?

答：站内低压不需要重新绘制站房，打开站房站内图，点击“添加”，弹出工具箱窗口，低压设备列表点击“站内－低压开关”，从变压器向下拖拽，关联铭牌，创建低压进行间隔。点击“添加”弹出工具箱窗口，低压设备列表点选“低压－母线”图元，鼠标拖动关联铭牌建母线间隔。低压母线与低压进线连接。按照高压画法添加出线间隔、出线间隔设备，最终以低压出线点结束。电压等级不同，站内图显示的图形颜色不同。创建完的箱式变电站内部低压图见图 2-94。

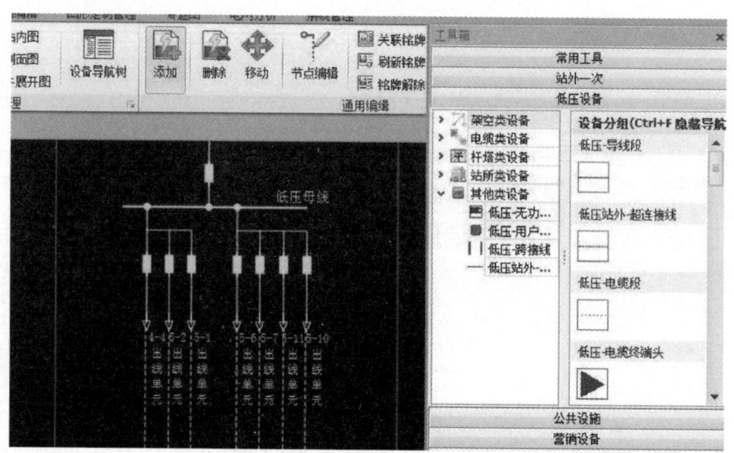

图 2–94　站内低压绘图

41. 柱上变压器画低压线路时，为何不用超连接线？

答：因为变压器不能直接画低压线路，中间需用低压开关连接。所以画低压开关也是画低压线路。点击“添加”，弹出工具箱窗口，在低压设备里点击“低压－熔丝”图元，点击柱上变压器节点并向外拖动，弹出指定线路类型窗口，选择线路类型，点击“确定”，见图 2–95。点击“低压－熔丝”新建窗口，选择铭牌名称点击“确定”。

注意：低压开关以实际设备类型为主。

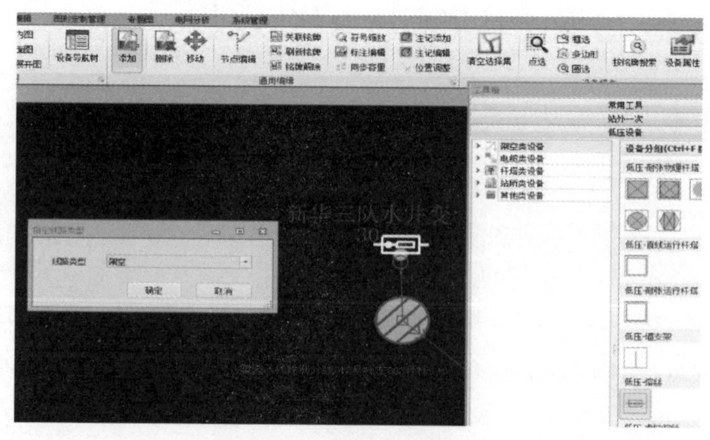

图 2–95　低压线路创建

42. 如何配合营配贯通工作开展?

答：营配贯通工作末端为用户表，图形中以用户接入点为代表。

点击“添加”，弹出工具箱窗口，在低压设备里点击“低压 – 用户接入点”图元，点击低压杆塔并拖动，弹出提示窗口，点击“否”通过连接线连接用户接入点，见图 2–96。导线有台账，连接线无台账。

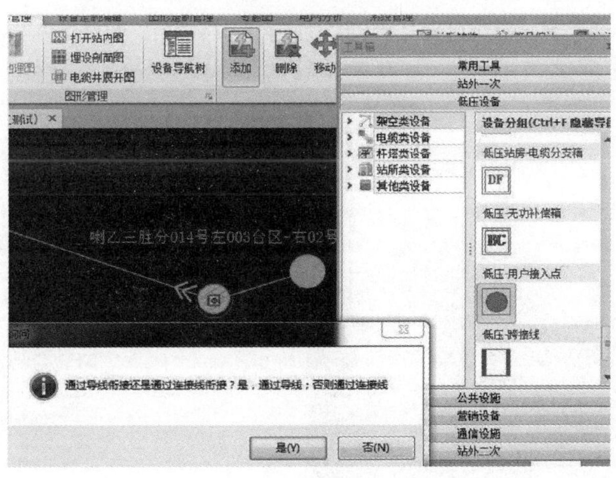

图 2–96 低压导线进户点

点击“添加”，弹出工具箱窗口，在低压设备里点击“低压 – 用户接入点”图元，点击低压电缆终端头并拖动，弹出“低压 – 用户接入点 – 新建”窗口，填写设备名称点击“确定”，见图 2–97。

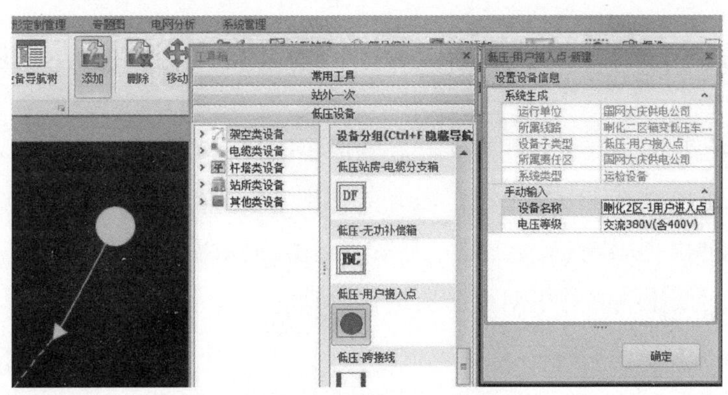

图 2–97 低压电缆进户点

43. 低压架空线路画完，设备导航树只有高压设备时怎么处理？

答： 点选“电网图形管理→设备导航树”，弹出设备导航树窗口，通过查询找到柱上变压器，右键弹出列表窗口，点击“转到低压设备树”，跳转到低压设备，见图 2–98。

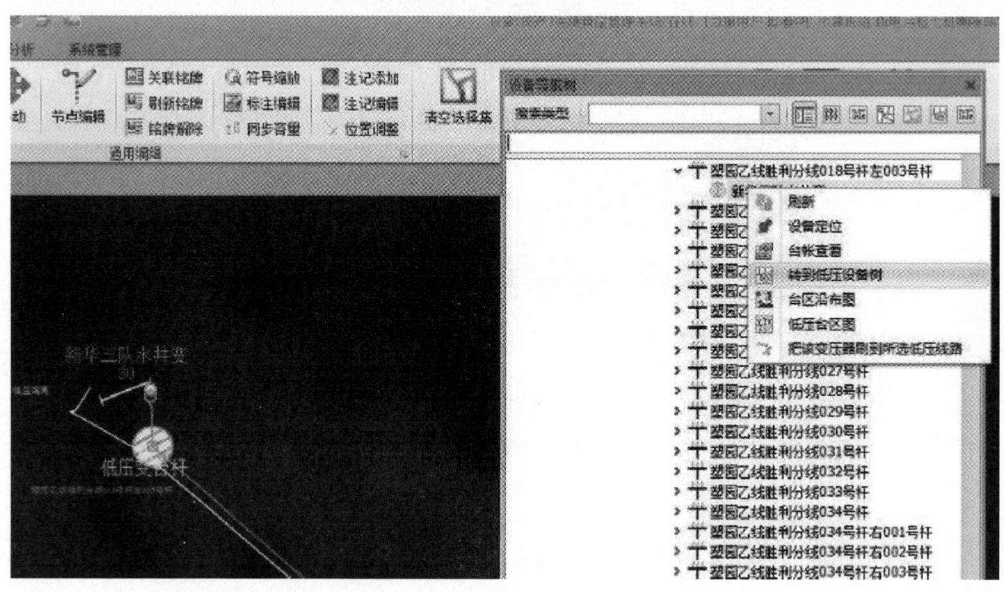

图 2–98　低压设备数

44. 为何有低压线路时，柱上变压器无法删除、变更？

答： 柱上变压器有低压线路，删除变压器时提示有线路无法删除。点击低压线路高亮，通过“节点编辑”把低压开关移到新变压器上。设备导航树点选新变压器，右键弹出列表窗口，点击“把该变压器刷到所选低压线路”，见图 2–99。原变压器下无低压线路，可对变压器进行改动。

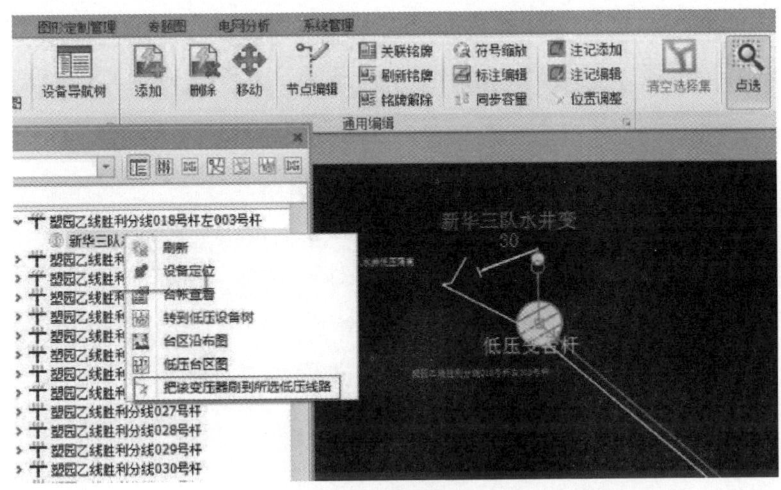

图 2-99 刷新低压线路

45. 设备在地理图中不知具体位置，如何查找?

答：图形设备导航树中查找设备需逐层点击，对不了解具体位置的采用“电网图形管理→快速定位”功能。点击“快速定位”，弹出快速定位窗口。选择查询对象类型，填写设备类型、查询字段、单位级别、查询内容，点击“查询”。查询结果导出设备名称，点击设备名称，图形中弹现对应图形，见图 2-100。

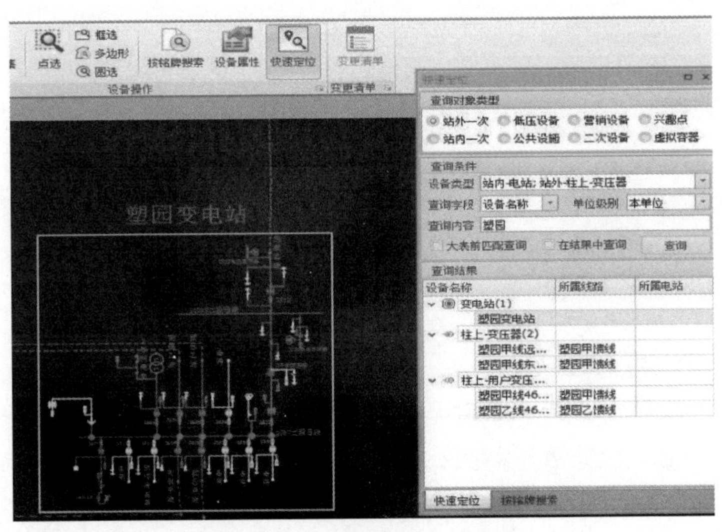

图 2-100 图形设备快速查找

注意：查询内容填写为设备全称，查询结果导出唯一设备，查询内容填写为设备名称的几个字段，查询结果导出多个设备。

46. 图形绘制完，如何检验其准确性？

答：为确保图形正确性，通过质检工具对其检测。点击“电网分析→查看质检结果”查看线路，见图2-101。红色代表错误，黄色代表未检测，绿色代表无错误。也可点击“详情”查看线路、站房错误数据。勾选一条需要质检的线路或变电站，点击“执行”开始对选中线路进行质检。

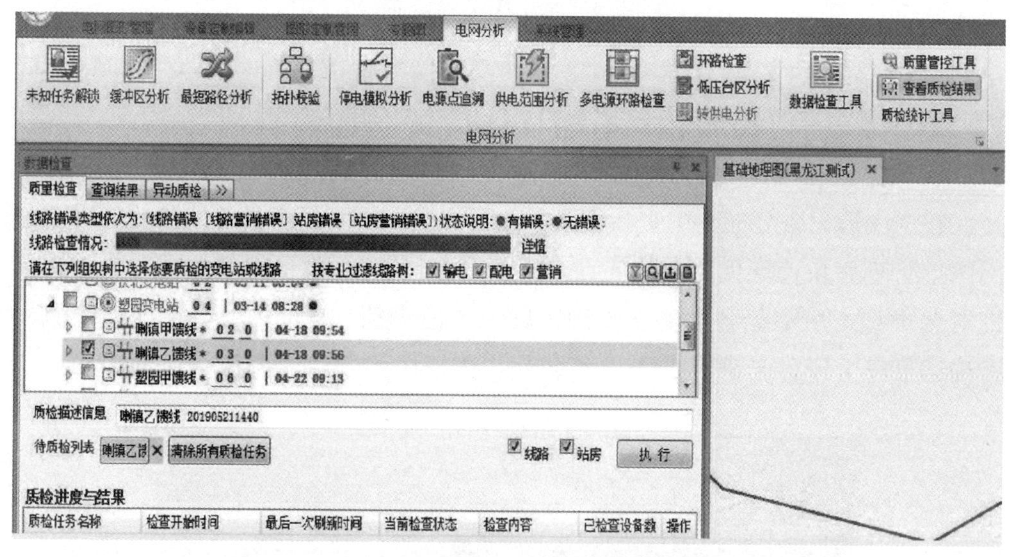

图2-101　质检界面

47. 质检线路拓扑完整性错误如何治理？

答：线路末端无终止设备。

处理：选择对象数据，点击“添”。弹出可选终端设备表，点击下拉选项，选择实际终端设备，点击“保存”，见图2-102。

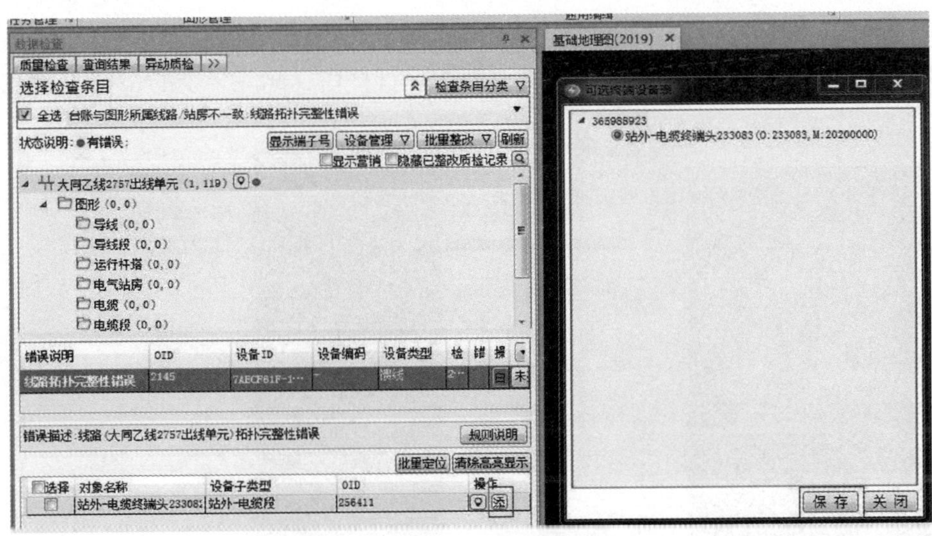

图 2–102　线路无末端设备

48. 质检线路端子连通性错误如何治理？

答： 线路设备之间连接不通，设备连接点端子号不相同。

处理：选择组别不同的设备点击“定位”，通过设备属性查看其设备的端子号，见图 2–103。

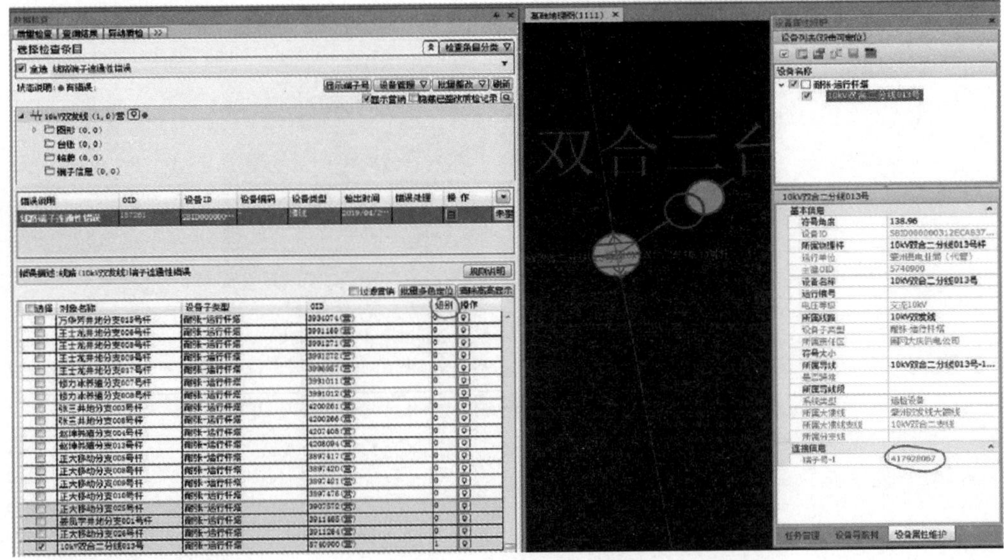

图 2–103　线路不连通

点击相邻设备，通过设备属性查端子号。如端子号不同，通过“节点编辑”重新连接。查看运行杆塔端子号发现有两个运行杆塔，删除多余的，见图 2-104。

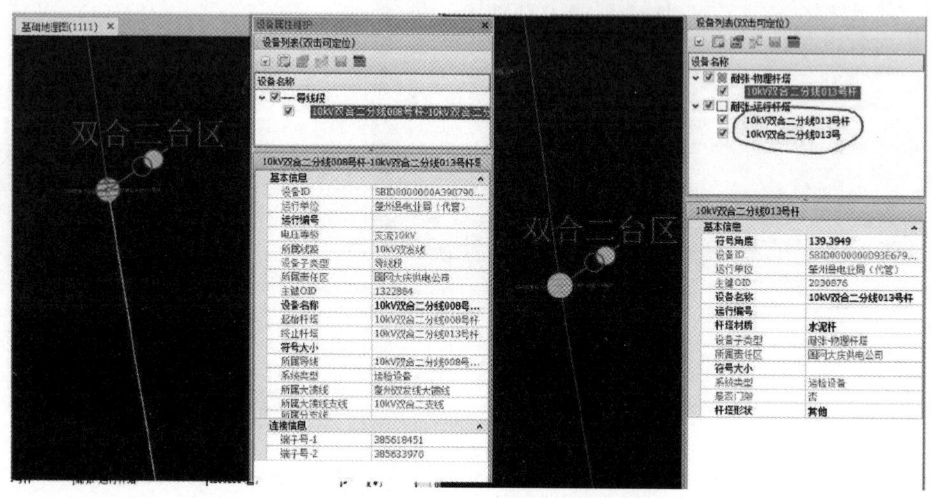

图 2-104　查看相邻设备连通性

49. 质检台账缺少图形如何治理？

答：（1）站房类、柱上类设备台账缺少图形，如图 2-105 所示，福民苑 5 号箱式变电站进线间隔负荷开关。

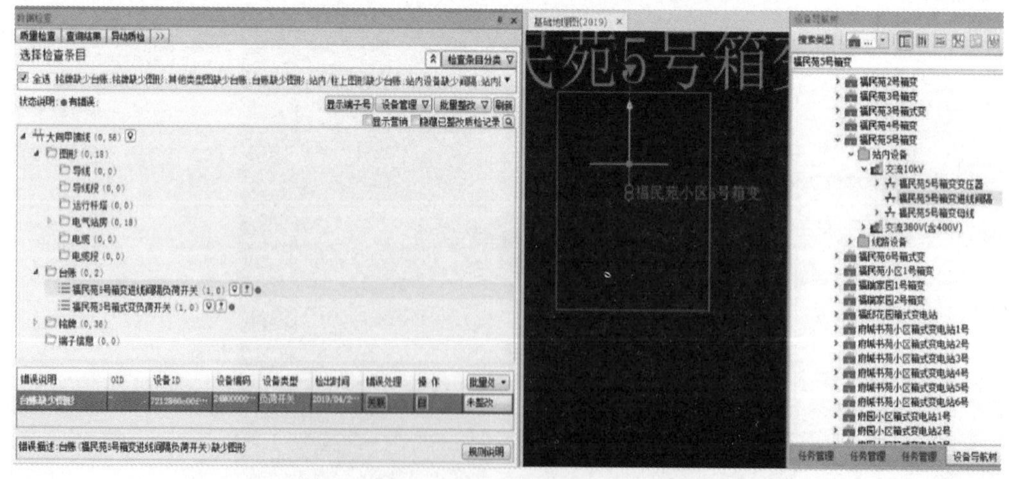

图 2-105　站内设备台账缺少图形

处理：①实际有负荷开关，地理图中补绘负荷开关图形。

②实际无负荷开关，设备台账应删除，设备铭牌注销。

（2）杆塔、导线段、电缆类设备台账缺少图形，如图 2-106 所示，10kV 永胜乡直支线 016 号杆。

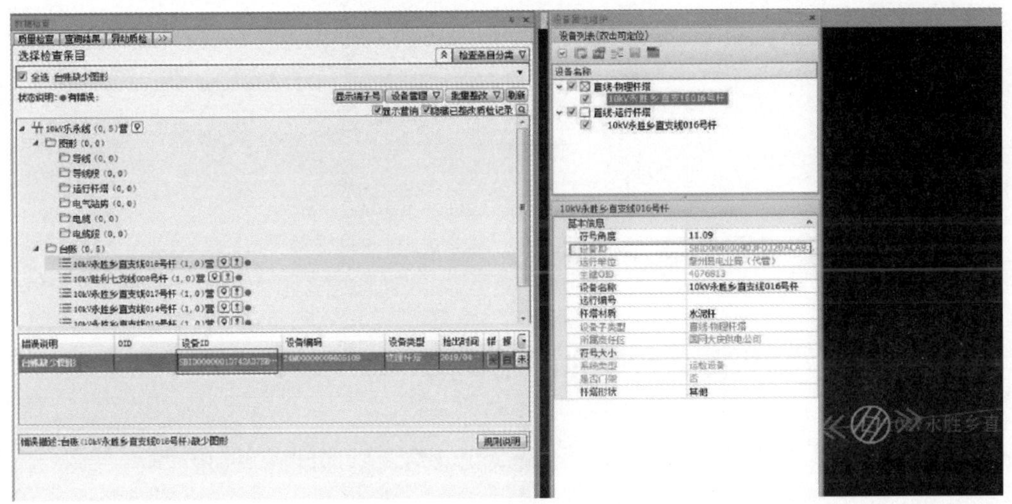

图 2-106 架空设备台账缺少图形

处理：客户端台账中的设备编码与质检设备的不同，地理图中物理杆塔与质检杆塔的设备 ID 不同，质检台账为垃圾数据删除。

50. 质检图形缺少台账如何治理？

答：（1）站房类、柱上类设备图形缺少台账，如图 2-107 所示，和谐 5 号箱式变电站变压器间隔负荷开关。

处理：①实际有负荷开关，台账中新建设备。

②实际无负荷开关，铭牌解除图形删除，设备铭牌注销。

（2）杆塔、导线段、电缆类设备图形缺少台账。

处理：实际有杆塔，图形中重新添加杆塔，删除问题杆塔。设备导航树列表中删除多余杆塔名称。

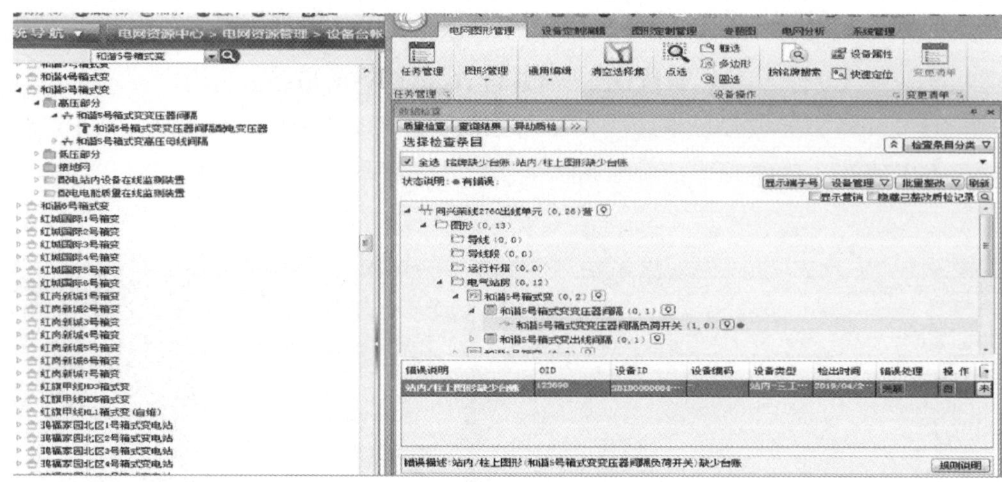

图 2-107　图形缺少台账

51. 质检铭牌缺少台账如何治理？

答：如图 2-108 所示，和谐 5 号箱式变电站变压器间隔负荷开关。

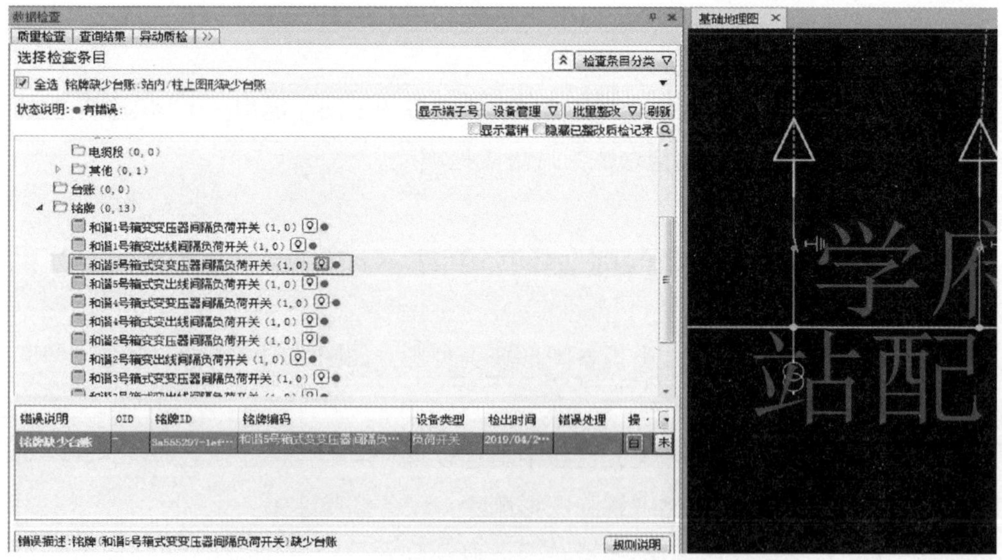

图 2-108　铭牌缺少台账

处理：①实际有设备，新建设备台账。②实际无设备，图形删除，铭牌注销。

52. 质检铭牌缺少图形、铭牌缺少台账如何治理?

答： 如图 2–109 所示，紫玉花园 1 号箱式变电站进线间隔负荷开关。

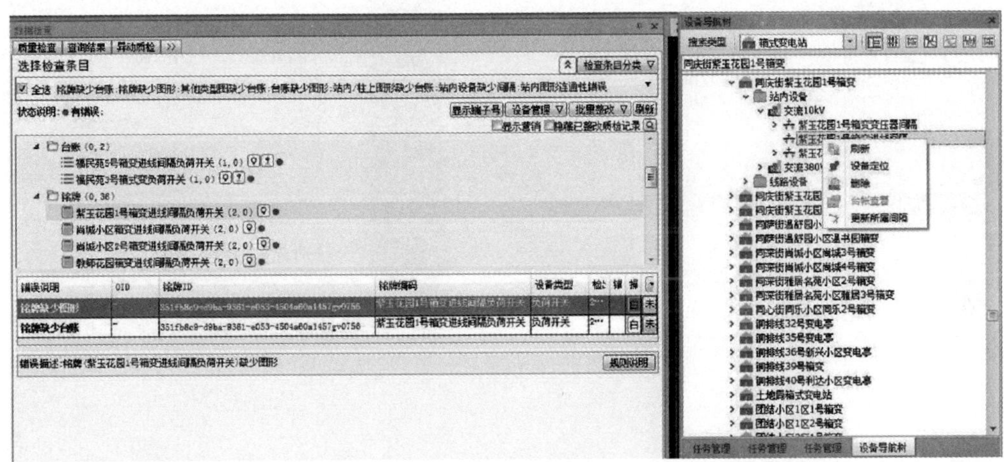

图 2–109　铭牌缺少图形、台账

处理：①实际有设备，画设备图形，台账创建。②实际无设备，注销铭牌。

53. 质检台账缺少图形、图形缺少台账如何治理?

答： 以图 2–110 所示的 10kV 三牧线 187 号杆为例。

质检台账缺少图形：通过核对质检台账与客户端台账设备编码相同，图形中查到同名称设备缺少台账，两者查询设备 ID 相同，确认属同一设备需进行关联。

处理：点击质检数据“关联”，弹出右侧提示窗口点击图形新数据“+”，通过图形设备属性添加新数据，点击“关联”，在弹出关联成功窗口点击“确定”，见图 2–111。

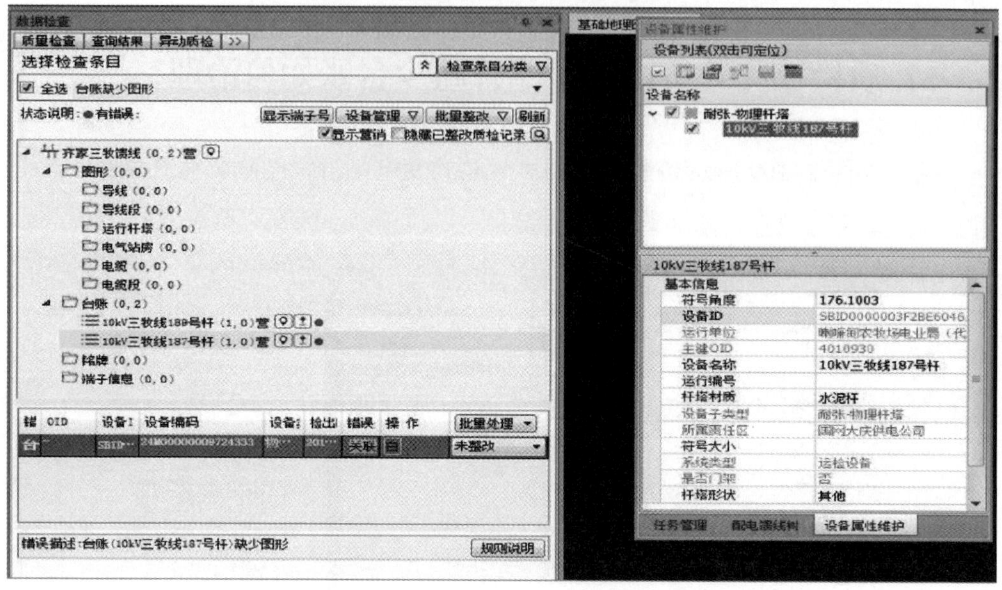

图 2-110　台账缺少图形、图形缺少台账

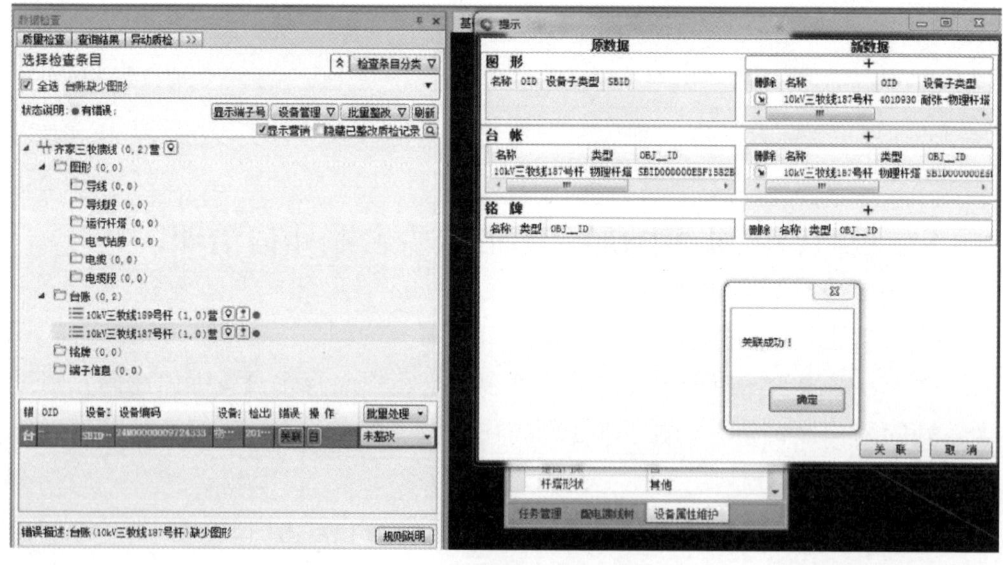

图 2-111　台账与图形关联

注意：站房类、柱上类设备质检台账缺少图形，实际查看有图形设备，同一设备可通过“刷新铭牌”实现关联。

54. 用何办法查看线路整体布局？

答：查看线路所有设备及连接方式，地理图中移动太费力，“专题图→单线图”功能将线路整体体现。点击工具栏上“重新布局”按钮，在弹窗中下拉选择成图风格，勾选需要的扩展风格，点击“确定”，见图 2–112。

注意：如果存在原图，系统将提示“重新布局会先删除图中全部图形数据”。

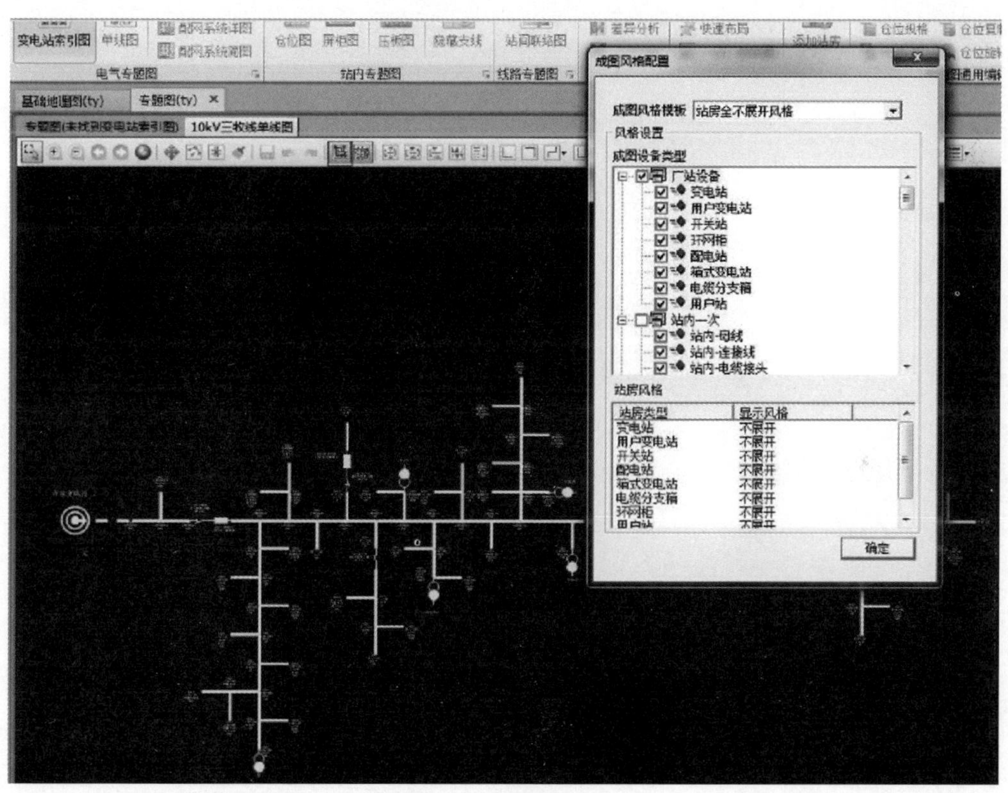

图 2–112　线路单线图

三　电网运维检修管理

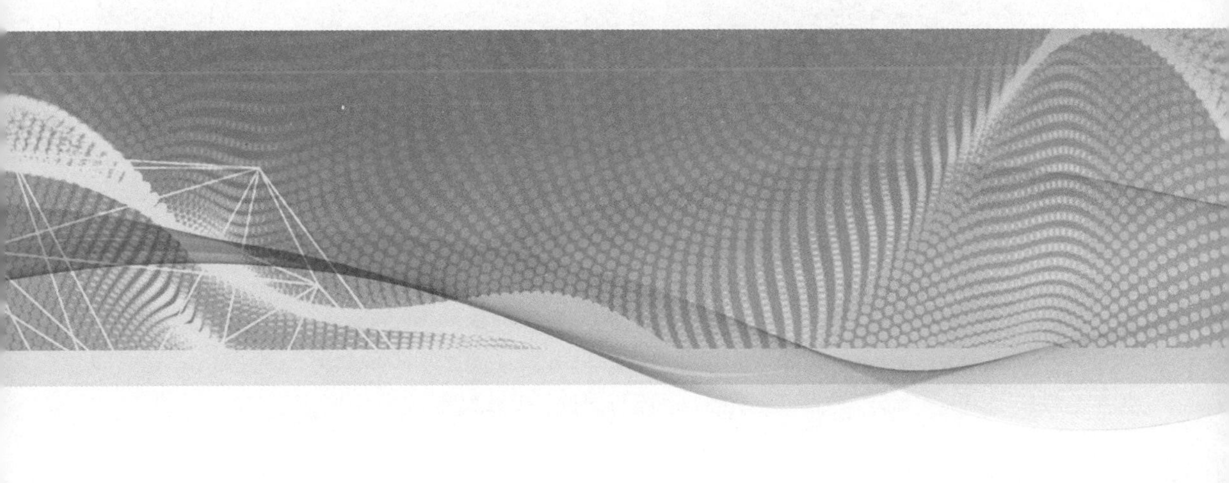

1. 值班岗位及安全天数应如何配置？

答：进入功能菜单：运维检修中心→电网运维检修管理→运行值班基础维护→值班岗位及安全天数配置。

新建：左侧选择变电运维班组，右侧填写字段名字、岗位名称、岗位责任，填选安全运行日期，点击“保存”，见图 3-1。

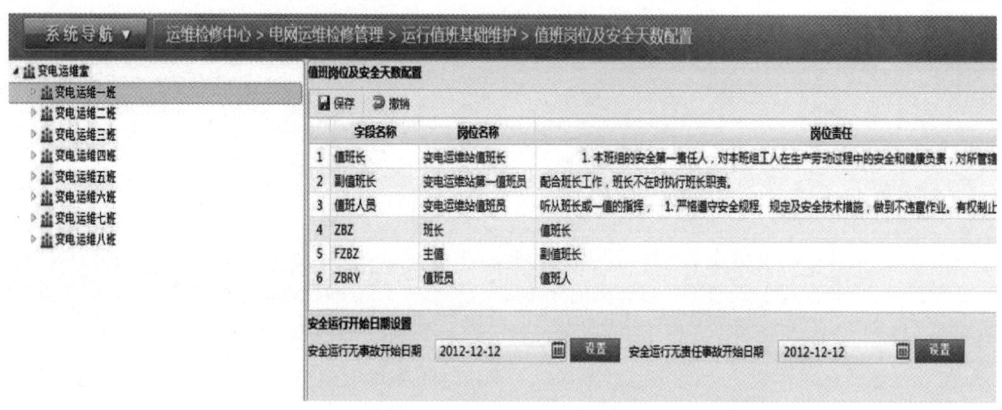

图 3-1 运行岗位、天数配置

2. 值班班次应如何配置？

答：进入功能菜单：运维检修中心→电网运维检修管理→运行值班基础维护→值班班次配置。

新建：左侧选择班组，右侧点击“新建”，配置值班顺序、班次、值班长、副值班长，点击“保存”，见图 3-2。

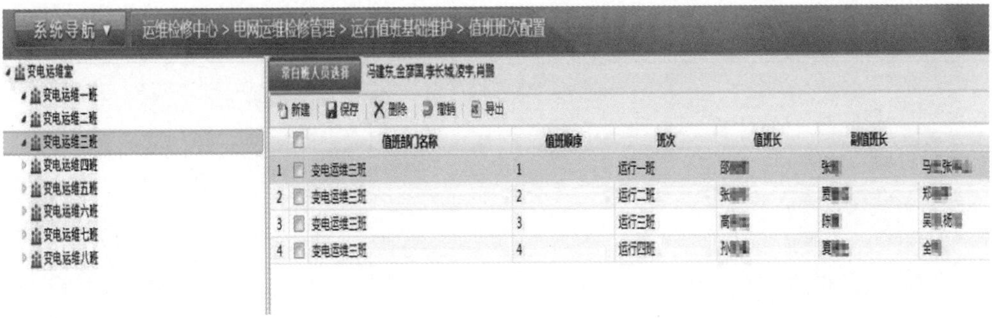

图 3-2　班组人员配置

3. 例行工作应如何配置？

答：进入功能菜单：运维检修中心→电网运维检修管理→运行值班基础维护→例行工作配置。

例行工作配置：左侧选择班组下的变电站，右侧点击“新建”，弹出例行工作类型选择窗口，勾选工作类型名称点击“确定”，见图 3-3。

图 3-3　班组工作配置

电站巡视周期配置：点击“新建”，弹出巡视周期设置窗口，点击“添加设备”选择变电站，填写周期设置信息 * 项，点击“确定”，见图 3-4。

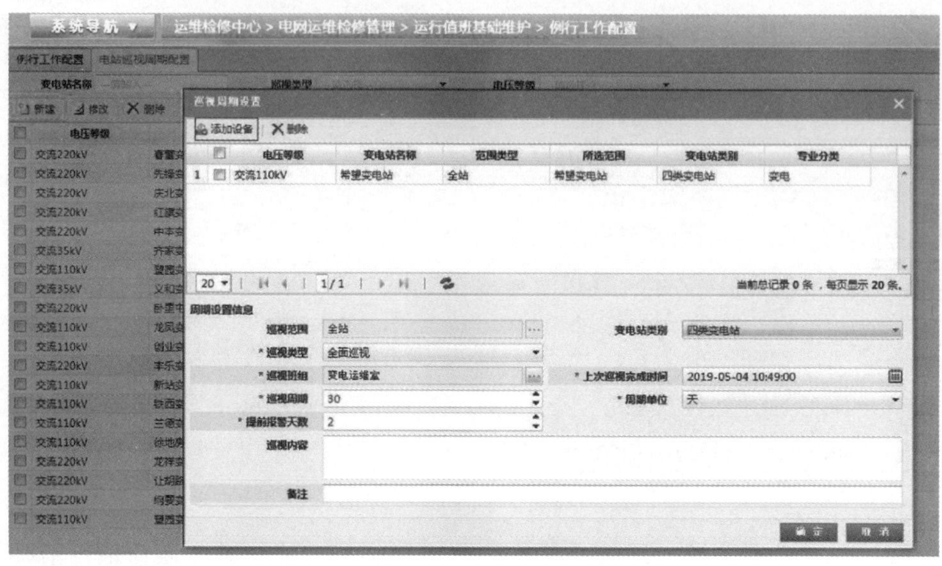

图 3-4　班组巡视周期配置

4. 运行值班日志如何新建？

答：进入功能菜单：运维检修中心→电网运维检修管理→运行值班→运行值班日志。

值班人员进行登录根据配置好的班次、交接班填写。填写左侧运行记事的各项记录，见图 3-5。

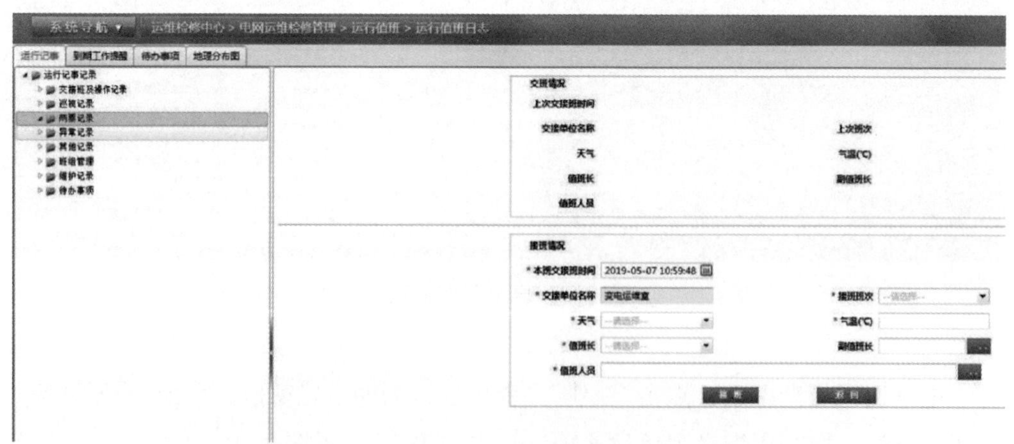

图 3-5　班组应用记录

5. 巡视周期如何维护?

答：进入功能菜单：运维检修中心→电网运维检修管理→巡视管理→巡视周期维护（新）。

选择“电站及设备巡视周期”或“线路巡视周期”，点击“新建”弹出“巡视周期设置”窗口，点击“添加设备”，见图 3-6。

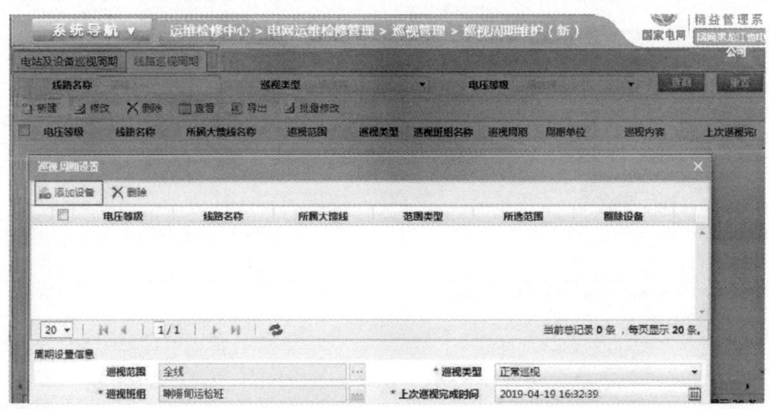

图 3-6　巡视周期类型

“站外巡视范围选择”窗口，线路设备列表选择变电站下的线路，勾选线路名称点击下拉“∨”键，点击“确定”，见图 3-7。

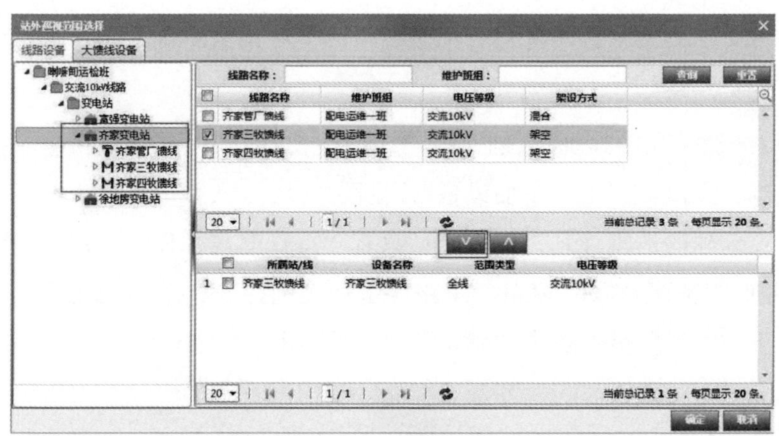

图 3-7　巡视线路

“巡视周期设置”窗口，在“周期设置信息”设置“上次巡视完成时间、巡视周期、周期单位、提前报警天数”，填写“巡视内容”，点击“确定”，见图 3–8。

注意：由巡视周期生成的巡视计划，巡视类型有“正常巡视”。

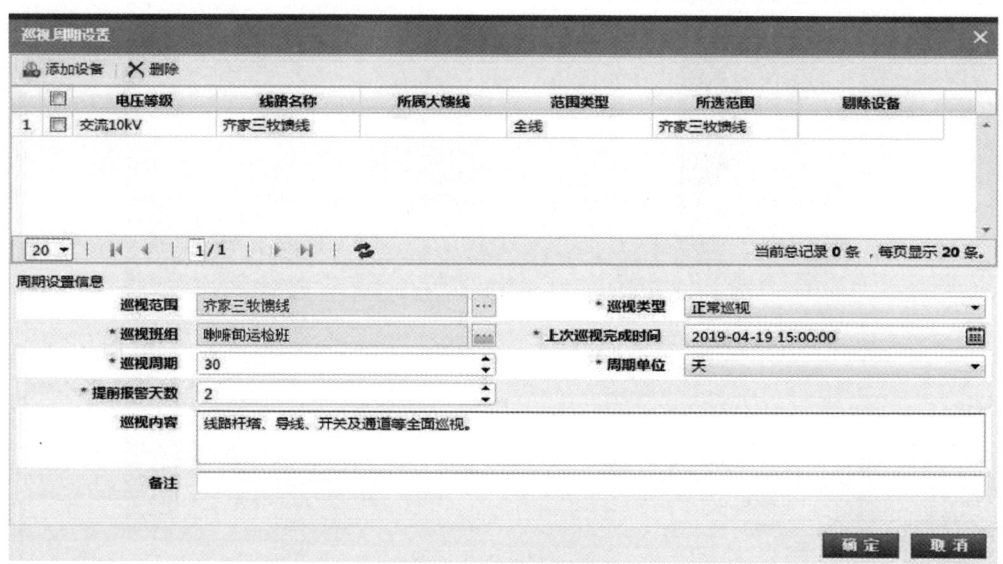

图 3–8　巡视内容

6. 巡视计划如何编制？

答：进入功能菜单：运维检修中心→电网运维检修管理→巡视管理→巡视计划编制（新）。

新建：选择“电站巡视计划”或“线路巡视计划”，点击“新建”弹出“巡视计划编制”窗口，点击“添加设备”，见图 3–9。

注意：新建的巡视计划，巡视类型只有“特殊巡视、夜间巡视、监察巡视”。

“站外巡视范围选择”窗口，线路设备列表选择变电站下的线路，勾选线路名称点击下拉“∨”键，点击“确定”，见图 3–10。

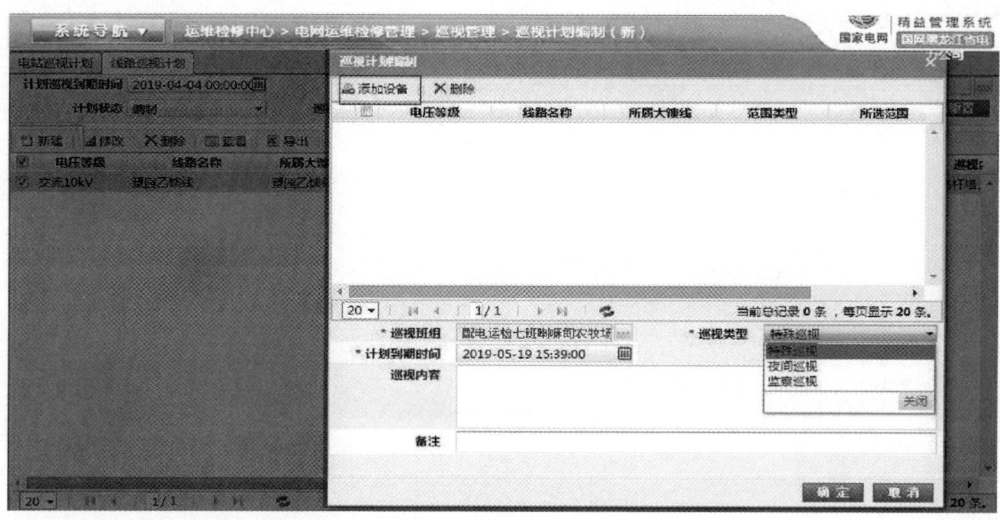

图 3-9　计划巡视类型

图 3-10　计划巡视线路

巡视计划编制窗口选填“计划到期时间”，填写“巡视内容”，点击“确定”，见图 3-11，生成一条巡视计划。

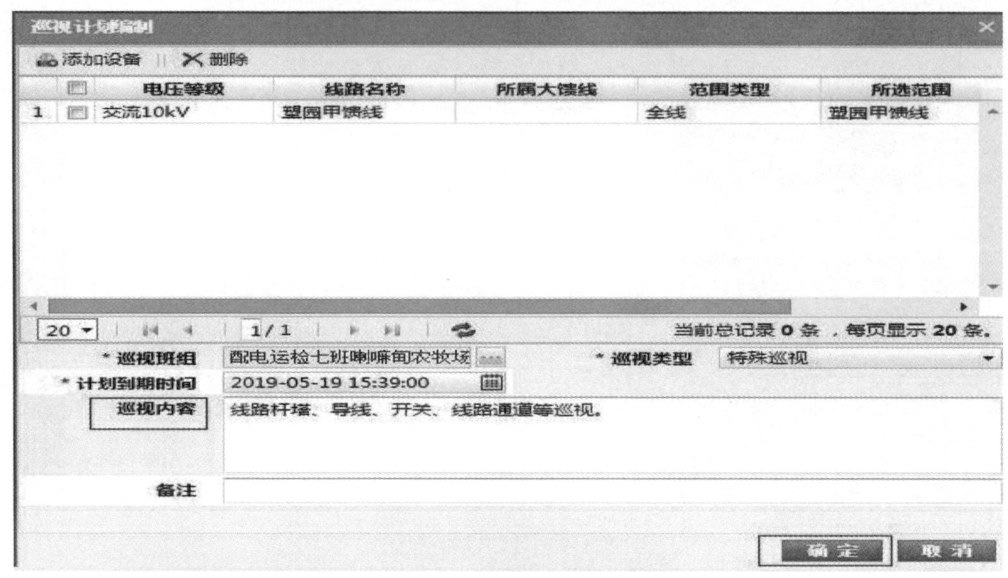

图 3–11　计划巡视内容

流程启动：勾选巡视计划点击“计划发布”，弹出系统提示窗口，点击“确定”，见图 3–12。成功发布 1 条信息，进入下一流程。

图 3–12　发布巡视计划

修改：勾选数据点击“修改”，对编制的巡视计划内容进行修改。

删除：勾选数据点击“删除”，对编制的巡视计划进行删除，巡视周期维护中的对应数据也可删除。

合并：勾选 2 个以上巡视计划，点击“合并”，所选数据合并为 1 条。

取消合并：勾选合并的计划点击“取消合并”，对计划分解。

7. 巡视记录如何登记?

答：进入功能菜单：运维检修中心→电网运维检修管理→巡视管理→巡视记录登记（新）。

新建计划性巡视：勾选巡视计划信息列表数据，点击“作业文本”弹出“编制作业文本”窗口，点击“新建”，见图 3–13。

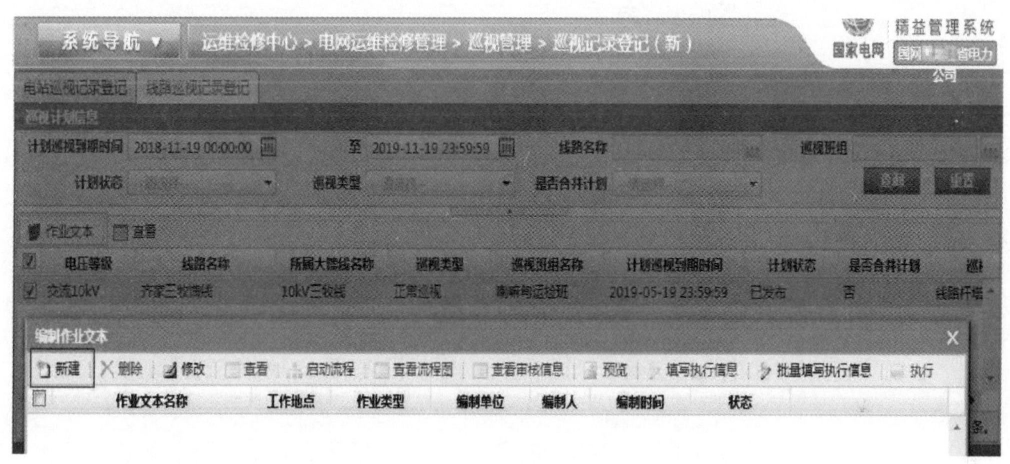

图 3–13 登记巡视记录

作业文本编制窗口，点击“参照历史作业文本”勾选数据点击“确定”，见图 3–14。

作业文本编制途径：参照范本、参照历史作业文本、参照标准库、手工创建。

作业文本详情窗口，填写“负责人”“工作成员”，修改“计划开始时间”“计划结束时间”。点击“保存”，见图 3–15。

作业文本编制

作业文本名称 交流10kV 齐家三牧馈线 齐家三牧馈线配电巡　作业类型 配电巡视#正常巡视

参照范本　参照历史作业文本　参照标准库　手工创建

作业文本名称 --请输入--　工作地点 --请输入--　编制人 --请输入--

作业时间 --请选择--　至 --请选择--　查询　重置

		作业文本名称	作业类型	工作地点	编制人	编制时间
1	☐	交流10kV 翌园乙馈线 翌园乙馈...	正常巡视	翌园乙馈线	邸	2019-05-19
2	☐	交流10kV 镇内馈线（肇东市电...	正常巡视	镇内馈线（肇东市电业...	张	2019-05-19
3	☐	交流10kV 宝山馈线（肇东市电...	正常巡视	宝山馈线（肇东市电业...	张	2019-05-19
4	☐	交流10kV 肖迟馈线（肇东市电...	正常巡视	肖迟馈线（肇东市电业...	张	2019-05-19
5	☑	交流10kV 平阳馈线 平阳馈线配...	正常巡视	平阳馈线	宋	2019-05-19
6	☐	交流10kV 青龙馈线 青龙馈线配...	正常巡视	青龙馈线	宋	2019-05-19
7	☐	交流10kV 曙光馈线 曙光馈线配...	正常巡视	曙光馈线	宋	2019-05-19
8	☐	交流10kV 庆阳馈线 庆阳馈线配...	正常巡视	庆阳馈线	宋	2019-05-19
9	☐	交流10kV 10kV工业丙线1 10kV...	正常巡视	10kV工业丙线1	张	2019-05-19
10	☐	交流10kV 建设线 建设线配电巡...	正常巡视	建设线	王	2019-05-19

10　1 / 6837　当前总记录 68364 条，每页显示 10 条。

确定　取消

图 3-14　作业文本

作业文本详情

交流10kV 齐家三牧馈线

作业指导书

保存

* 作业文本名称	交流10kV 齐家三牧馈线 齐家三牧馈线配电巡视#正常巡视		
作业地点	齐家三牧馈线	作业类型	正常巡视
作业范围	齐家三牧馈线		
编制单位	altin嗣农牧场电业局（代管）	标准工期(小时)	8
编制人	姜	编制时间	2019-05-19 16:51:08
作业班组名称	运检班	配合班组	
* 负责人	李	* 工作成员	王
* 计划开始时间	2019-05-19 00:00:00	* 计划结束时间	2019-05-19 23:59:59
实际开始时间		实际结束时间	
超期原因			
备注			

图 3-15　作业文本内容

编制作业文本窗口，勾选审核状态的数据点击“填写执行信息”，弹出“作业文本执行”窗口，填选“实际开始时间”“实际结束时间”，点击“保存”，点击“执行”，见图 3-16。

图 3–16　保存作业文本

作业文本状态由审核到已执行，见图 3–17。

编制作业文本

新建 | 删除 | 修改 | 查看 | 启动流程 | 查看流程图 | 查看审核信息 | 预览 | 填写执行信息 | 批量填写执行信息 | 执行

作业文本名称	工作地点	作业类型	编制单位	编制人	编制时间	状态
交流10kV 齐家三牧馈线 齐家三...	齐家三牧...	正常巡视	喇嘛甸农牧场...	姜	2019-05-19	已执行

图 3–17　执行作业文本

巡视记录登记（新）窗口，“巡视计划信息”栏勾选已执行的作业文本，点击“巡视记录信息”栏“登记巡视记录”，在弹出窗口填写“巡视结果”，点击“保存”，见图 3–18。

注意：巡视记录的发现时间与登记时间不能超过 72 小时。巡视中发现缺陷的，点击“缺陷登记”进入下个环节。无问题的点击“关闭”结束。

修改：勾选数据点击“修改”，可进行内容修改。

删除：勾选数据点击“删除”，可以清除记录。

归档：勾选数据点击“归档”，对巡视记录进行存档。见图 3–19。

注意：巡视记录如“归档”将无法“修改、删除”。

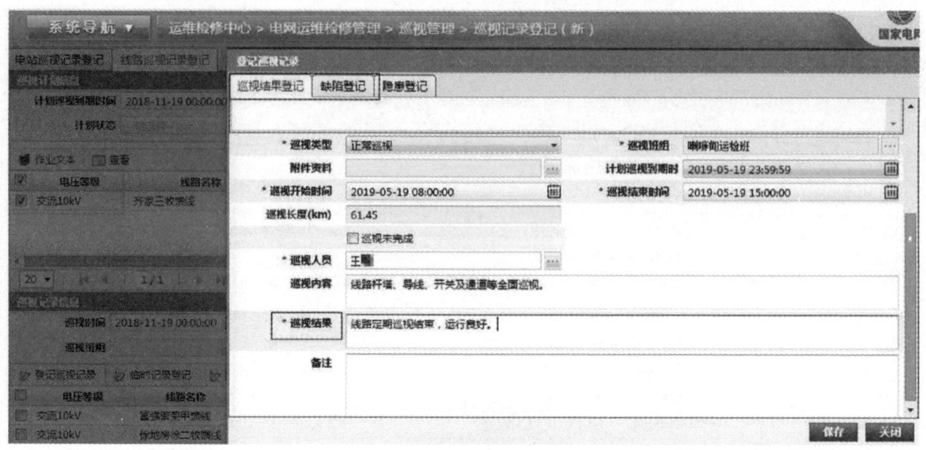

图 3–18　巡视内容

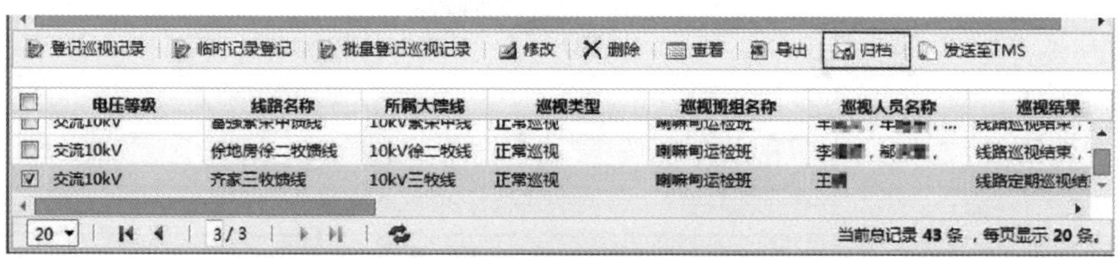

图 3–19　变更巡视记录状态

8. 临时巡视记录如何录入？

答：进入功能菜单：运维检修中心→电网运维检修管理→巡视管理→巡视记录登记（新）。

巡视记录信息列表点击“临时记录登记”，登记临时巡视记录，见图 3–20。

图 3–20　临时记录登记

通过“添加设备”维护巡视范围，巡视结果登记填写“巡视开始时间”“巡视结束时间”“巡视人员”“巡视内容”“巡视结果”。点击“保存”，见图 3–21。

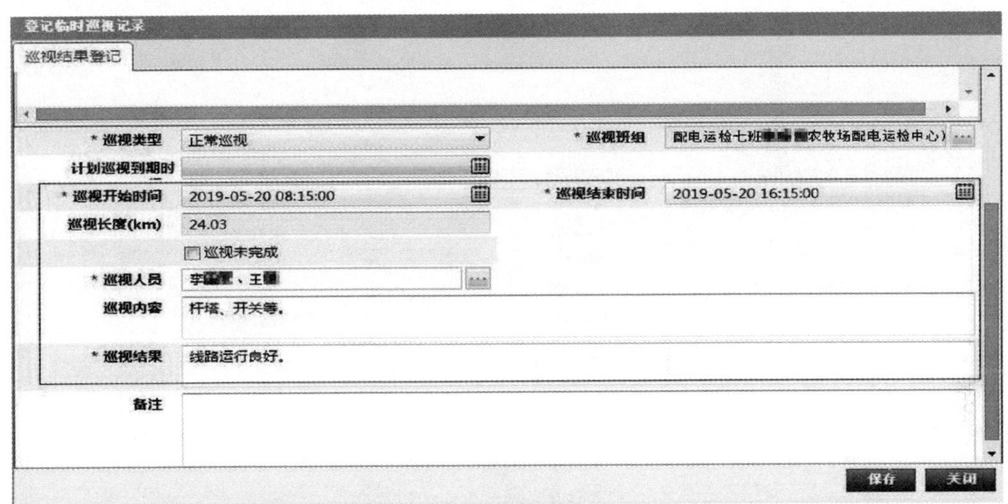

图 3–21　临时记录内容

9. 缺陷如何登记？

答：进入功能菜单：运维检修中心→电网运维检修管理→缺陷管理→缺陷登记。

线路巡视中发现缺陷的，可在“巡视记录登记”中登记缺陷。缺陷可新建，但是无缺陷来源。点击“新建”，弹出缺陷登记窗口，见图 3–22。

图 3–22　缺陷登记

缺陷登记窗口，填写设备定位信息（缺陷设备、部件）、设备发现信息（发现日期、发现方式）、缺陷描述信息，点击“确认”生成缺陷，见图 3–23。

注意：缺陷登记时间不能超过发现缺陷时间 72 小时。缺陷描述信息缺陷性质为一般、严重、危急。严重、危急缺陷需尽快处理。

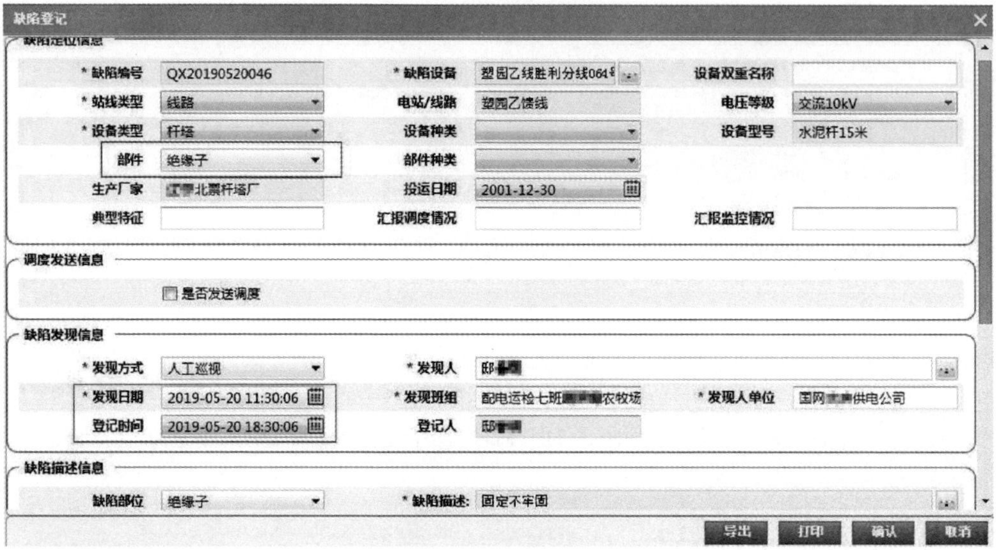

图 3–23　缺陷内容

“缺陷登记”窗口查询到所有缺陷，此时可对缺陷修改、删除处理。对无异议的缺陷，勾选并点击“启动流程”，进入下一步环节，见图 3–24。

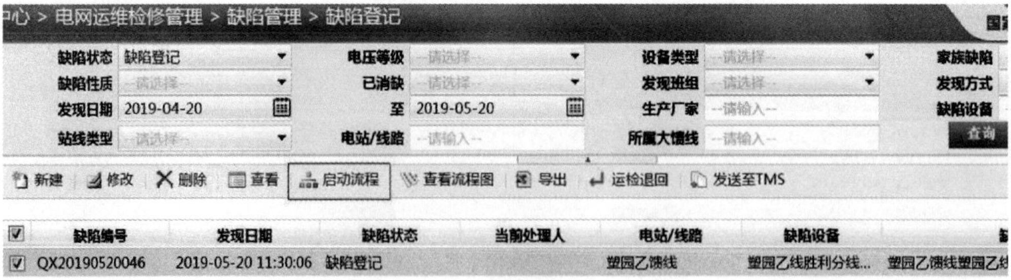

图 3–24　流程推送下一步

缺陷流程进入班组审核环节，选择班组审核人，点击“确定”，见图 3–25。

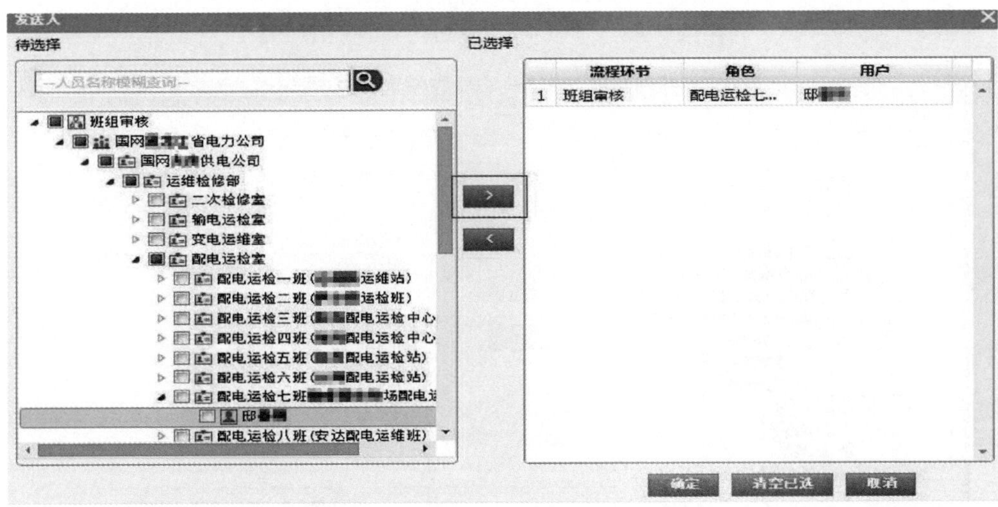

图 3–25　发送班组审核

登录班组审核人员账号，待办流程中查找待办任务，点击进入，见图 3–26。

图 3–26　班组审核人员登录

班组审核人填写“审核意见”，点击“发送”。如点击“退回”可将此缺陷返回到上一环节，见图 3–27。

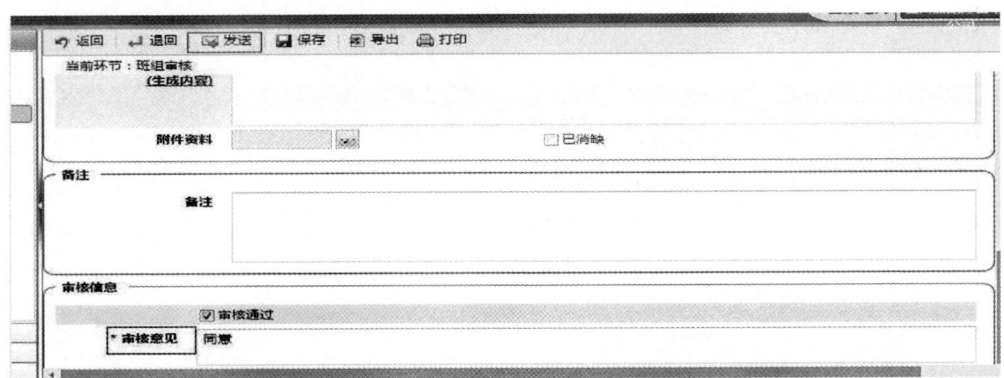

图 3–27　审核意见

选择检修专责，点击“确定”，见图 3–28。

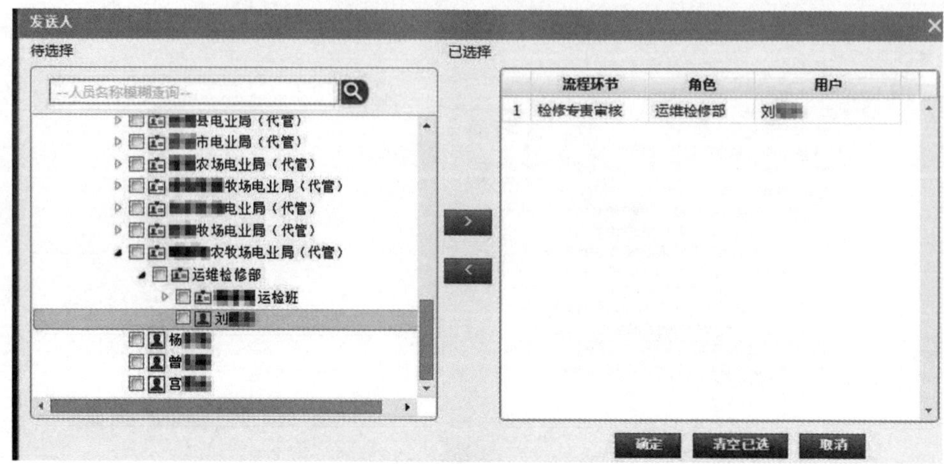

图 3–28　发送检修专责审核

登录检修专责人员账号，待办流程中查找待办任务，点击进入，见图 3–29。

图 3–29　检修专责登录

检修专责填写“审核意见”，点击“发送”。如点击“退回”可将此缺陷返回到上一环节，见图 3–30。

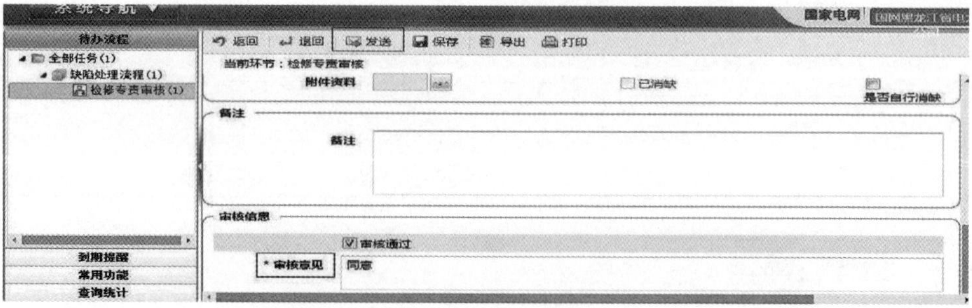

图 3–30　审核意见

弹出发送人窗口，选择检修领导或选择消缺安排人员。

注意：选择检修领导，下一步环节又回到消缺安排人员。所以一般缺陷选择“消缺安排人员”点击“确定”，见图 3–31。

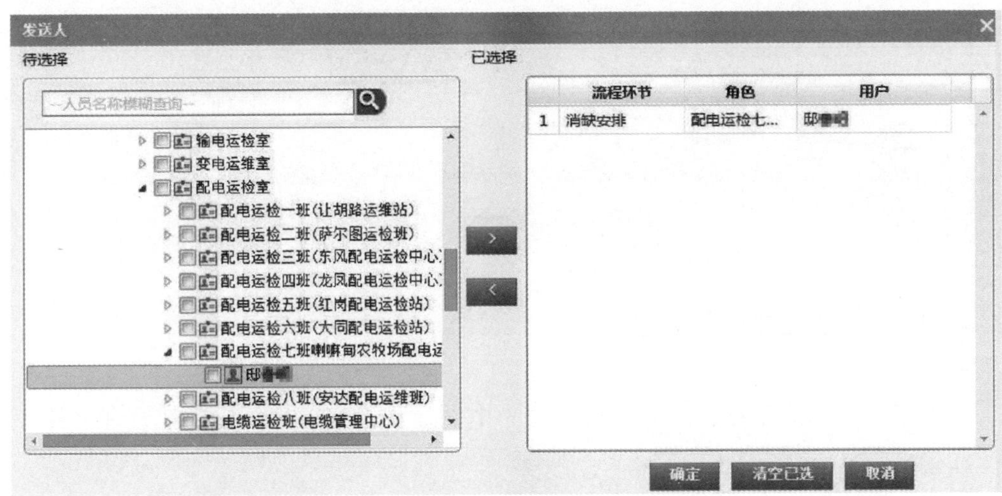

图 3–31　消缺安排

消缺人员登录系统，打开待办流程进入消缺安排审批环节，见图 3–32。

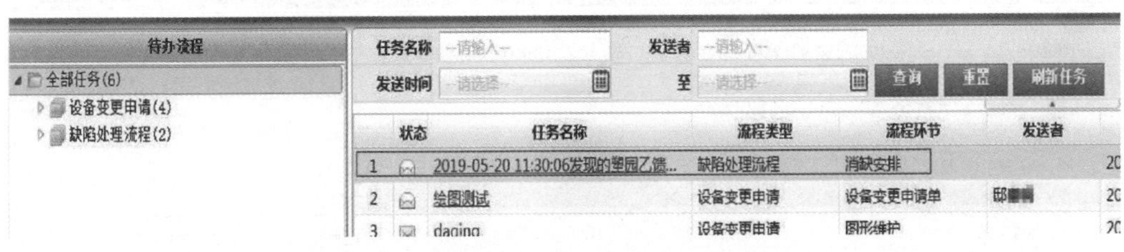

图 3–32　消缺人员登录

填写“建议消缺日期”“建议消缺意见”，点击“消缺安排”，弹出“缺陷入池成功”提示，见图 3–33。

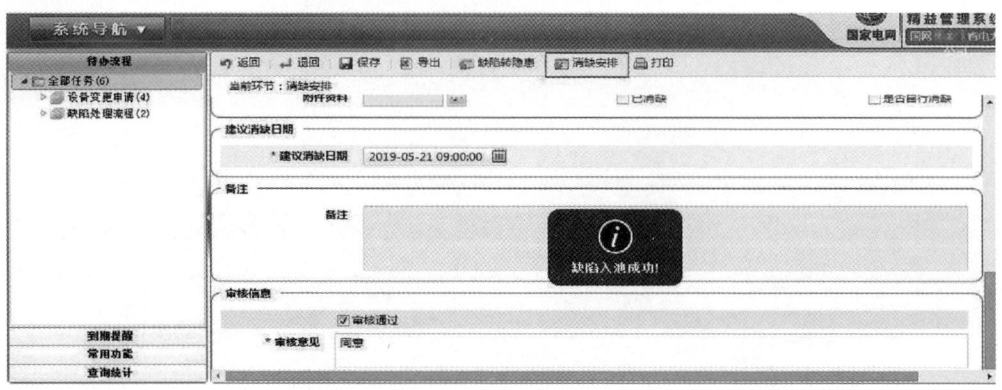

图 3–33　消缺任务入池

10. 任务池如何新建？

答： 进入功能菜单：运维检修中心→电网运维检修管理→任务池管理→任务池新建。

通过“任务来源”选项查询任务，也可新建任务。点击“新建”弹出新建任务窗口，见图 3–34。

图 3–34　任务来源

新建任务窗口点击“新建”，选择任务“电站 / 线路”，在新建任务窗口填写“任务等级”“工作类型”“是否停电”“计划开始时间”“计划结束时间”“工作内容”项，选填“工作班组”“检修分类”项。勾选任务依次点击“修改作业类型”“修改设备状态”“设为主设备”。点击“保存”。“是否停电”与“检修分类”对应，见图 3–35。

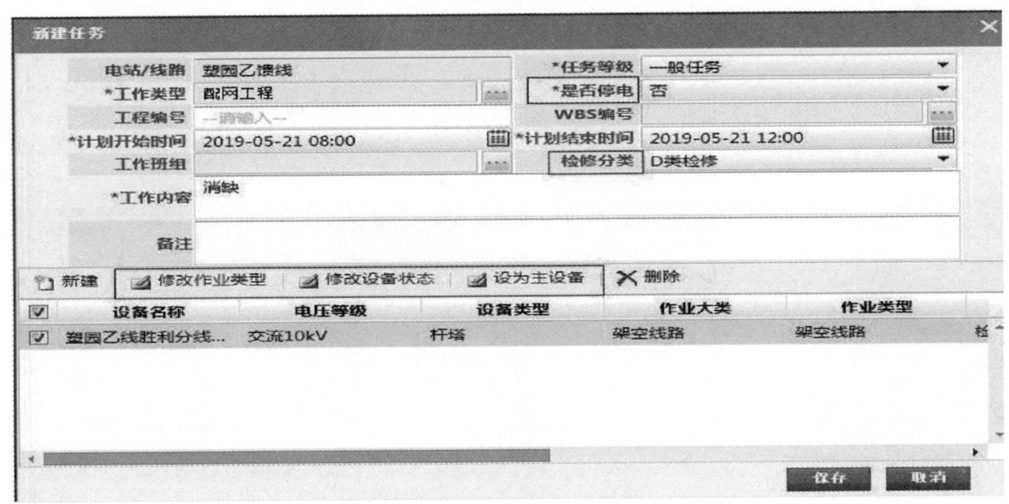

图 3-35　新建临时任务

11. 月度检修计划如何编制?

答：进入功能菜单：运维检修中心→电网运维检修管理→检修管理→月度检修计划编制（新）。

检修计划为：年计划、月计划、周计划。这里以月计划、周计划为主。

月度检修计划编制来自任务池或新建。月度计划来源任务，勾选任务点击“新建”，弹出计划新建窗口，见图 3-36。

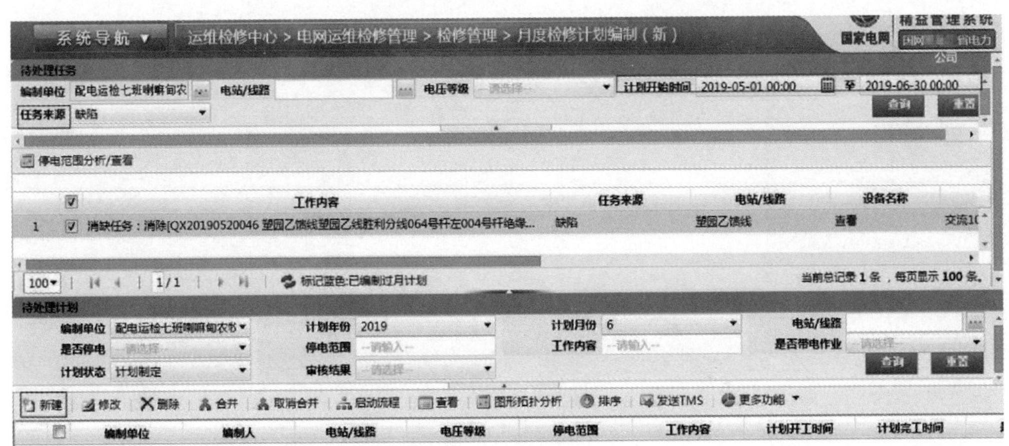

图 3-36　月度检修计划来源

计划新建窗口自动导出任务信息和检修设备，点击“保存”，见图 3-37。

注意：检修设备列表中“更多功能”项，“修改设备状态”和“修改设备上次停电时间”。“任务追加”可添加任务，“添加设备”可添加检修设备。

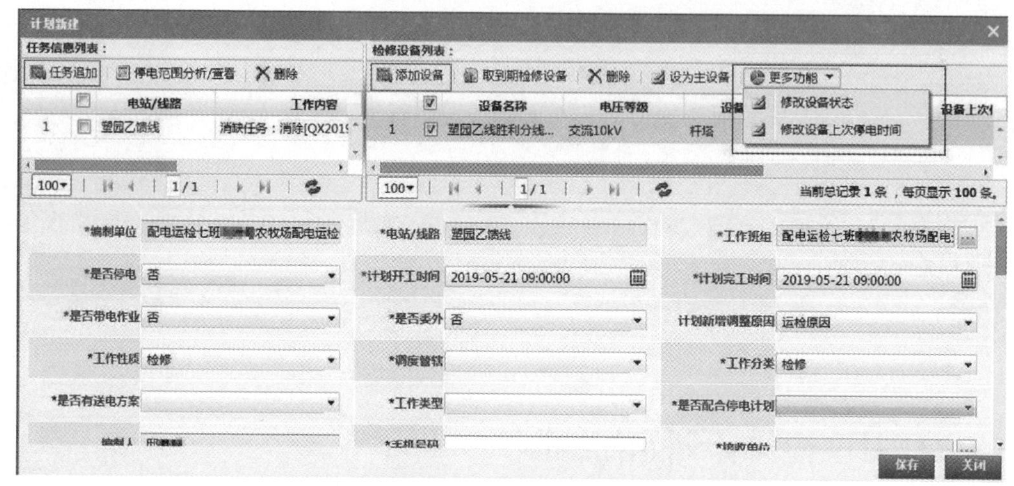

图 3-37　月度检修计划内容

点击“新建”弹出提示框，点击“确定”开始新建月度检修计划，见图 3-38。

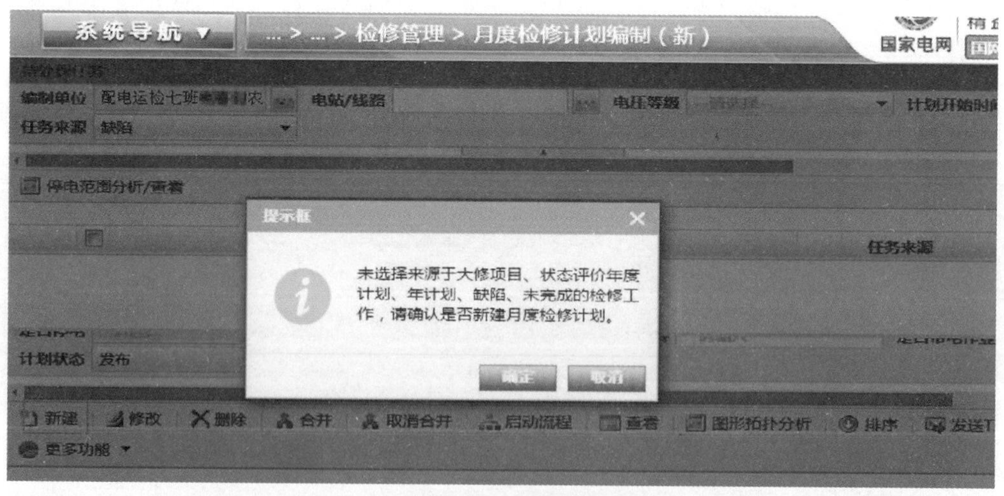

图 3-38　新建月度检修计划

弹出计划新建窗口，点击“添加设备”选择任务线路 / 设备。填写“工作内容”，填选“是否停电”“计划开工时间”“计划完工时间”，点击“保存”，见图 3–39。

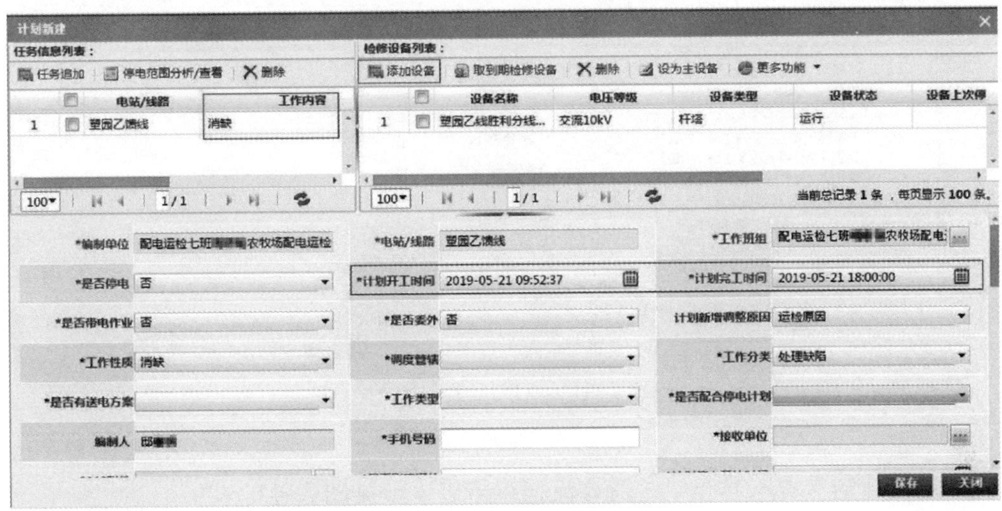

图 3–39 填写月度检修计划

对新生成的月度检修计划可以修改、删除。可以将多个月度检修合并为 1 条计划。

计划新建时，选择是 / 否停电，流程不同。勾选月度检修计划（不停电）点击“启动流程”，进入下一环节，见图 3–40。

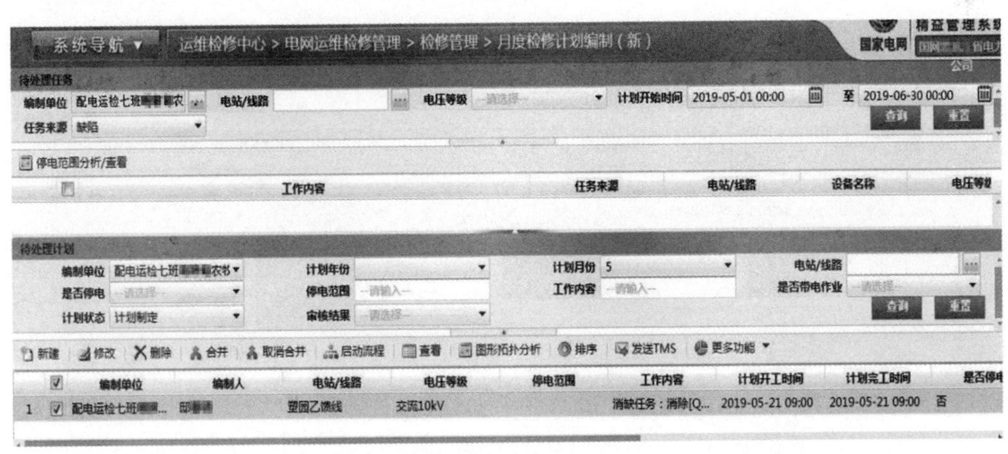

图 3–40 流程下一步

弹出计划选人员窗口，选择运检计划专责点击“确定”，见图 3–41。

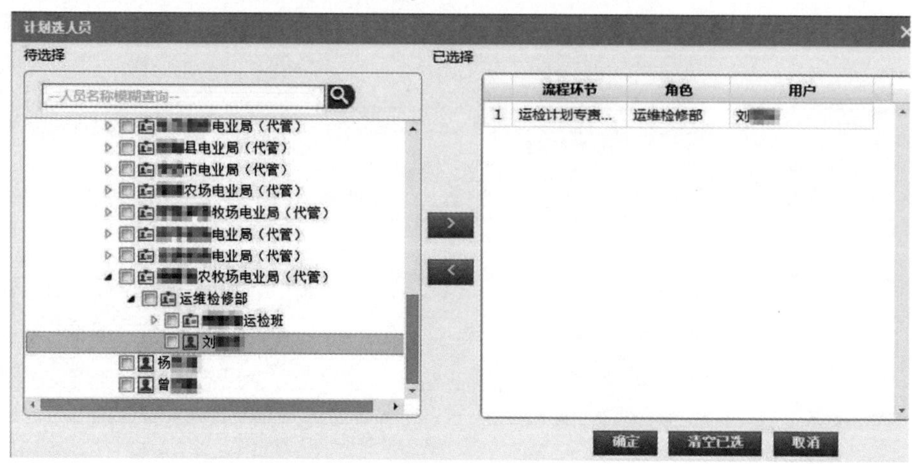

图 3-41　运检计划专责审核

运检计划专责账号登录，待办流程点击进入，见图 3-42。

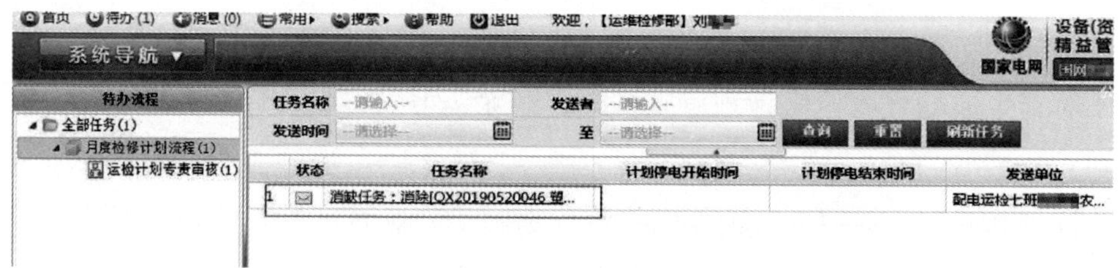

图 3-42　专责进入

弹出审核窗口，填写“审核意见”，点击“发送”，见图 3-43。

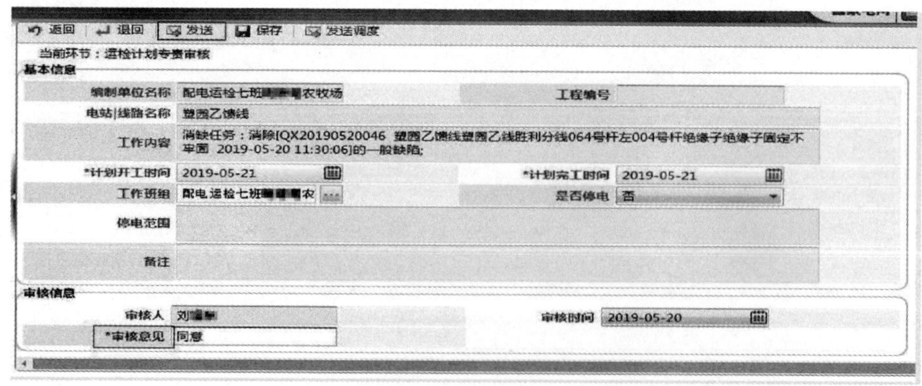

图 3-43　填写意见

弹出窗口点击发布，点击“确定”，见图 3–44。

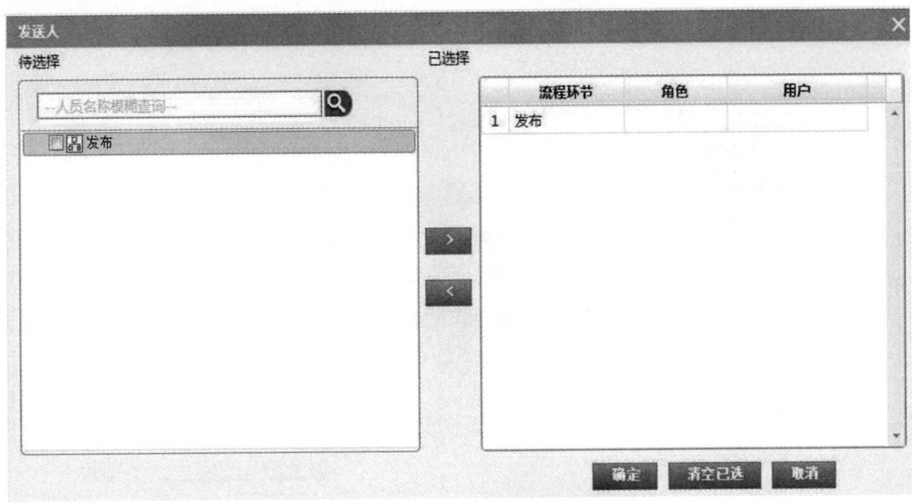

图 3–44　发布检修计划

新建停电计划。月度检修计划编制（新）界面，点击“新建”弹出计划新建窗口。添加设备，勾选设备名称点击“设为主设备”。填写工作内容，选择停电，填写计划开工时间、计划完工时间、调度管辖、工作类型、电话号码，复役要求等项。点击“保存”生成 1 条停电计划，见图 3–45。

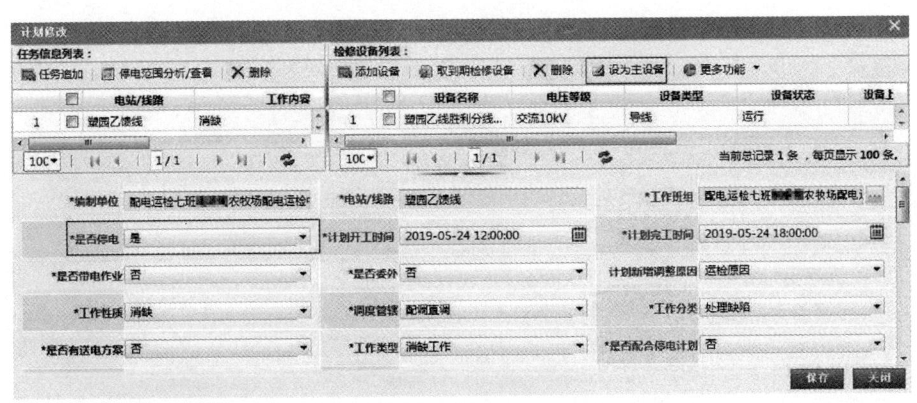

图 3–45　停电检修计划

勾选停电的月度检修计划点击“启动流程”，弹出计划选人员窗口，选择“停电计划专责”点击“确定”，见图 3–46。进入审核流程。

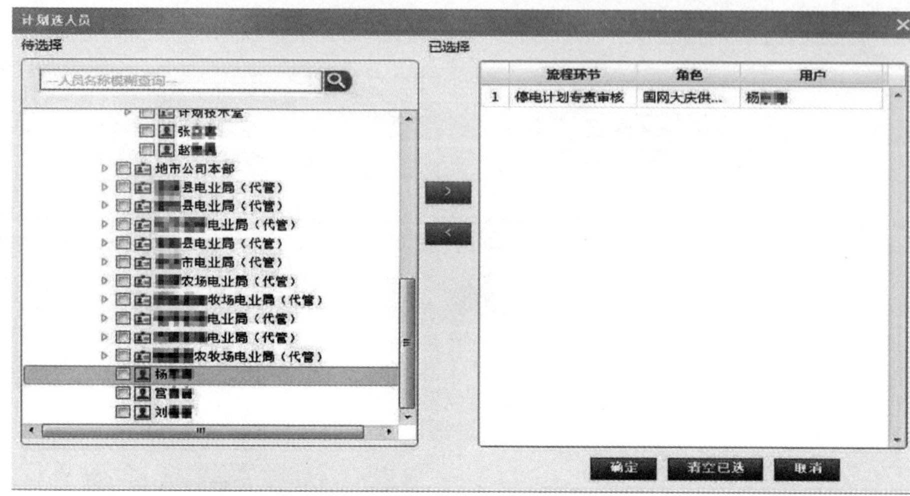

图 3–46　停电专责审核

12. 周检修计划如何编制？

答：进入功能菜单：运维检修中心→电网运维检修管理→检修管理→周检修计划编制（新）。

周检修计划编制来自任务池或新建。任务来源常用缺陷、临时任务、月计划。见图 3–47，周计划来源任务，勾选任务点击“新建”，弹出计划新建窗口。

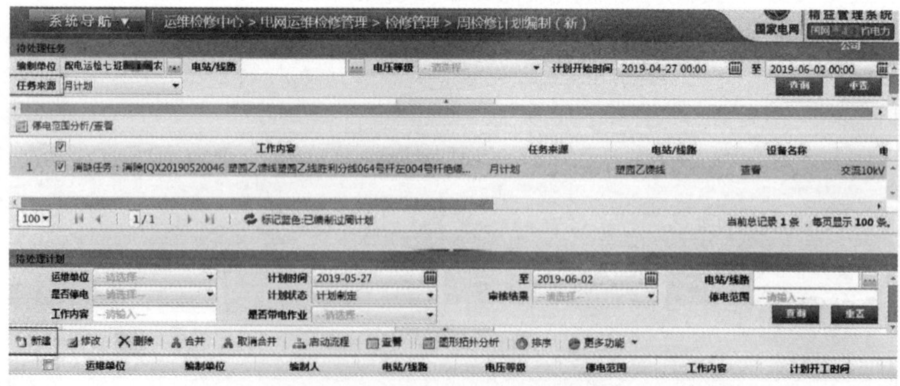

图 3–47　周检修计划任务来源

计划新建窗口，系统自动导出各项。可“添加设备”“任务追加”，点击“保存”生成 1 条周检修计划，见图 3–48。

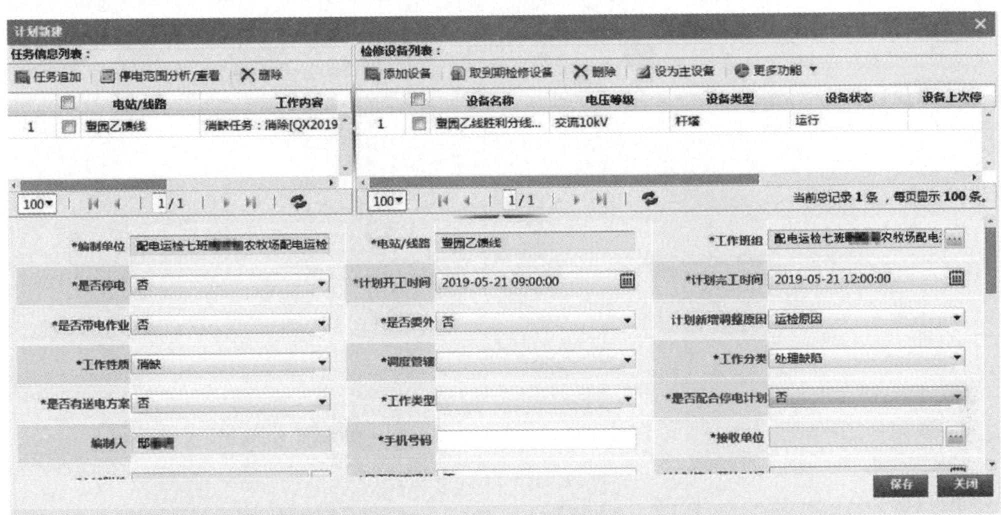

图 3–48　检修计划内容

新生成的周检修计划，可修改、删除。勾选“周检修计划”，点击“启动流程”进入下一环节，见图 3–49。

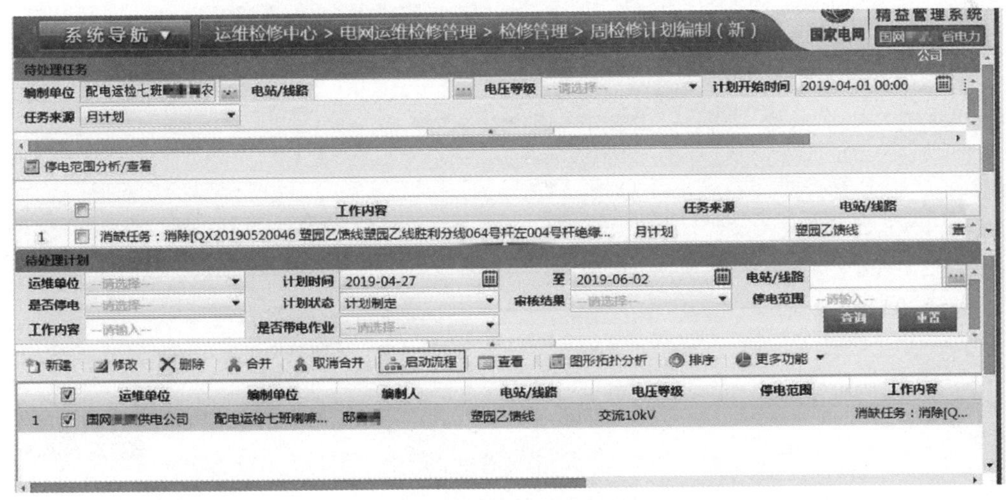

图 3–49　启动流程

弹出计划选人员窗口，点击发布，点击“确定”，见图 3–50。

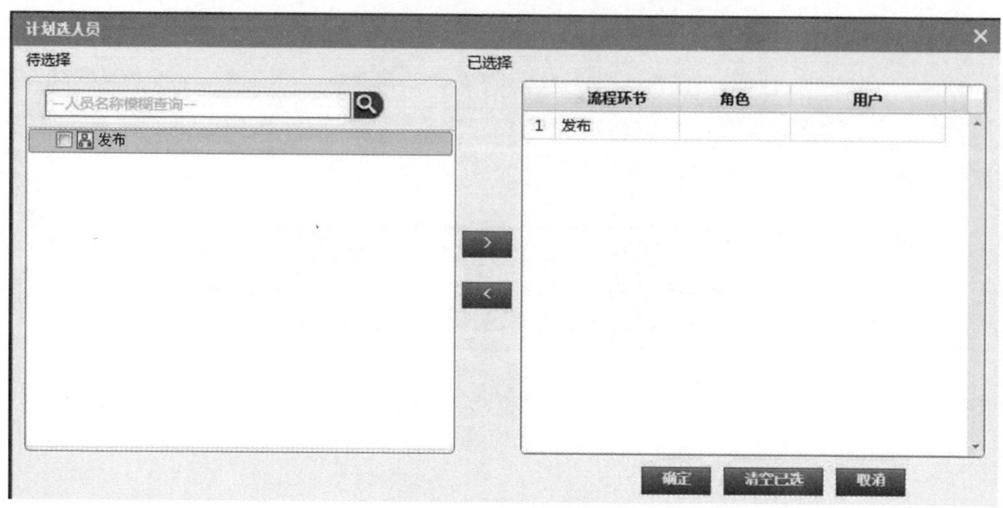

图 3–50　计划发布

弹出计划新建窗口，点击“添加设备”选择任务线路 / 设备。填写“工作内容”，填选“是否停电”“计划开工时间”“计划完工时间”，点击“保存”，见图 3–51。

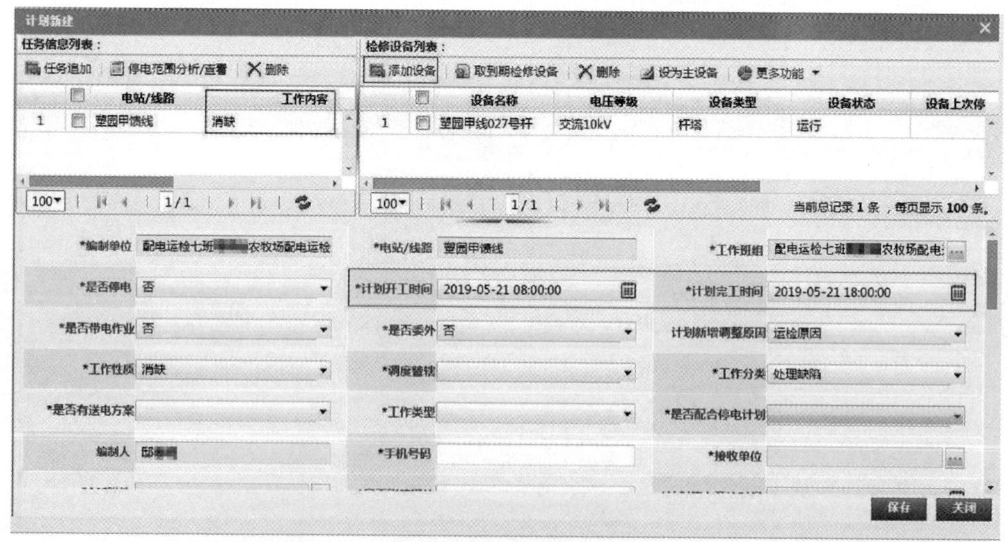

图 3–51　新建检修计划

注意：周检修停电计划与月度检修停电计划流程相同。

13. 工作任务单编制及派发如何进行?

答：进入功能菜单：运维检修中心→电网运维检修管理→检修管理→工作任务单编制及派发（新）。

新建：勾选检修计划点击“新建”，弹出工作任务单编制窗口。勾选任务、勾选班组移至右侧栏，点击“保存”，见图 3–52。

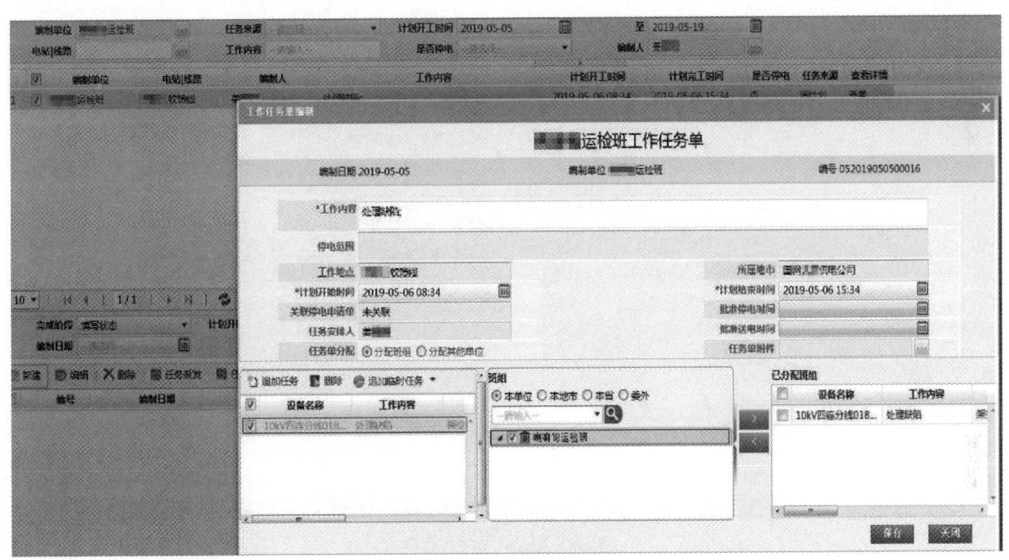

图 3–52　任务单派发

14. 工作任务单如何受理?

答：进入功能菜单：运维检修中心→电网运维检修管理→检修管理→工作任务单受理。

勾选工作任务单，点击“指派负责人”，弹出指派工作负责人窗口，选择工作负责人，点击“确定”，见图 3–53。

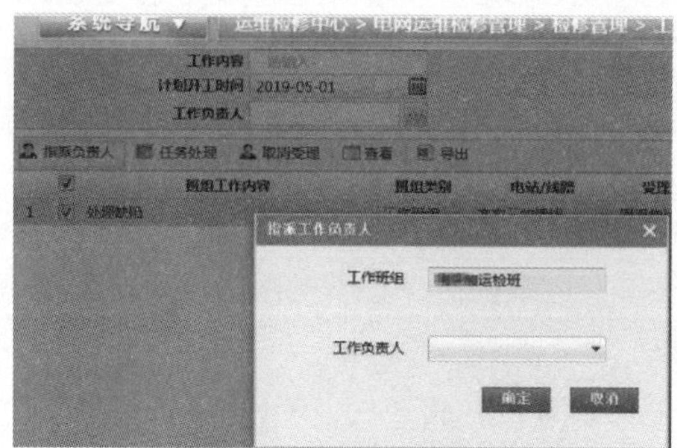

图 3–53　指派工作负责人

弹出提示框点击“确定”将此条任务派发到负责人班组，见图 3–54。

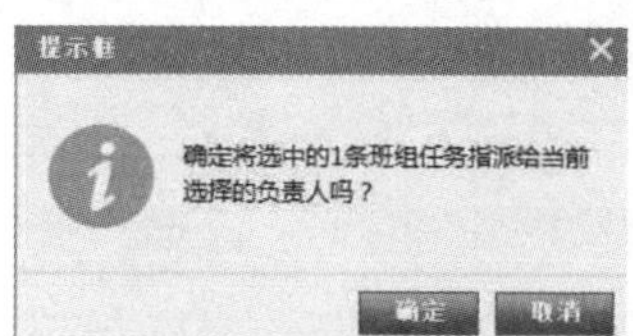

图 3–54　任务派发班组

任务处理：点击“任务处理”弹出任务处理窗口，缺陷处理、计划性检修、临时性检修在此窗口完成，见图 3–55。

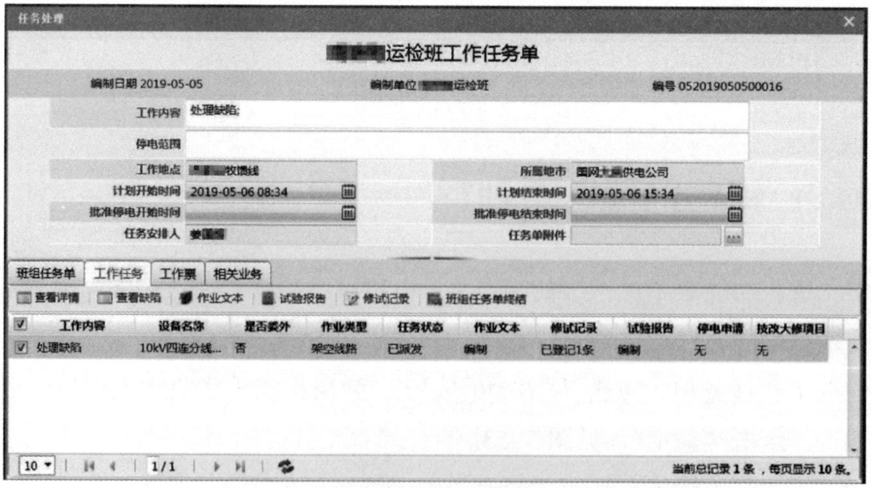

图 3–55　任务单受理

工作票：任务处理窗口工作票，点击“新建”，在弹出窗口填选各项，点击“确定”，见图 3–56。

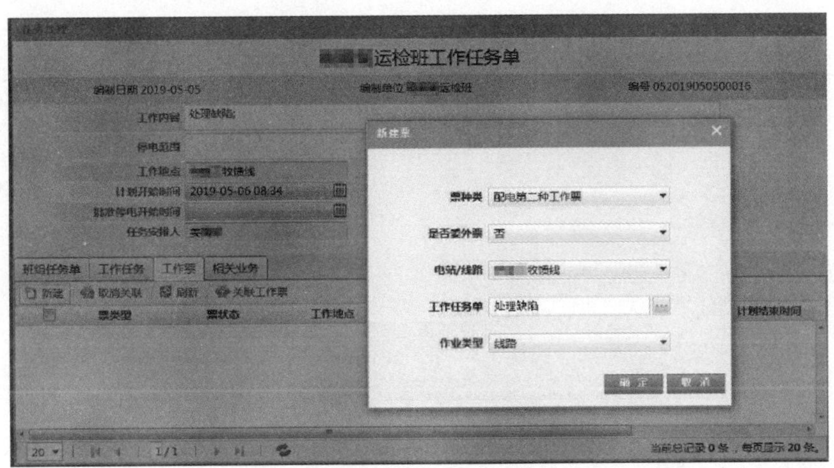

图 3–56　新建工作票

工作票填写流程：工作负责人填写“单位、编号”，填写到第 5 项，“保存”工作票。“启动流程”发送到工作票签发人，工作票签发人登录工作票，填写签发时间后发回工作负责人。工作负责人填见收票时间。工作许可人填写许可时间，工作负责人完工。工作票填写完点击“保存”，点击“启动流程”发布结束，见图 3–57。

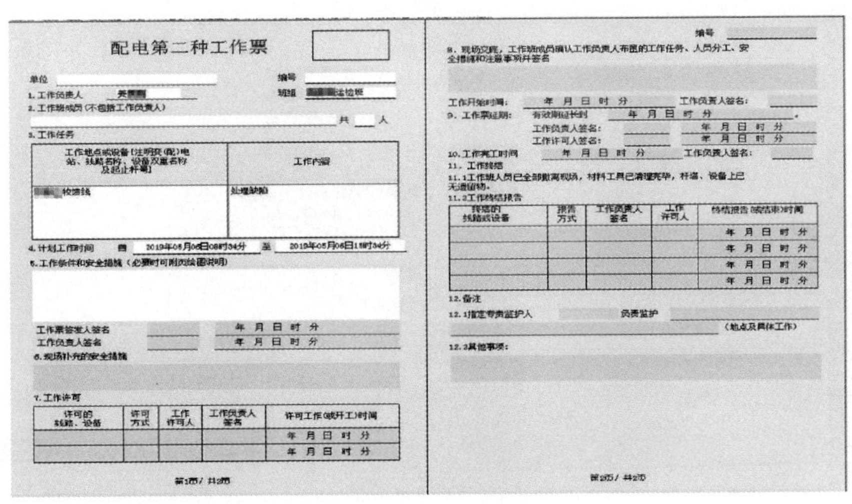

配电第二种工作票

单位　　　　编号

1. 工作负责人　　　　班组　运检班

2. 工作班成员（不包括工作负责人）　　共　人

3. 工作任务

工作地点或设备［注明变（配）电站、线路名称、设备双重名称及起止杆号］	工作内容
牧德线	处理缺陷

4. 计划工作时间　自　2019年05月06日08时34分　至　2019年05月06日18时34分

5. 工作条件和安全措施（必要时可附页绘图说明）

工作票签发人签名　　年 月 日 时 分
工作负责人签名　　年 月 日 时 分

6. 现场补充的安全措施

7. 工作许可

许可的线路、设备	许可方式	工作许可人	工作负责人签名	许可工作(或开工)时间
				年 月 日 时 分
				年 月 日 时 分

第1页/共2页

编号

8. 现场交底，工作班成员确认工作负责人布置的工作任务、人员分工、安全措施和注意事项并签名

工作开始时间：年 月 日 时 分　工作负责人签名：

9. 工作票延期：有效期延长到　年 月 日 时 分。
工作负责人签名：　年 月 日 时 分
工作许可人签名：　年 月 日 时 分

10. 工作完工时间　年 月 日 时 分　工作负责人签名：

11. 工作终结

11.1 工作班人员已全部撤离现场，材料工具已清理完毕，杆塔、设备上已无遗留物。

11.2 工作终结报告

终结的线路或设备	报告方式	工作负责人签名	工作许可人	终结报告(或结束)时间
				年 月 日 时 分
				年 月 日 时 分
				年 月 日 时 分
				年 月 日 时 分

12. 备注

12.1 指定专责监护人　　负责监护　　（地点及具体工作）

12.2 其他事项：

第2页/共2页

图 3–57　工作票

小组任务单：打开工作票点击“建附票”，选择票种类，填写票名称，点击“确定”，见图 3–58。

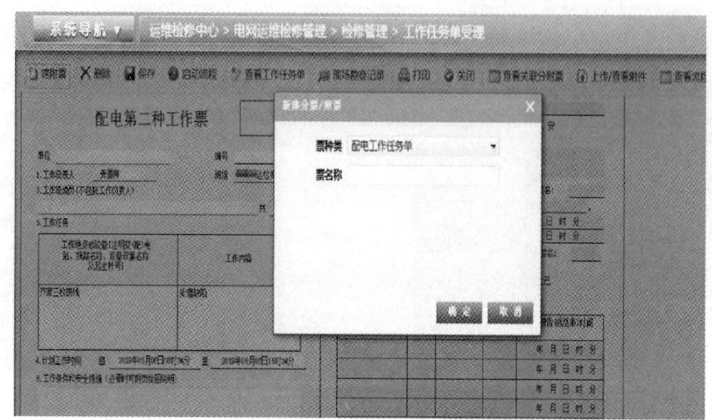

图 3–58　小组任务单

现场勘查单：打开工作票点击“现场勘查记录”，填写信息点击“保存并启动”，见图 3–59。

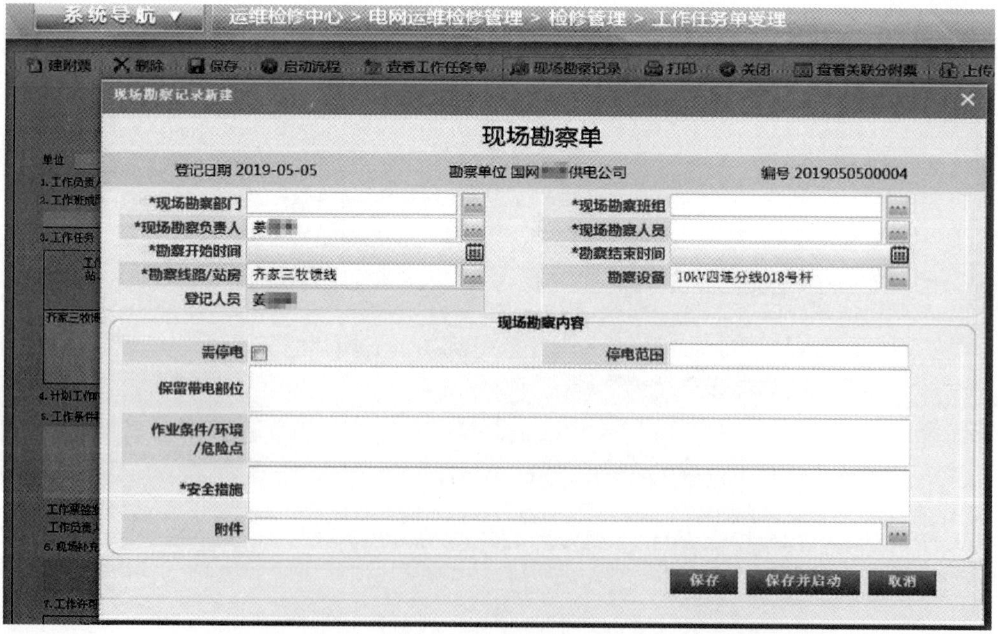

图 3–59　现场勘查单

作业文本：勾选工作内容点击“作业文本”，进行编制、审核、执行。

试验报告：勾选工作内容点击“试验报告”，对处理设备进行试验。

修试记录：勾选工作内容点击“修试记录”，对处理信息填写，点击“保存并上报验收”。

班组任务单终结：点击“班组任务单终结”，工作任务处理结束，见图 3-60。

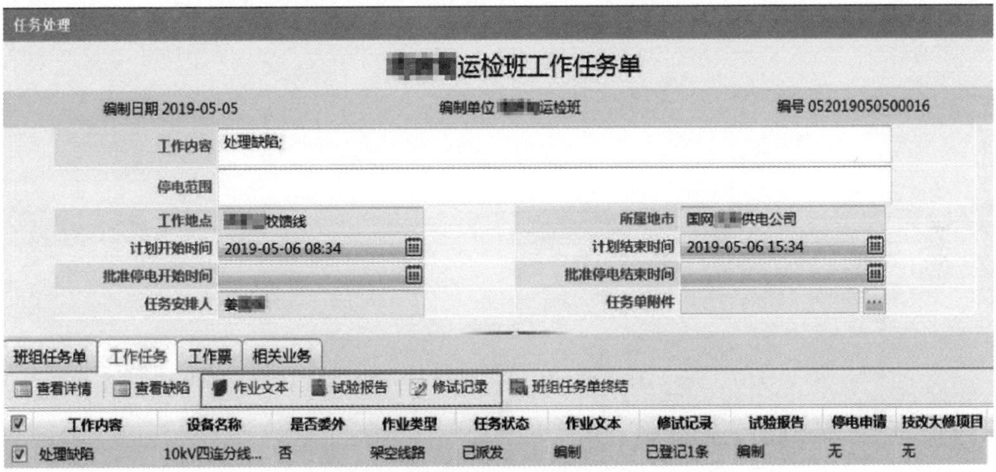

图 3-60　任务单结束

15. 修试记录如何验收？

答：进入功能菜单：运维检修中心→电网运维检修管理→检修管理→修试记录验收。

流程：勾选单条修试记录，点击“验收”。勾选多条修试记录，点击“批量验收”，见图 3-61。

修试记录验收窗口，填写结论、验收意见，勾选验收是否合格，点击“保存”，见图 3-62。

图 3-61　登记修饰记录

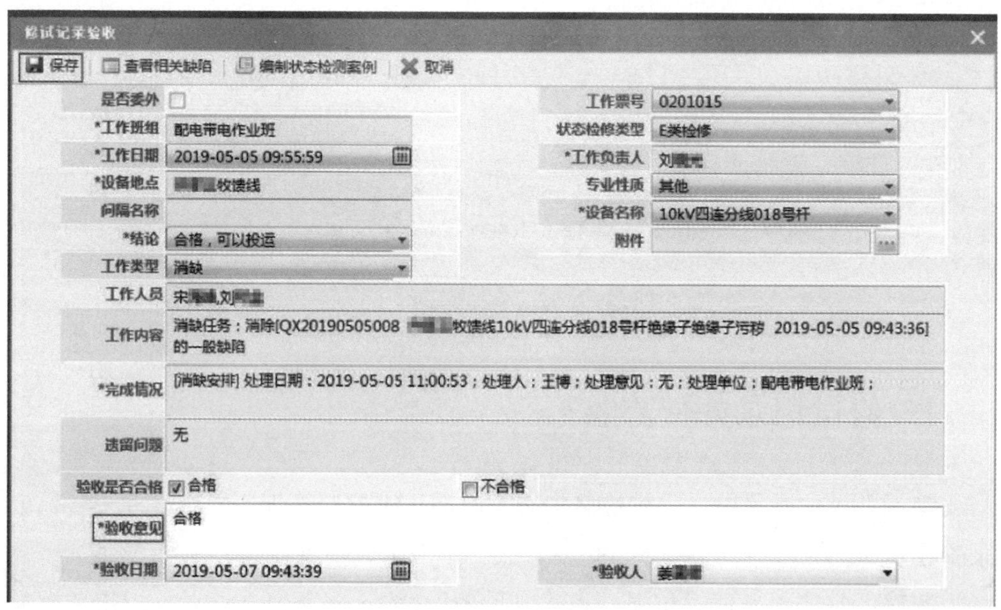

图 3-62　验收修试记录

16. 巡视登记、缺陷登记、添加设备时为何无法选取到线路?

答：无法选取到线路原因为线路台账的专业班组未维护导致。图 3-63 为塑园乙馈线专业班组维护。

班组人员登录设备台账维护，找到需要维护线路界面，点击“专业班组”，弹出线路专业班组配置窗口，填写班组名称。

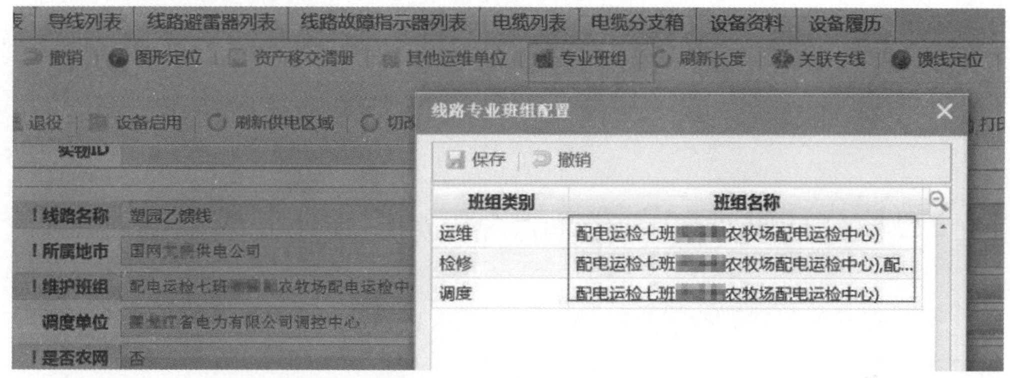

图 3–63　专业班组维护

17. 线路定期巡视，有何方法不用每次巡视都做计划？

答：班组人员线路定期巡视登记，每次巡视都要编写巡视计划比较费时。班组人员可通过“运维检修中心→电网运维检修管理→巡视管理→巡视周期维护（新）”编制，指定定期巡视时间，系统到时间自动导出巡视计划。

18. 线路巡视完发现没有提前做计划，能否登记记录？

答：线路设备巡视结束，班组人员登记巡视记录时发现没有巡视计划。可通过“运维检修中心→电网运维检修管理→巡视管理→巡视记录登记（新）→临时记录登记”进行登记记录。

19. 为何班组人员线路定期巡视后，业务数据查询时不合格？

答：巡视周期编制完成，巡视计划时间固定了。班组人员“巡视记录登记”操作时间超过“巡视计划”设定时间 72 小时，系统数据应用查询提示巡视超期。

登记巡视记录时发现时间超过计划 72 小时，可改为临时巡视登记。

20. 进行缺陷登记后，业务数据录入为何提示不合格？

答：缺陷登记录入数据不合格：①为缺陷发现时间与缺陷录入系统时间超过 72 小时。②缺陷描述填写时，缺陷性质填写与处理缺陷时间超时。缺陷性质：一般、严重、危急。处理危急不过日，严重不过周、一般不过月。

21. 检修计划编制完成，能否添加检修任务或检修设备?

答：打开制定状态的检修计划，在任务信息列表点击“任务追加”，检修设备列表点击“添加设备”。

22. 如何修改设备上次停电时间?

答：进入检修计划，在检修设备列表中点击“更多功能”。弹出修改设备上次停电时间选项，点击进入进行时间修改。

23. 如何修改设备检修状态?

答：进入检修计划，在检修设备列表中点击“更多功能”。弹出修改设备状态选项，点击进行修改。

24. 工作任务受理后，检修计划时间有变化时处理步骤有哪些?

答：第 1 步：任务处理环节：选中任务点击“取消受理”。

第 2 步：工作任务单编制及派发（新）环节：完成阶段（执行状态），勾选任务点击“任务取消”，填写取消原因。

第 3 步：周检修计划编制（新）环节：计划状态（发布），勾选此任务计划点击“更多功能”。

选择变更计划：填写新的计划任务。选择取消计划：任务回到任务池。

25. 什么是带电作业，PMS2.0 中带电作业管理包括哪些内容？

答：带电作业是指对高压电气设备及设施进行不停电作业。带电作业是避免检修停电，保证正常供电的有效措施。主要项目有：带电更换线路杆塔绝缘子、清扫绝缘子、水冲洗绝缘子、压接修补导线和架空地线、带电更换线路金具、检测不良绝缘子等。

26. 带电作业管理中，如何进行人员资质维护？

答：功能说明：提供人员资质信息维护的功能，主要包含人员资质信息新建、修改、提交审核、删除和导出等功能。

功能菜单：系统导航→运维检修中心→电网运维检修管理→带电作业管理→人员资质维护。

操作步骤：

（1）新建：在工具栏上点击“新建”按钮，系统弹出新建人员资质记录对话框，填写相关的人员资质信息后，点“确定”，则新建人员资质成功，见图 3–64。

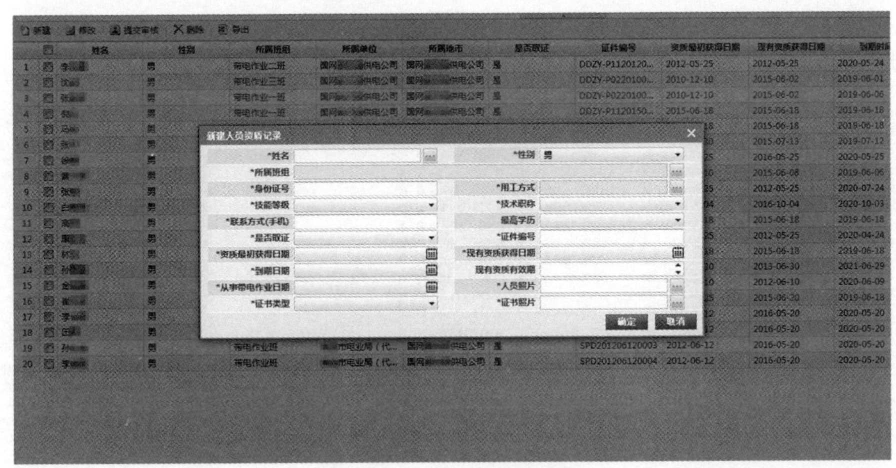

图 3–64　人员资质维护

（2）修改：勾选需要修改的人员，点击“修改”按钮，系统弹出修改人员资质信息，修改相应的信息后，点“确定”，见图 3–65。

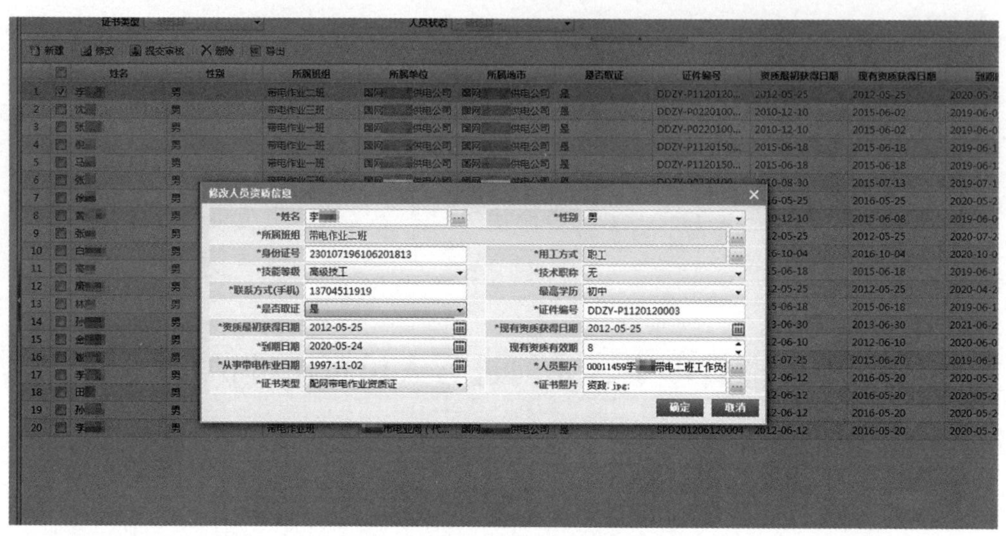

图 3–65 修改人员资质

（3）删除：勾选需要删除的人员，点击“删除”按钮，系统弹出确认对话框，点击“确定”，则成功删除。

（4）提交审核：勾选处于编辑状态的人员信息，点击“提交审核”按钮，提示提交审核成功，可以在人员资质信息审核功能中处理该记录，见图 3–66。

证书类型 --请选择-- 人员状态 --请选择--

新建 修改 提交审核 删除 导出

		姓名	性别	所属班组	所属单位	所属地市	是否取证	证件编号	资质最初获得日期	现有资质获得日期	到期时间
1	☑	李	男	带电作业二班	国网 供电公司	国网 供电公司	是	DDZY-P1120120...	2012-05-25	2012-05-25	2020-05-24
2	☐	沈	男	带电作业三班	国网 供电公司	国网 供电公司	是	DDZY-P0220100...	2010-12-10	2015-06-02	2019-06-01
3	☐	张	男	带电作业一班	国网 供电公司	国网 供电公司	是	DDZY-P0220100...	2010-12-10	2015-06-02	2019-06-06
4	☐	倪	男	带电作业一班	国网 供电公司	国网 供电公司	是	DDZY-P1120150...	2015-06-18	2015-06-18	2019-06-18
5	☐	马	男	带电作业一班	国网 供电公司	国网 供电公司	是	DDZY-P1120150...	2015-06-18	2015-06-18	2019-06-18
6	☐	张	男	带电作业三班	国网 供电公司	国网 供电公司	是	DDZY-P0220100...	2010-08-30	2015-07-13	2019-07-12
7	☐	徐	男	带电作业三班 带电作业三班	供电公司	国网 供电公司	是	DDZY-P1120120...	2016-05-25	2016-05-25	2020-05-25
8	☐	黄	男	带电作业二班	国网 供电公司	国网 供电公司	是	DDZY-P0220100...	2010-12-10	2015-06-08	2019-06-06
9	☐	张	男	带电作业三班	国网 供电公司	国网 供电公司	是	DDZY-P1120120...	2012-05-25	2012-05-25	2020-07-24
10	☐	白	男	带电作业三班	国网 供电公司	国网 供电公司	是	DDZY-P112016X...	2016-10-04	2016-10-04	2020-10-03
11	☐	高	男	带电作业一班	国网 供电公司	国网 供电公司	是	DDZY-P1120150...	2015-06-18	2015-06-18	2019-06-18
12	☐	康	男	带电作业三班	国网 供电公司	国网 供电公司	是	DDZY-P1120120...	2012-05-25	2012-05-25	2020-04-24
13	☐	林	男	带电作业二班	国网 供电公司	国网 供电公司	是	DDZY-P1120150...	2015-06-18	2015-06-18	2019-06-18
14	☐	孙	男	带电作业二班	国网 供电公司	国网 供电公司	是	DDZY-P1120130...	2013-06-30	2013-06-30	2021-06-29
15	☐	金	男	带电作业二班	国网 供电公司	国网 供电公司	是	DDZY-P1120120...	2012-06-10	2012-06-10	2020-06-09
16	☐	崔	男	带电作业二班	国网 供电公司	国网 供电公司	是	DDZY-P1120110...	2011-07-25	2015-06-20	2019-06-18
17	☐	李	男	带电作业班	市电业局（代...	国网 供电公司	是	SPD201206120005	2012-06-12	2016-05-20	2020-05-20
18	☐	田	男	带电作业班	市电业局（代...	国网 供电公司	是	SPD201206120001	2012-06-12	2016-05-20	2020-05-20
19	☐	孙	男	带电作业班	市电业局（代...	国网 供电公司	是	SPD201206120003	2012-06-12	2016-05-20	2020-05-20
20	☐	李	男	带电作业班	市电业局（代...	国网 供电公司	是	SPD201206120004	2012-06-12	2016-05-20	2020-05-20

图 3–66 人员资质提交审核

（5）导出：点击“导出”按钮，可以导出当前页/所有页信息，见图3-67。

图 3-67 导出人员资质明细

27. 怎么在带电作业管理中实现人员资质信息审核?

答： 功能说明：提供人员资质信息审核功能，主要包含人员资质信息查看、修改、发布、退回、导出等功能。

功能菜单：系统导航→运维检修中心→电网运维检修管理→带电作业管理→人员资质信息审核。

操作步骤：

（1）查看：勾选需要查看的人员信息，点击“查看”按钮，系统弹出“查看人员资质信息”对话框，见图3-68。

（2）修改：勾选需要修改的人员，点击“修改”按钮，系统弹出“修改人员资质信息”对话框，修改相应的信息后，点击“确定”按钮，见图3-69。

（3）发布：勾选需要发布的人员，点击“发布”按钮，提示发布成功，见图3-70。

（4）退回：勾选需退回的人员信息，点击“退回”按钮，则退回至编辑状态，见图3-71。

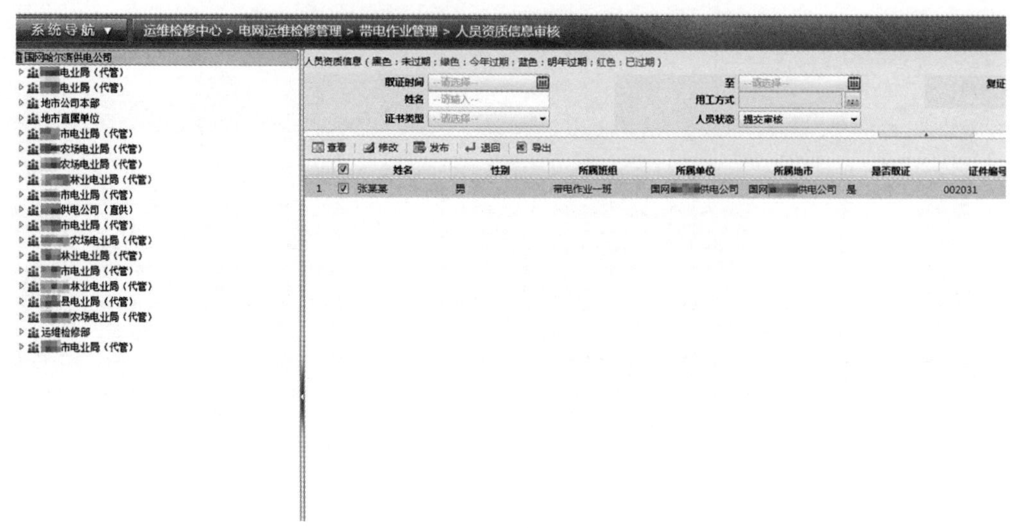

图 3–68　人员资质信息审核

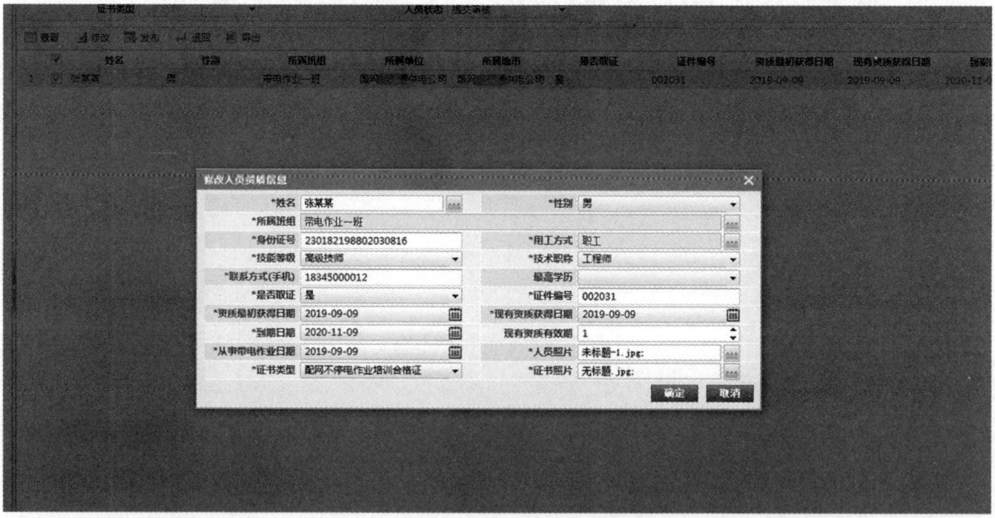

图 3–69　修改人员资质

		姓名	性别	所属班组	所属单位	所属地市	是否取证	证件编号	资质最初获得日期	现有资质获得日期	
1		李	男	带电作业二班	国网供电公司	国网供电公司	是	DDZY-P1120120...	2012-05-25	2012-05-25	2020
2		沈	男	带电作业三班	国网供电公司	国网供电公司	是	DDZY-P0220100...	2010-12-10	2015-06-02	2019
3		张	男	带电作业一班	国网供电公司	国网供电公司	是	DDZY-P0220100...	2010-12-10	2015-06-02	2019
4		倪	男	带电作业一班	国网供电公司	国网供电公司	是	DDZY-P1120150...	2015-06-18	2015-06-18	2019
5		马	男	带电作业一班	国网供电公司	国网供电公司	是	DDZY-P1120150...	2015-06-18	2015-06-18	2019
6		张	男	带电作业三班	国网供电公司	国网供电公司	是	DDZY-P0220100...	2010-08-30	2015-07-13	2019
7		徐	男	带电作业三班	国网供电公司	国网供电公司	是	DDZY-P1120120...	2016-05-25	2016-05-25	2020
8		黄	男	带电作业二班	国网供电公司	国网供电公司	是	DDZY-P0220100...	2010-12-10	2015-06-08	2019
9		张	男	带电作业三班	国网供电公司	国网供电公司	是	DDZY-P1120120...	2012-05-25	2012-05-25	2020
10		白	男	带电作业三班	供电公司	国网供电公司	是	DDZY-P112016X...	2016-10-04	2016-10-04	2020
11		高	男	带电作业一班	供电公司	国网供电公司	是	DDZY-P1120150...	2015-06-18	2015-06-18	2019
12		康	男	带电作业三班	国网供电公司	国网供电公司	是	DDZY-P1120120...	2012-05-25	2012-05-25	2020
13		林	男	带电作业二班	国网供电公司	国网供电公司	是	DDZY-P1120150...	2015-06-18	2015-06-18	2019
14		孙	男	带电作业二班	国网供电公司	国网供电公司	是	DDZY-P1120130...	2013-06-30	2013-06-30	2021
15		金	男	带电作业二班	国网供电公司	国网供电公司	是	DDZY-P1120120...	2012-06-10	2012-06-10	2020
16		崔	男	带电作业二班	国网供电公司	国网供电公司	是	DDZY-P1120110...	2011-07-25	2015-06-20	2019
17		李	男	带电作业班	市电业局（代...	国网供电公司	是	SPD201206120005	2012-06-12	2016-05-20	2020
18	☑	张	男	带电作业一班	国网供电公司	国网供电公司	是	002031	2019-09-09	2019-09-09	2020
19		田	男	带电作业班	市电业局（代...	国网供电公司	是	SPD201206120001	2012-06-12	2016-05-20	2020
20		孙	男	带电作业班	市电业局（代...	国网供电公司	是	SPD201206120003	2012-06-12	2016-05-20	2020

图 3-70 发布人员资质

		姓名	性别	所属班组	所属单位	所属地市	是否取证	证件编号	资质最初获得日期	现有资质获得日期	
1		李	男	带电作业一班	国网供电公司	国网供电公司	是	DDZY-P1120120...	2012-05-25	2012-05-25	2020
2		沈	男	带电作业三班	国网供电公司	国网供电公司	是	DDZY-P0220100...	2010-12-10	2015-06-02	2019
3		张	男	带电作业一班	国网供电公司	国网供电公司	是	DDZY-P0220100...	2010-12-10	2015-06-02	2019
4		倪	男	带电作业一班	国网供电公司	国网供电公司	是	DDZY-P1120150...	2015-06-18	2015-06-18	2019
5		马	男	带电作业一班	国网供电公司	国网供电公司	是	DDZY-P1120150...	2015-06-18	2015-06-18	2019
6		张	男	带电作业三班	国网供电公司	国网供电公司	是	DDZY-P0220100...	2010-08-30	2015-07-13	2019
7		徐	男	带电作业三班	国网供电公司	国网供电公司	是	DDZY-P1120120...	2016-05-25	2016-05-25	2020
8		黄	男	带电作业二班	国网供电公司	国网供电公司	是	DDZY-P0220100...	2010-12-10	2015-06-08	2019
9		张	男	带电作业三班	国网供电公司	国网供电公司	是	DDZY-P1120120...	2012-05-25	2012-05-25	2020
10		白	男	带电作业三班	供电公司	国网供电公司	是	DDZY-P112016X...	2016-10-04	2016-10-04	2020
11		高	男	带电作业一班	国网供电公司	国网供电公司	是	DDZY-P1120150...	2015-06-18	2015-06-18	2019
12		康	男	带电作业三班	国网供电公司	国网供电公司	是	DDZY-P1120120...	2012-05-25	2012-05-25	2020
13		林	男	带电作业二班	国网供电公司	国网供电公司	是	DDZY-P1120150...	2015-06-18	2015-06-18	2019
14		孙	男	带电作业二班	国网供电公司	国网供电公司	是	DDZY-P1120130...	2013-06-30	2013-06-30	2021
15		金	男	带电作业二班	国网供电公司	国网供电公司	是	DDZY-P1120120...	2012-06-10	2012-06-10	2020
16		崔	男	带电作业二班	国网供电公司	国网供电公司	是	DDZY-P1120110...	2011-07-25	2015-06-20	2019
17		李	男	带电作业班	市电业局（代...	国网供电公司	是	SPD201206120005	2012-06-12	2016-05-20	2020
18	☑	张某某	男	带电作业一班	国网供电公司	国网供电公司	是	002031	2019-09-09	2019-09-09	2020
19		田	男	带电作业班	市电业局（代...	国网供电公司	是	SPD201206120001	2012-06-12	2016-05-20	2020
20		孙	男	带电作业班	市电业局（代...	国网供电公司	是	SPD201206120003	2012-06-12	2016-05-20	2020

图 3-71 退回人员资质

（5）导出：点击“导出”按钮，可以导出当前页 / 所有页信息，见图 3-72。

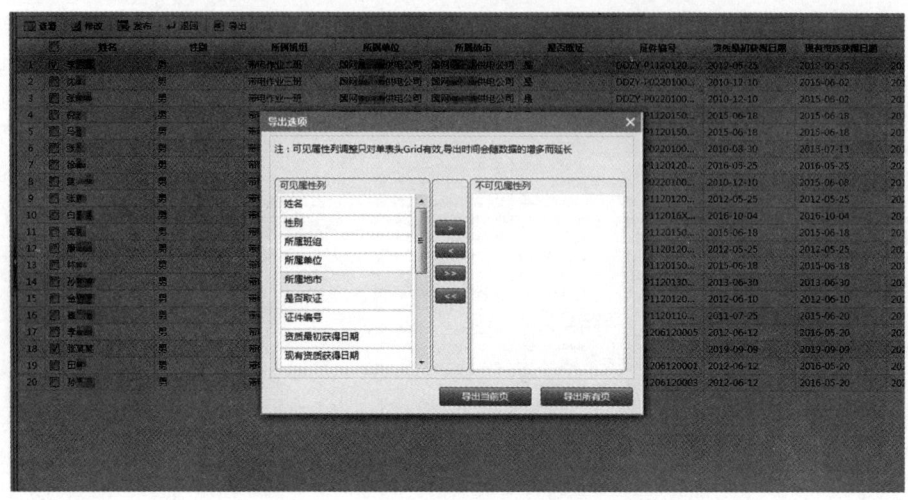

图 3–72　导出新建人员资质信息

28. 如何进行人员资质信息统计?

答：功能说明：提供机构及对应人员的资质信息统计，能够很清晰的统计出各单位中不同类型人员的数量，也能清晰的统计人员作业状况。

功能菜单：系统导航→运维检修中心→电网运维检修管理→带电作业管理→人员资质信息统计。

操作步骤：

（1）机构设置及人员资质信息统计：该统计根据年度进行统计，点击“机构设置及人员信息统计”按钮，即可统计相应信息，同时提供导出功能，见图 3–73。

10.166.2.2/sgpms/portal/default.jsp

首页　待办 (0)　消息 (0)　常用　搜索　帮助　退出　欢迎，【国网 供电公司】李

系统导航　运维检修中心 > 电网运维检修管理 > 带电作业管理 > 人员资质信息统计

机构设置及人员资质信息统计　人员作业状况统计

年度 2019

	地市	单位	机构设置情况	人员概况		职工	劳务派遣用工	非全日制用工	其他从业人	
			带电作业班组数(个)	总人数(人)	新增人员(人)				短期聘用制人员	退休返聘人员
1	国网 供电公司	国网 供电公司	3	17	1	17	0	0	0	0
2	国网 供电公司	市电业局（代...	1	4	0	0	0	0	0	0
3		总计	4	21	1	17	0	0	0	0

图 3–73　机构设置及人员资质信息统计

（2）人员作业状况统计：选择人员作业状况统计标签页，在左侧导航树中选择需要查询的部门，在右侧根据时间进行统计。同时提供“导出”功能，见图 3–74。

图 3–74 人员作业状况统计

29. 怎么进行查询统计带电作业?

答：功能说明：提供灵活的查询统计条件，可以统计出全年带电作业时间和次数，结合少损电量的统计，实现带电作业的分析。可按所属地市、电压等级、年度、季度、月度等分类进行带电作业的统计分析。

功能菜单：系统导航→运维检修中心→电网运维检修管理→带电作业管理→带电作业查询统计。

操作步骤：

（1）查询：选择查询标签页，在左侧导航树中选择需要查询的部门。在右侧可填入查询条件进行精确查询，查询项中如果为输电专业，输电作业记录“作业项目”字段设置为不可编辑；输电作业记录“作业方式”字段仅展示输电的作业方式；输电作业记录展示输电的作业性质，不展示输电作业记录“消缺类别”字段。查询功能也提供“查看”“导出”功能，见图 3–75。

（2）统计：选择统计标签页，在左侧导航树中选择需要查询的部门，在右侧的五种统计类型中选择其中一种点击操作。显示形式提供统计数据及统计图两种显示方式，其中统计数据形式可以将数据导出到本地计算机当中。查询项中如果为输电专业，统计页面“作业项目”字段设置为不可编辑；“作业方式”字段仅展示输电的作业方式；输电作业记录展示输电的作业性质。按统计数据显示，提供“导出”功能，见图 3–76。

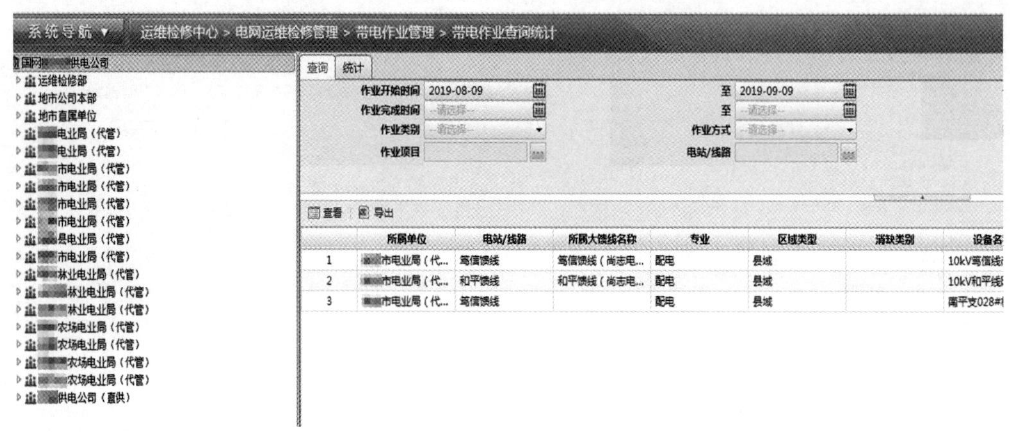

图 3–75　带电作业明细查询

	所属单位	次数	作业类别							
			第一类	第二类	第三类	第四类	等电位	中间电位	地电位	用户工程
1	国网供电公司	41	0	41	0	0	0	0	0	0
2	供电公司（直供）	1	0	1	0	0	0	0	0	0
3	市电业局（代管）	29	1	27	1	0	0	0	0	0
4	合计	71	1	69	1	0	0	0	0	0

图 3–76　带电作业数据统计

按统计图显示，数据列可按带电作业时长（h）、次数、减少停电时户数、多送电量（kWh）显示统计图，统计数据列，见图 3–77。

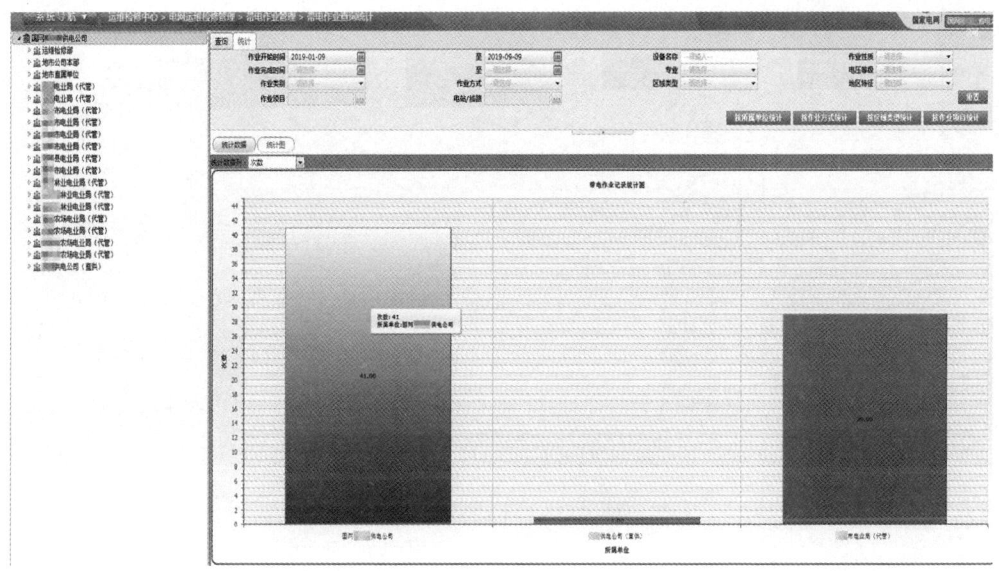

图 3–77　带电作业统计图

注意：PMS2.0 中带电作业融合在检修计划中，没有单独的维护菜单。因此只有根据带电的检修计划编制的工作任务单在登记修试记录后才能在本模块查询到信息。

30. 如何进行车辆仓库维护？

答：功能说明：在左侧导航栏中显示部门的选择，右侧提供车辆仓库的新建、修改、删除、导出功能。

功能菜单：系统导航→运维检修中心→电网运维检修管理→带电作业管理→车辆仓库维护。

操作步骤：

（1）新建：在工具栏中点击“新建”按钮，系统弹出“仓库信息新建”对话框，填写相应的仓库信息后，点“确定”按钮，在列表中显示该新建仓库信息，见图 3–78。

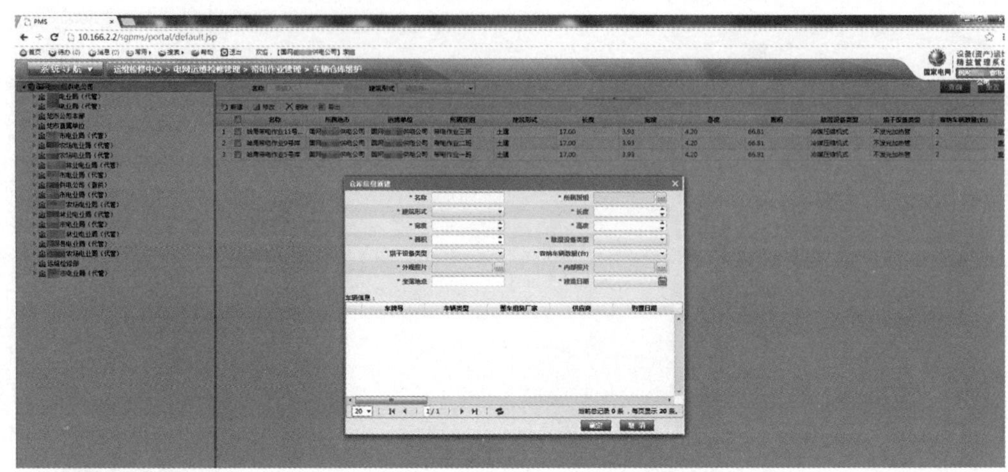

图 3–78　车辆仓库维护

（2）修改：勾选需要修改的仓库信息，点击“修改”按钮，系统弹出“仓库信息修改”对话框，修改相应信息后，点击“确定”按钮，修改成功，见图 3–79。

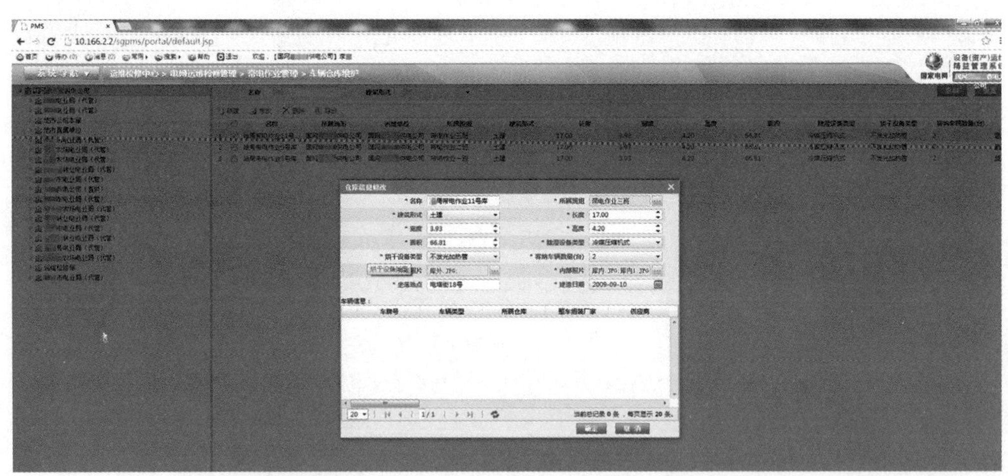

图 3–79　修改仓库信息

（3）删除：勾选需要删除的仓库信息，点击“删除”按钮，系统弹出确认框，点击“确认”，删除成功，见图 3–80。

（4）导出：点击“导出”按钮，可以导出当前页 / 所有页信息，见图 3–81。

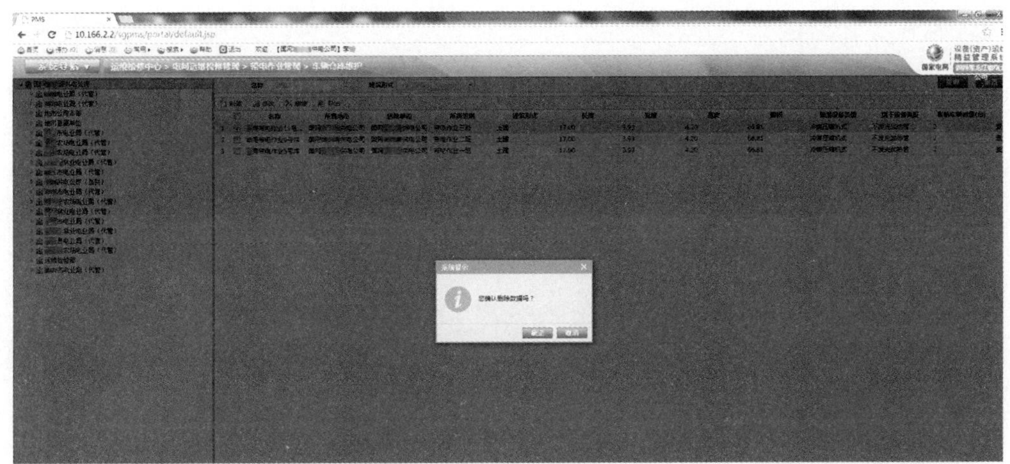

图 3-80 删除仓库信息

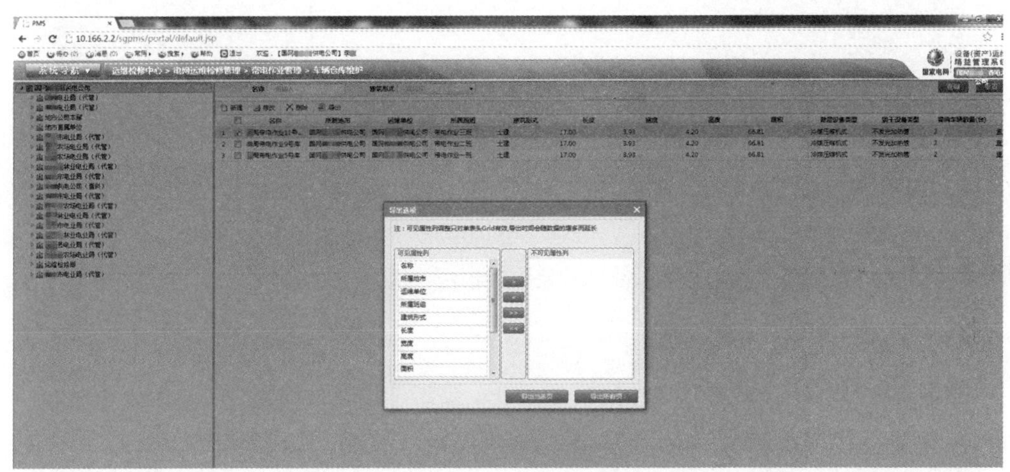

图 3-81 导出车辆仓库数据

31. 如何在带电管理中进行车辆台账维护?

答：功能说明：在左侧导航栏中显示车辆仓库的选择，右侧提供车辆台账的新建、修改、删除、导出功能。

功能菜单：系统导航→运维检修中心→电网运维检修管理→带电作业管理→车辆台账维护。

操作步骤：

（1）新建：在工具栏中点击“新建”按钮，系统弹出车辆台账信息的表单，填写新建对话框，填写相应的车辆信息后，点“确定”按钮，在列表中显示该新建车辆台账信息，见图 3–82。

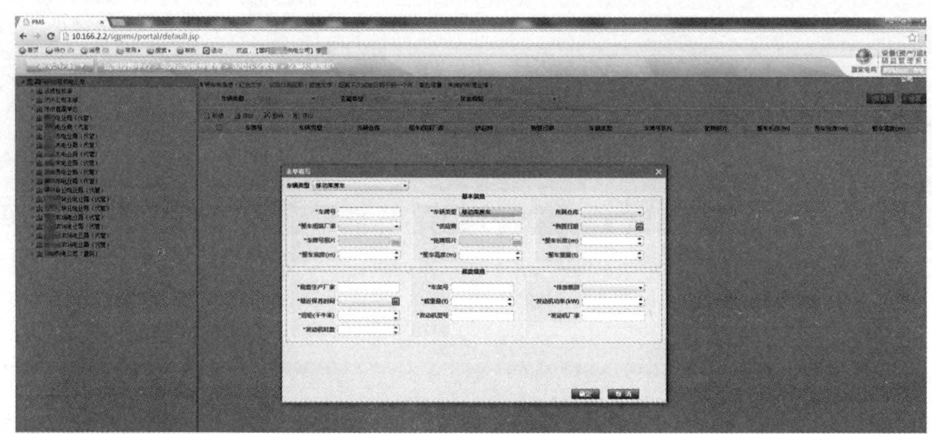

图 3–82　新建车辆仓库台账

（2）修改：勾选需要修改的车辆台账信息，点击“修改”按钮，系统弹出表单编辑对话框，修改相应信息后，点击“确定”按钮，修改成功，见图 3–83。

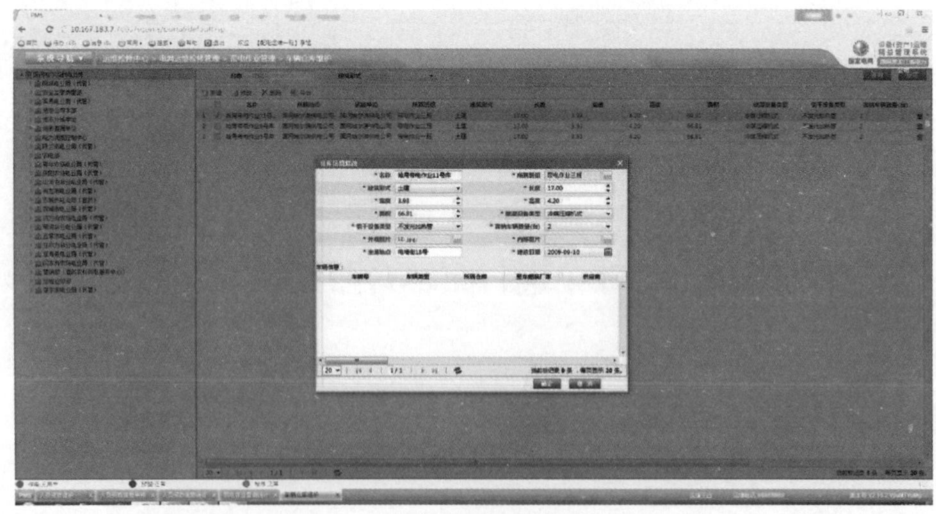

图 3–83　修改车辆仓库台账

（3）删除：勾选需要删除的车辆台账信息，点击“删除”按钮，系统弹出确认框，点击“确认”，删除成功，见图 3–84。

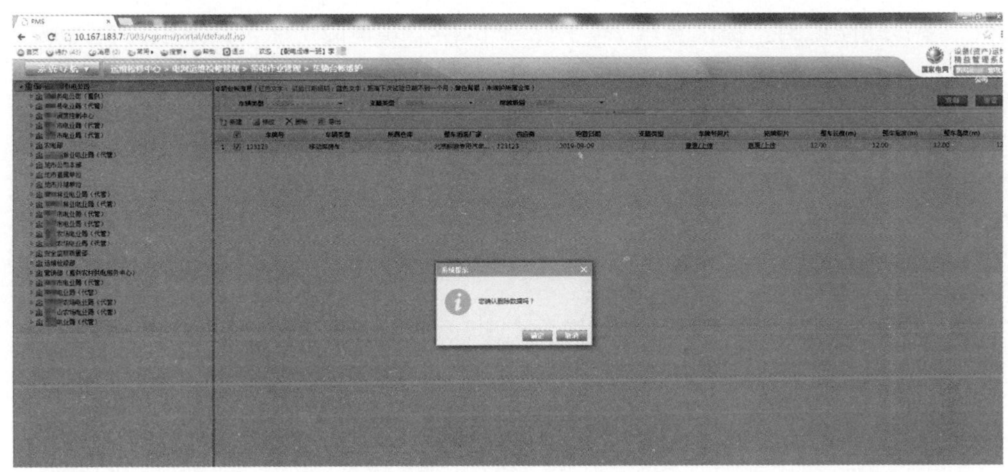

图 3–84 删除车辆仓库台账

（4）导出：点击“导出”按钮，可以导出当前页 / 所有页信息，见图 3–85。

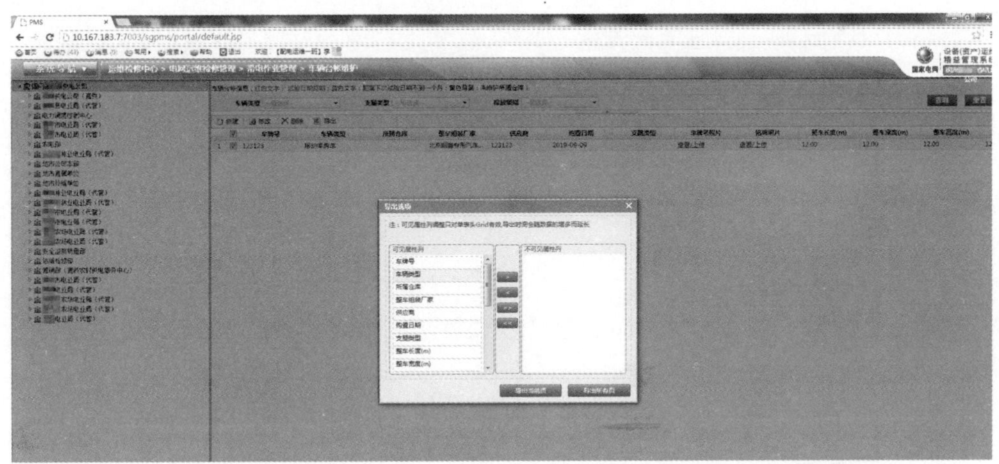

图 3–85 导出车辆仓库信息

32. 怎样查询配电带电作业报表？

答：功能说明：提供县域、城网、全口径报表查询功能，系统根据查询条件区设定的时间区域内上报总部的月报数据自动计算。省公司用户基于省公司已上报总部报表查询，地市公司用户基于已上报省公司报表数据查询。

功能菜单：系统导航→运维检修中心→电网运维检修管理→带电作业管理→配电带电作业报表查询。

操作步骤：

（1）配电带电作业月报统计表（县域）：进入配电带电作业报表查询页面，左侧导航树点击“配电带电作业月报统计表（县域）”，在右侧查询条件区设置时间，点击“查询”，展示该时间区域内报表数据，见图 3–86。

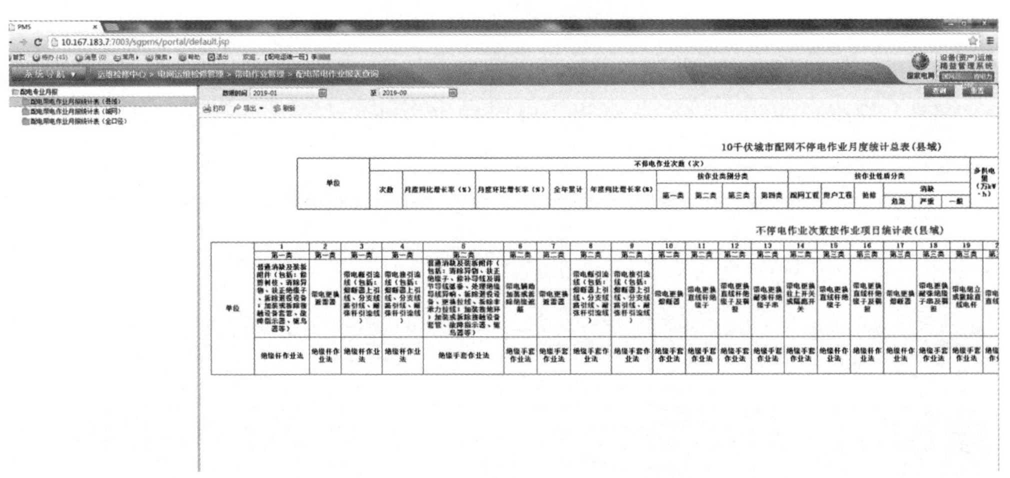

图 3–86　带电作业报表查询（县域）

（2）配电带电作业月报统计表（城网）：进入配电带电作业报表查询页面，左侧导航树点击“配电带电作业月报统计表（城网）”，在右侧查询条件区设置时间，点击“查询”，展示该时间区域内报表数据，见图 3–87。

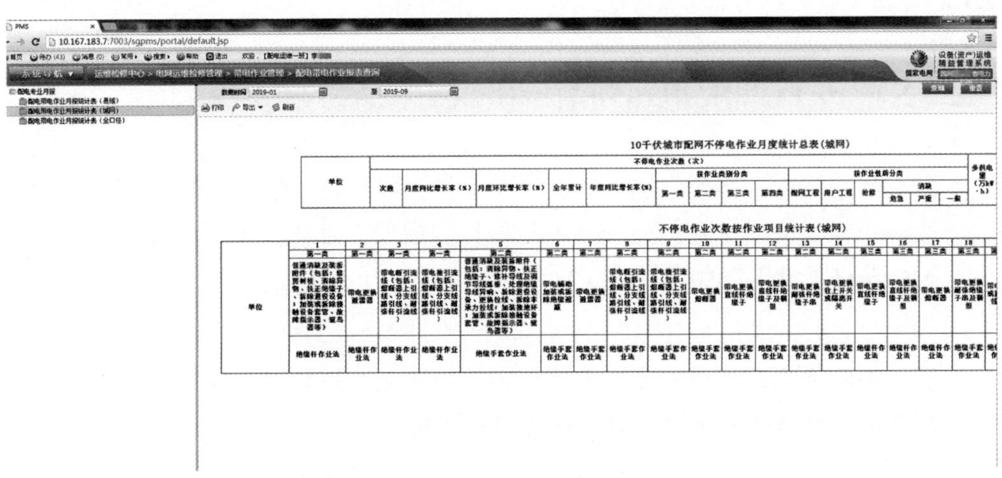

图 3–87　带电作业报表查询（城网）

（3）配电带电作业月报统计表（全口径）：进入配电带电作业报表查询页面，左侧导航树点击“配电带电作业月报统计表（全口径）”，在右侧查询条件区设置时间，点击“查询”，展示该时间区域内报表数据，见图 3–88。

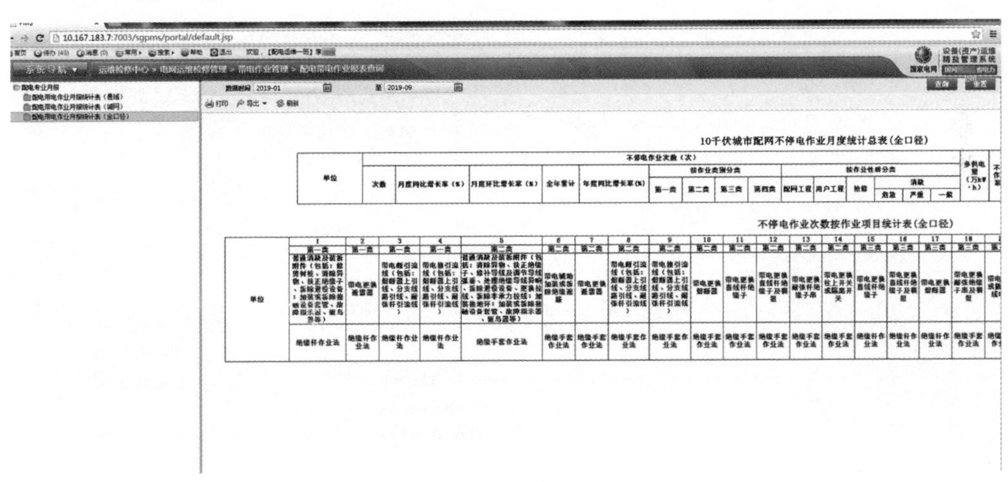

图 3–88　带电作业报表查询（全口径）

33. 故障管理中包含哪些功能？

答：故障登记、故障查询统计、故障报表填报审核、故障分析模板维护。

34. 如何进行故障登记？

答：功能说明：提供故障录入及故障补录功能，系统根据故障发生时间、故障电压等级、故障线路名称、站内故障进行查询。

功能菜单：系统导航→运维检修中心→电网运维检修管理→故障管理→故障登记。

操作步骤：

（1）菜单：在工具栏中点击“新建”按钮，系统弹出仓库信息新建对话框，填写相应的仓库信息后，点“确定”按钮，在列表中显示该新建仓库信息，见图3-89。

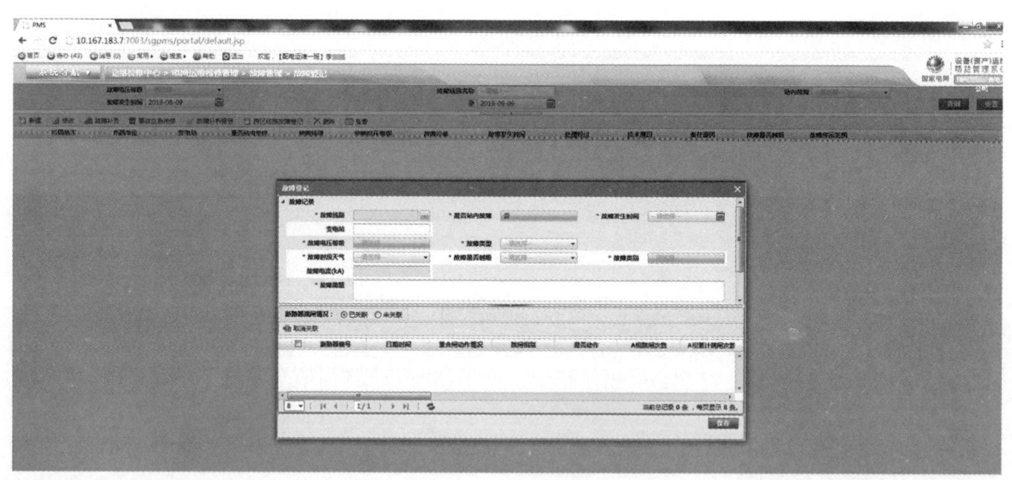

图 3-89 故障登记

（2）修改：在工具栏中点击“修改”按钮，系统弹出仓库信息修改对话框，填写相应的仓库信息后，点“确定”按钮，在列表中显示该修改仓库信息，见图3-90。

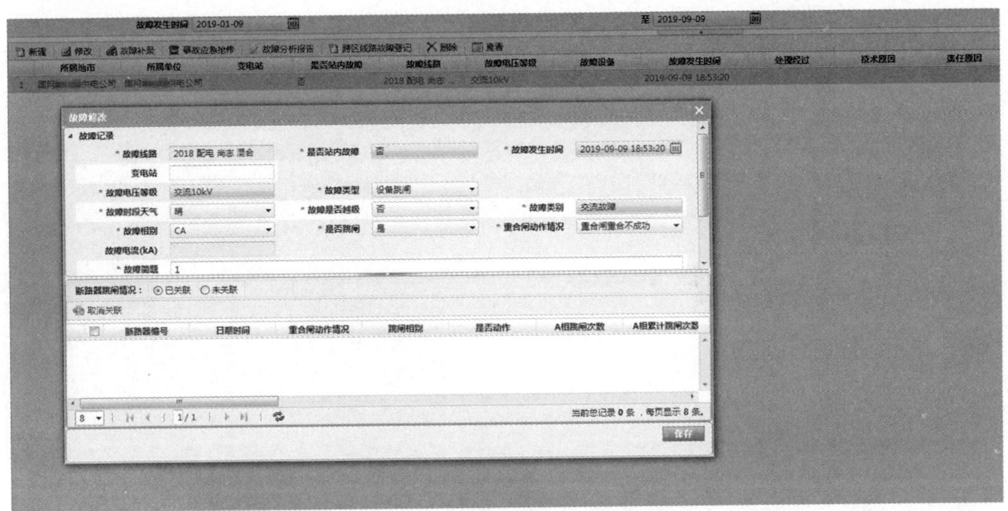

图 3-90　修改故障登记信息

（3）故障补录：在工具栏中点击“故障补录”按钮，系统弹出仓库信息故障补录对话框，填写相应的仓库信息后，点“确定”按钮，在列表中显示该故障补录仓库信息，见图 3-91。

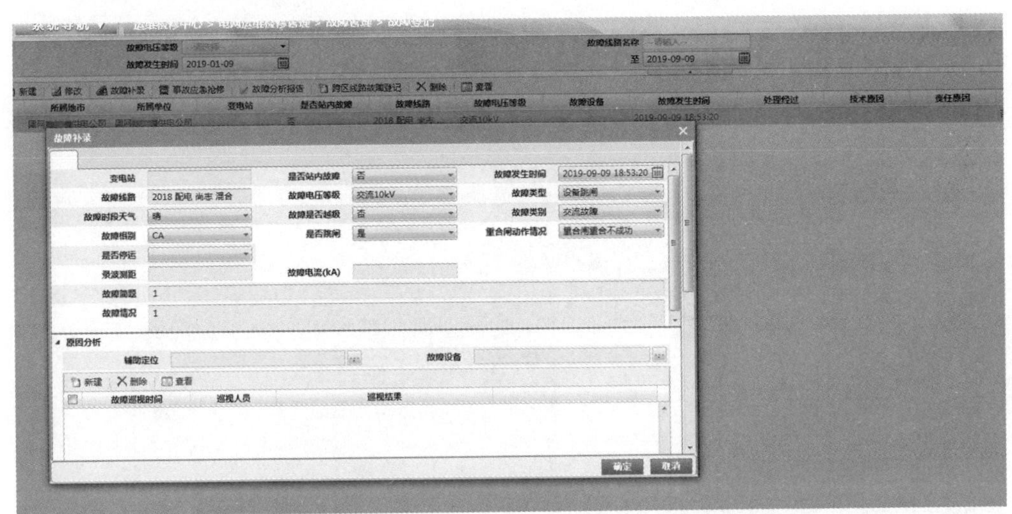

图 3-91　故障信息补录

（4）事故应急抢修：在工具栏中点击“事故应急抢修”按钮，系统弹出仓库信息事故应急抢修对话框，填写相应的仓库信息后，点“确定”按钮，在列表中显示该事故应急抢修仓库信息，见图 3-92。

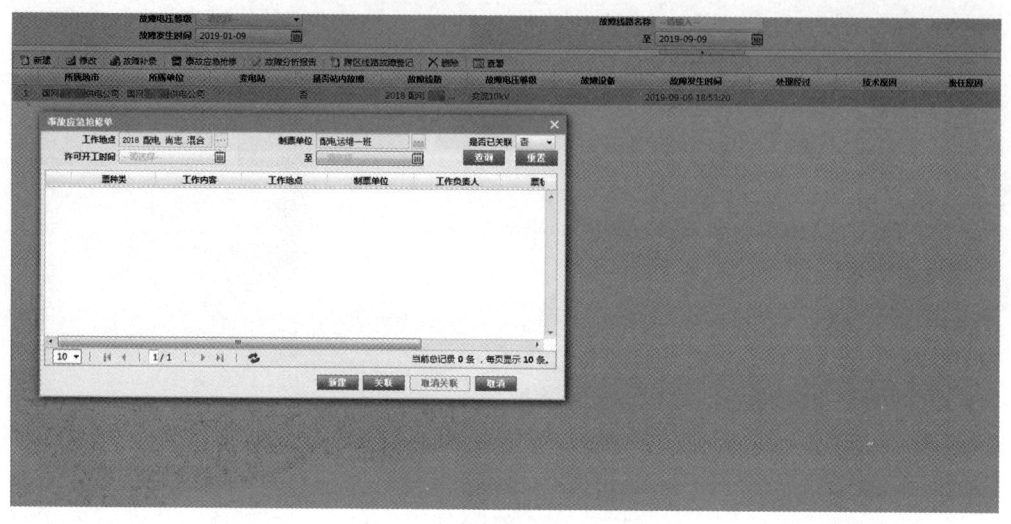

图 3-92　事故应急抢修

（5）故障分析报告：在工具栏中点击“故障分析报告”按钮，系统弹出仓库信息故障分析报告对话框，填写相应的仓库信息后，点“确定”按钮，在列表中显示该故障分析报告仓库信息，并添加附件上传，启动流程，见图 3-93。

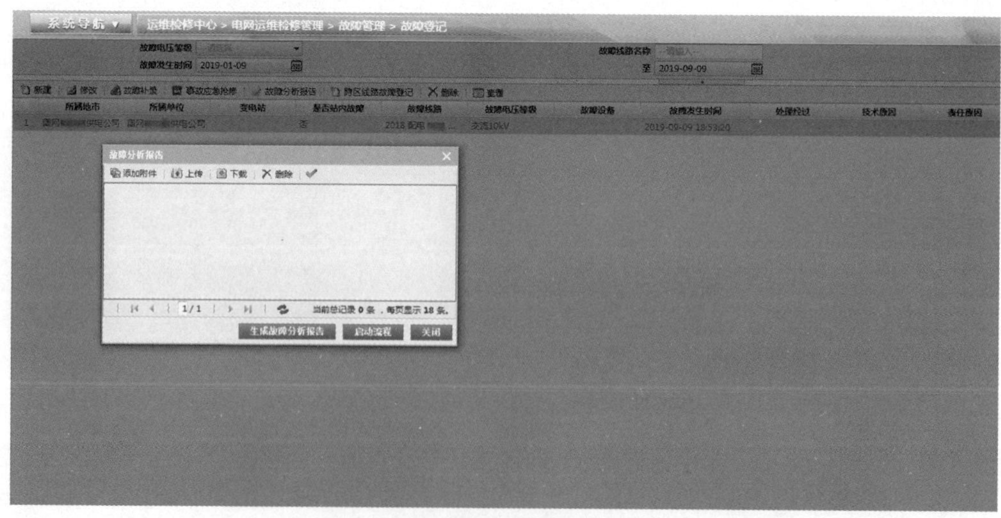

图 3-93　故障分析报告

（6）跨区线路故障登记：在工具栏中点击“跨区线路故障登记”按钮，系统弹出仓库信息跨区线路故障登记对话框，填写相应的仓库信息后，点“保存”按钮，在列表中显示该跨区线路故障登记仓库信息，见图 3–94。

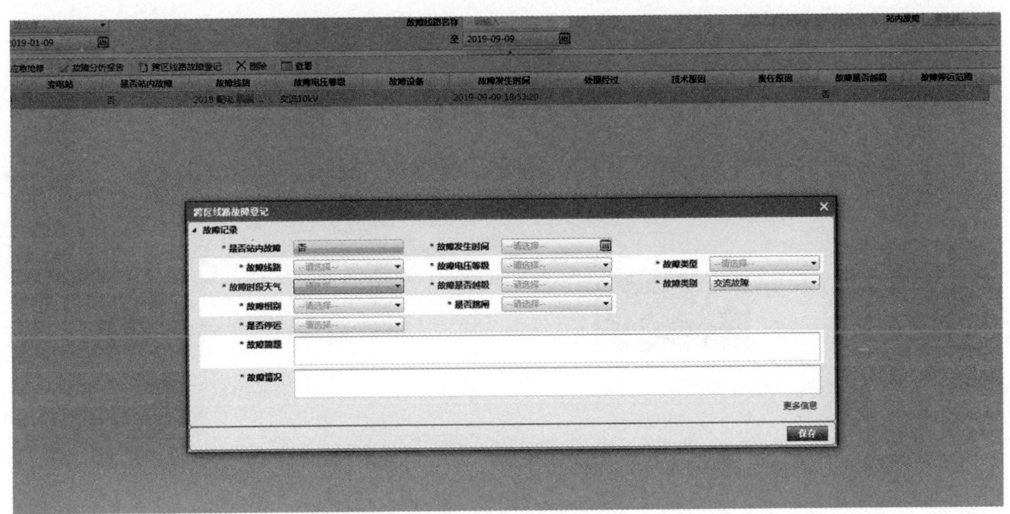

图 3–94 跨区线路故障登记

35. 如何进行故障查询统计？

答：功能说明：提供故障信息查询统计，能够很清晰的统计出各单位中不同类型的数量，也能清晰的统计故障状况。

功能菜单：系统导航→运维检修中心→电网运维检修管理→故障管理→故障查询统计，见图 3–95~ 图 3–97。

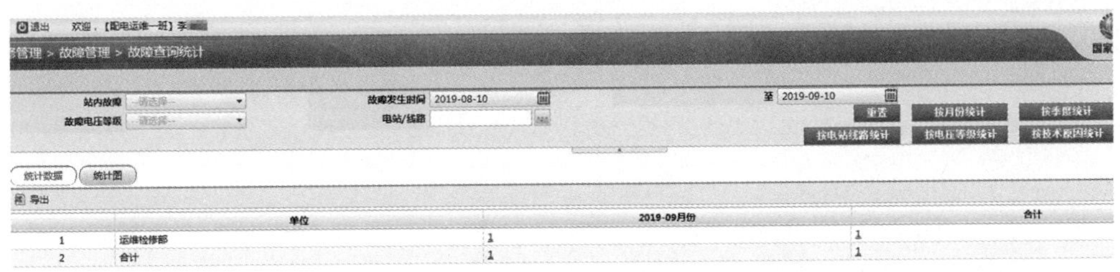

图 3–95 故障数据统计

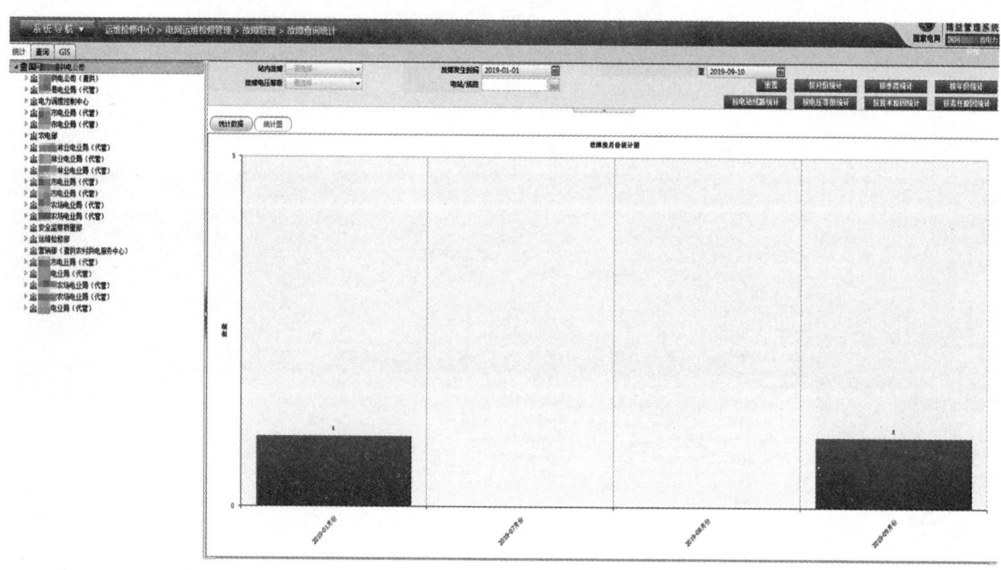

图 3-96　故障统计图

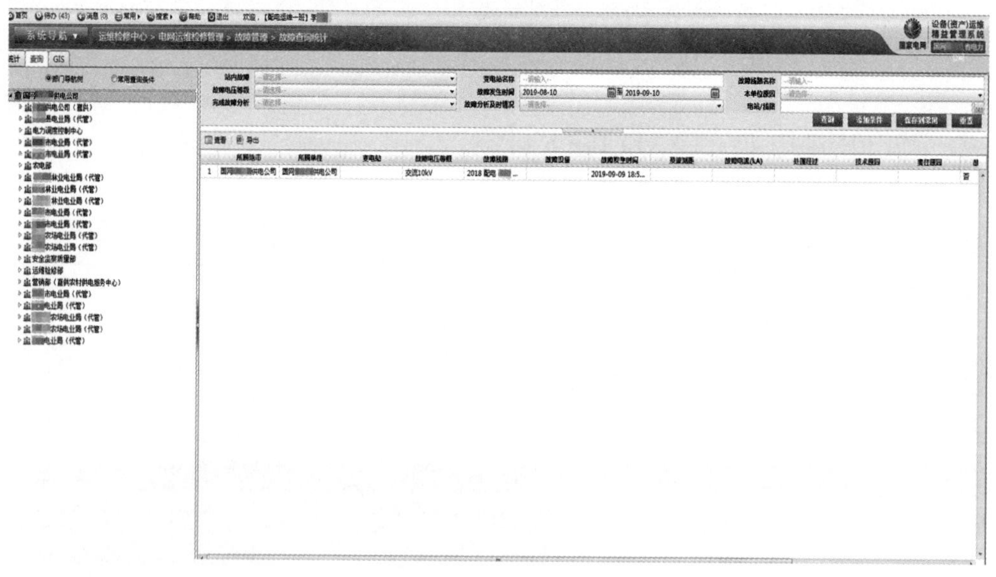

图 3-97　故障查询

导出：点击“导出”按钮，可以导出当前页 / 所有页信息，见图 3-98。

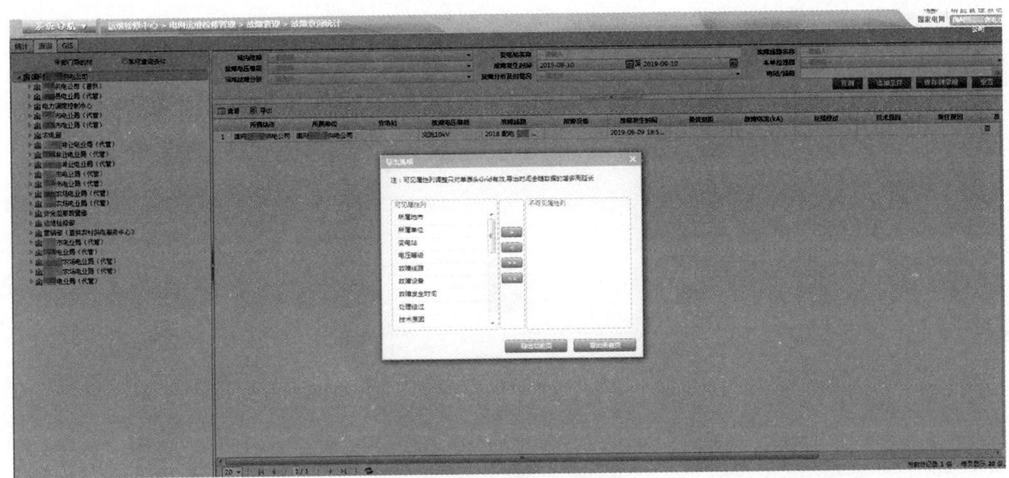

图 3-98　故障明细导出

36. 怎样进行故障分析模板维护?

答：功能说明：提供故障分析模板新建、修改，能够根据不同的故障类别、故障参数、故障参数值进行分析。

功能菜单：系统导航→运维检修中心→电网运维检修管理→故障管理→故障分析模板维护，见图 3-99 ~ 图 3-101。

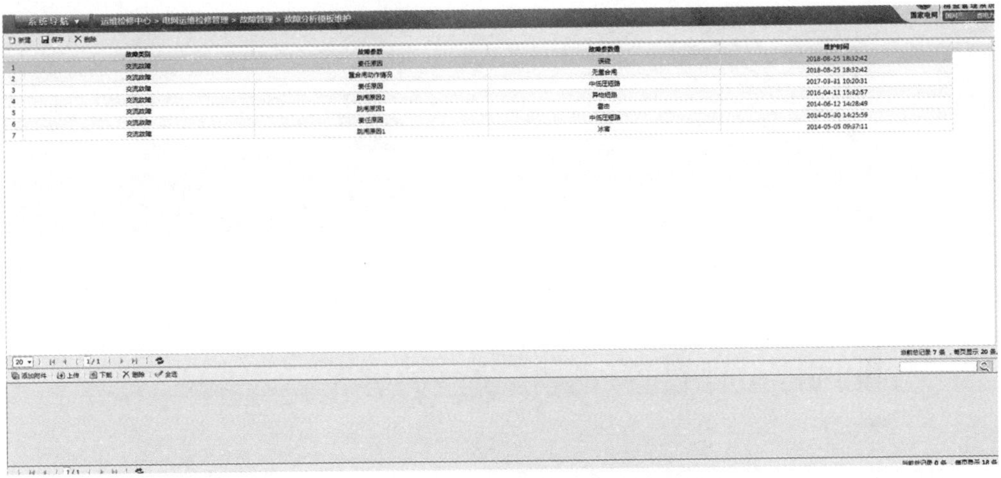

图 3-99　故障分析模板新建

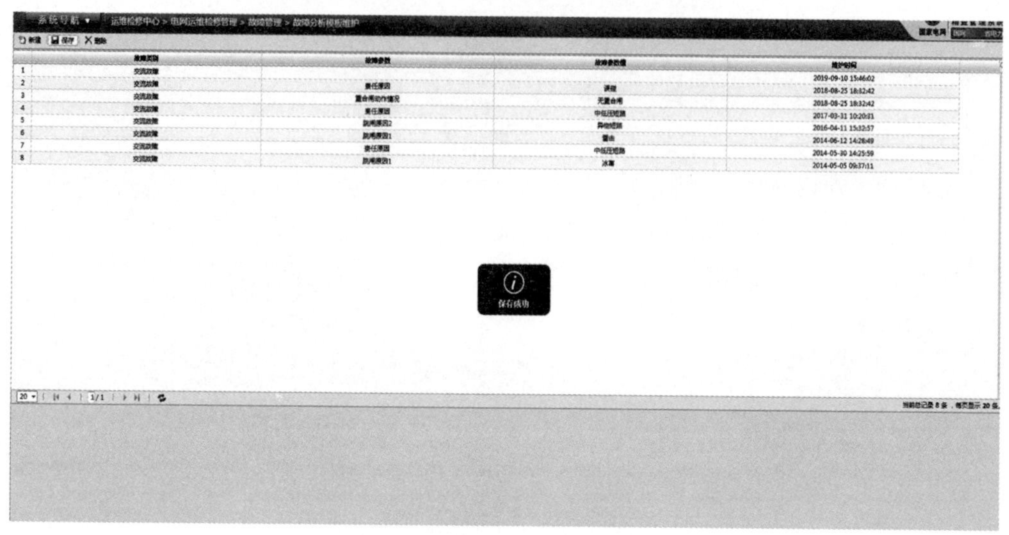

图 3–100　故障分析模板保存

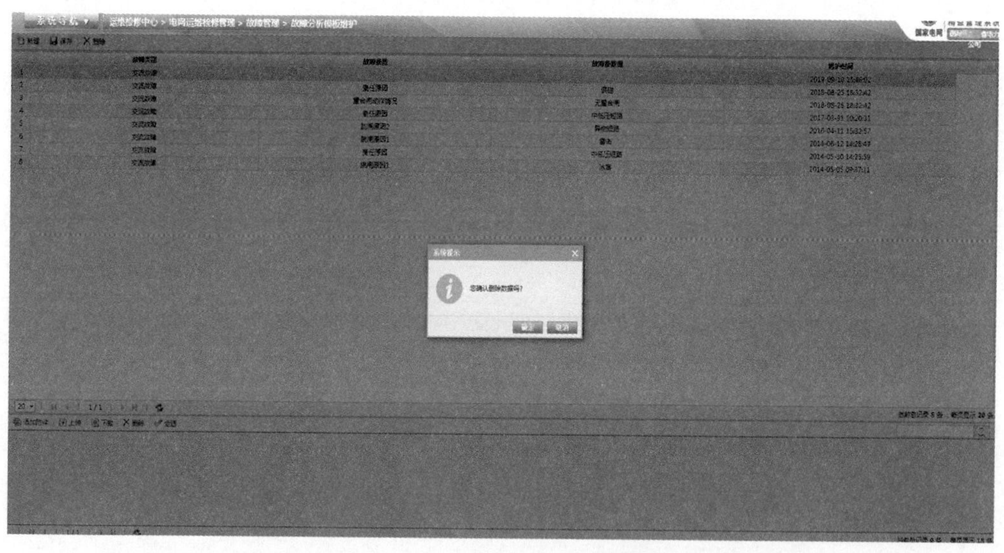

图 3–101　故障分析模板删除

37. 配网停电停役管理包括哪些内容？

答：停电停役申请、施工联系人维护、申请单统计、申请单查询、重复停电参数配置。

38. 怎么建立停电停役申请?

答：功能说明：根据停电计划、任务池任务进行建立停电停役申请，能够将计划停电与停电停役申请单合理关联。

功能菜单：系统导航→运维检修中心→配网运维指挥管理→停电停役管理→停电停役申请。

操作步骤：导入检修计划 / 导入任务池计划→根据电站 / 线路或设备所属单位或日期查询所需的月计划或周计划、任务池任务并选取→填写相应信息并启动流程。具体流程图见图 3-102~ 图 3-106。

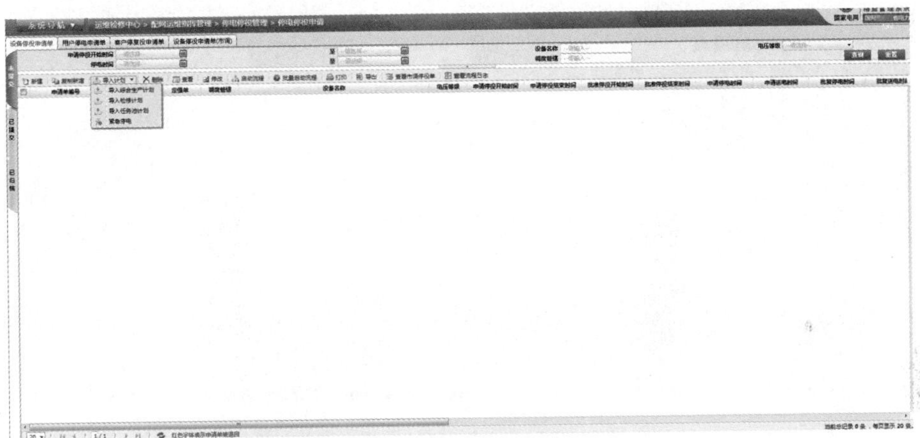

图 3-102　新建停电停役申请

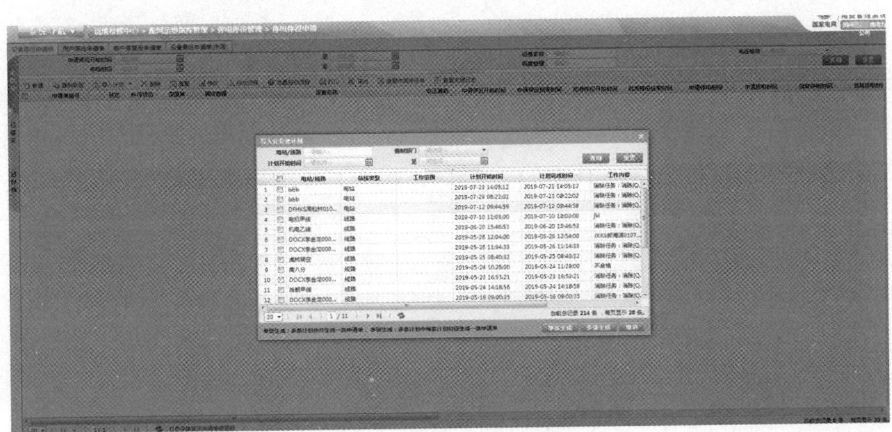

图 3-103　导入计划

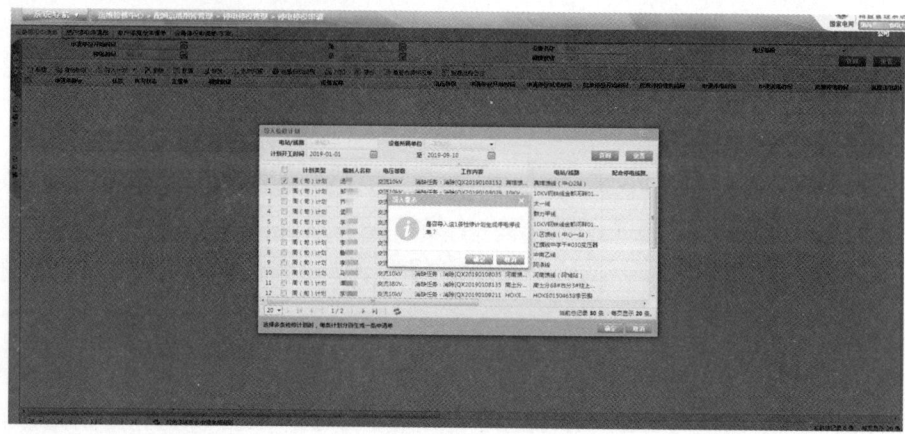

图 3-104　选取计划导入

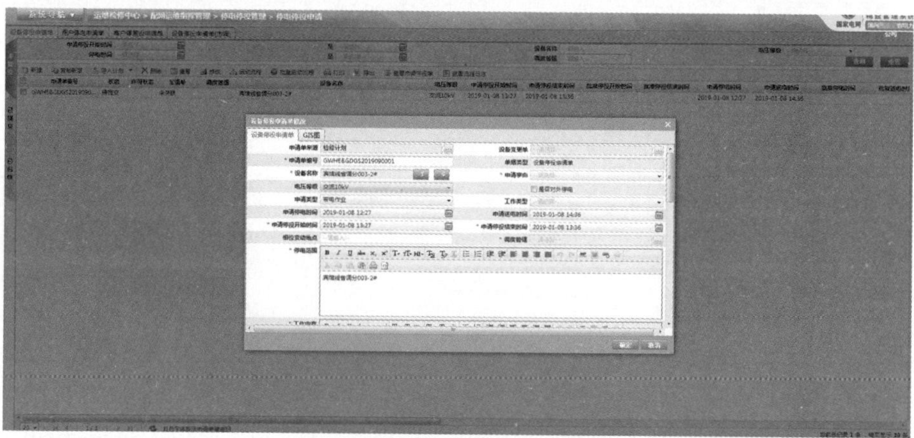

图 3-105　停电停役申请单修改

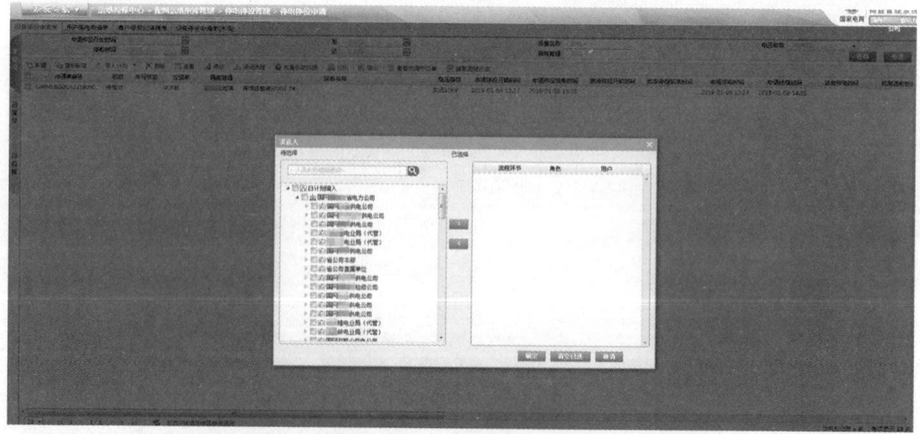

图 3-106　日计划编入

39. 如何进行施工联系人维护？

答：功能说明：提供施工班组、联系人、联系方式等状况。

功能菜单：系统导航→运维检修中心→配网运维指挥管理→停电停役管理→施工联系人维护。

操作步骤：提供新建、删除、修改相应信息功能，见图 3–107~ 图 3–110。

图 3–107　施工联系人维护

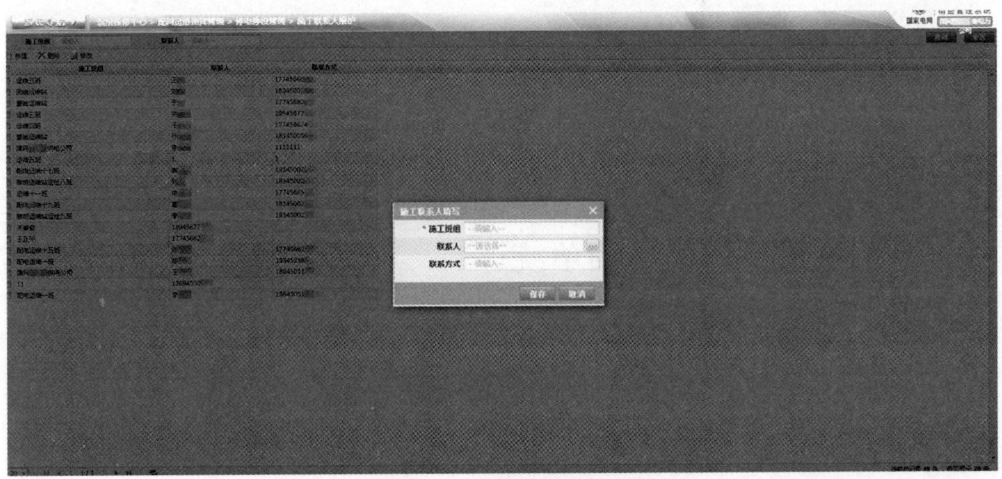

图 3–108　新建施工联系人

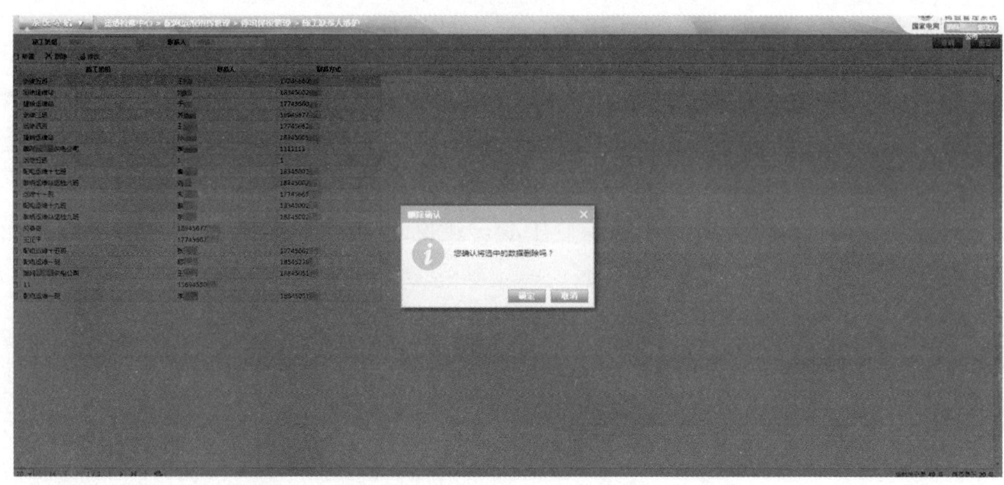

图 3-109　删除施工联系人

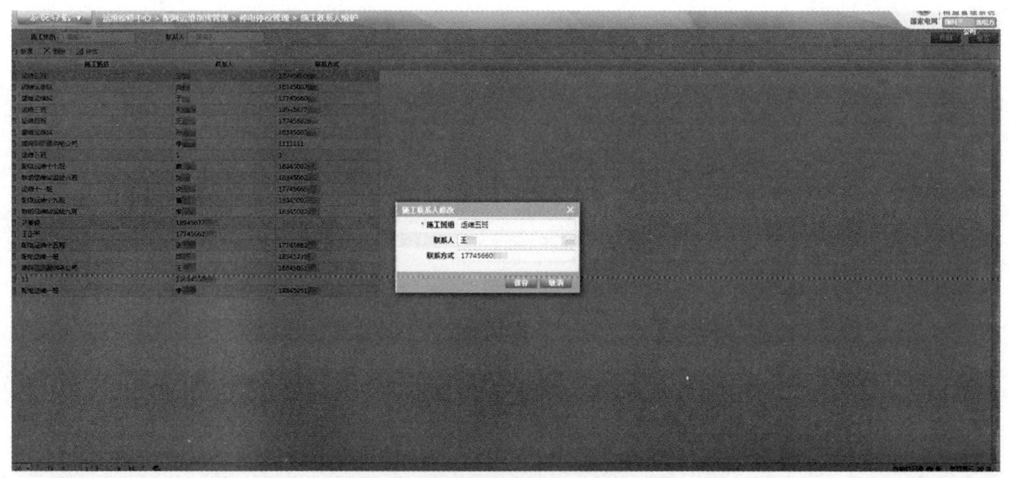

图 3-110　修改施工联系人

40. 怎样进行停电申请单统计？

答：功能说明：提供停电停役申请单统计功能。

功能菜单：系统导航→运维检修中心→配网运维指挥管理→停电停役管理→申请单统计。

操作步骤：申请单统计与导出相应信息功能见图 3-111。

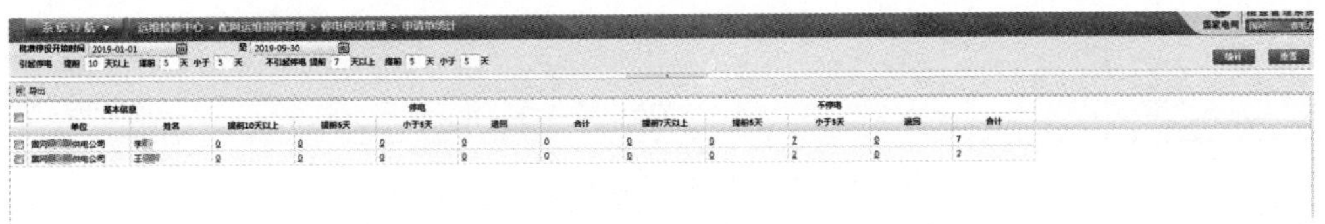

图 3-111　停电申请单统计

41. 如何进行申请单查询?

答：功能说明：提供设备停役申请单、用户停电申请单、客户停复役申请单、设备停役申请单（市调）查询功能。

功能菜单：系统导航→运维检修中心→配网运维指挥管理→停电停役管理→申请单查询。

操作步骤：以上申请单查询与导出相应信息功能见图 3-112~ 图 3-115。

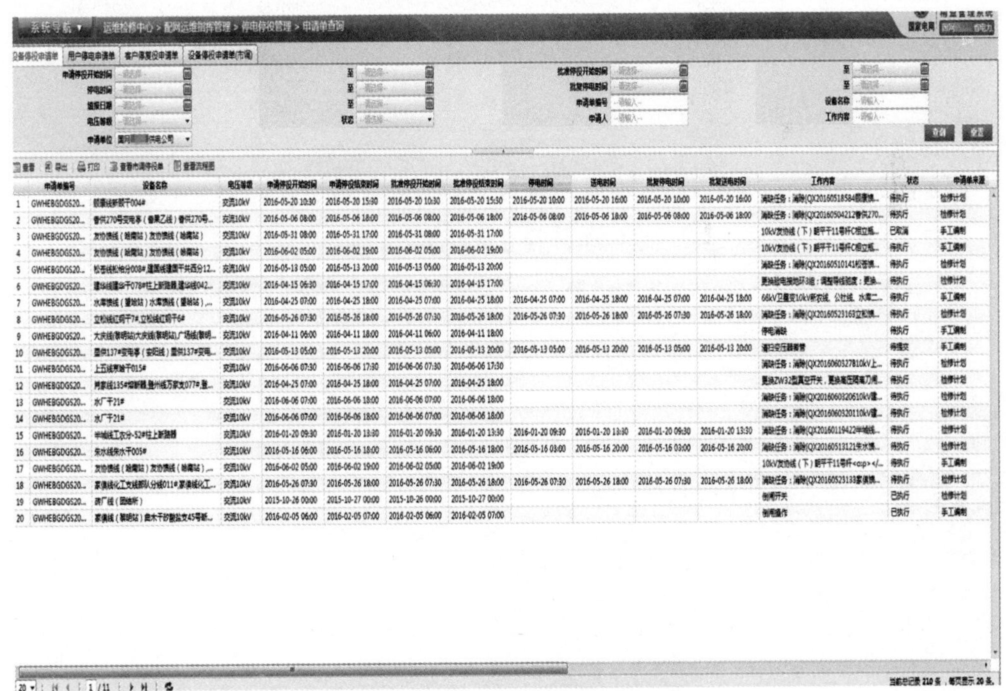

图 3-112　设备停役申请单查询

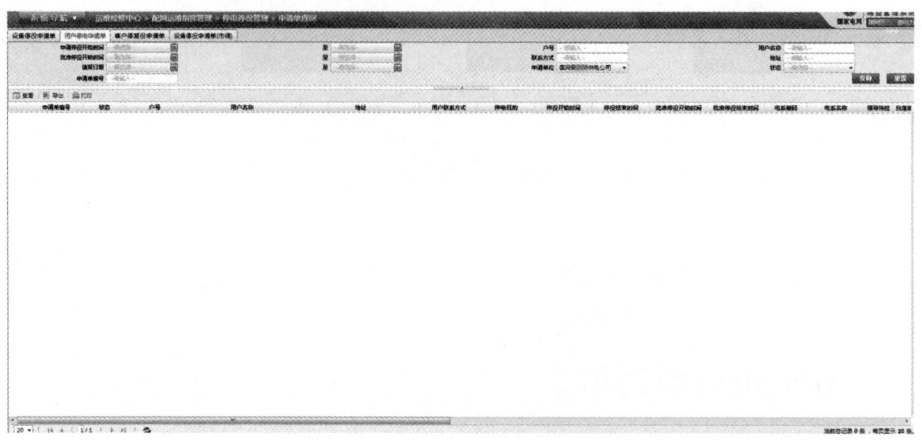

图 3-113　用户停电申请单查询

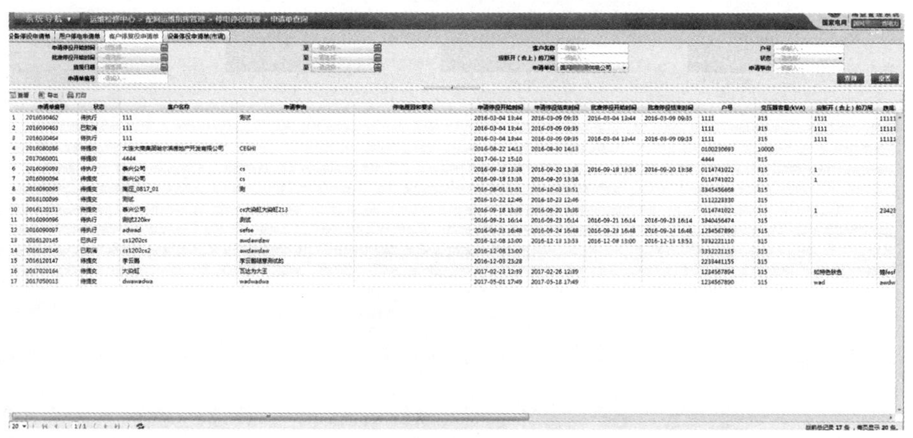

图 3-114　停复役申请单查询

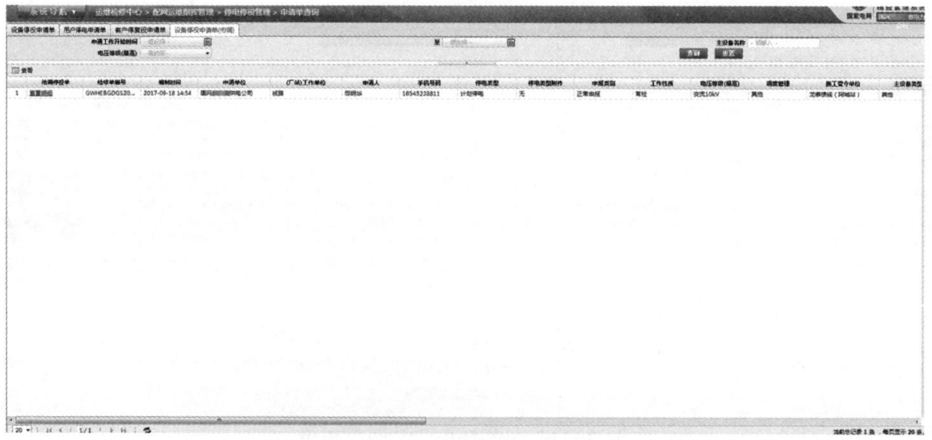

图 3-115　设备停役申请单查询

42. 配电网抢修过程管理包括哪些内容？应如何操作？

答：功能说明：提供 95598 抢修工单接单、派单、回退、转派、催办、合并等功能。

功能菜单：系统导航→运维检修中心→配网检修管控→抢修管控→抢修过程管理（新）。

操作步骤：依次进行提供 95598 抢修工单接单、派单、回退、转派、催办、合并等功能，见图 3–116。

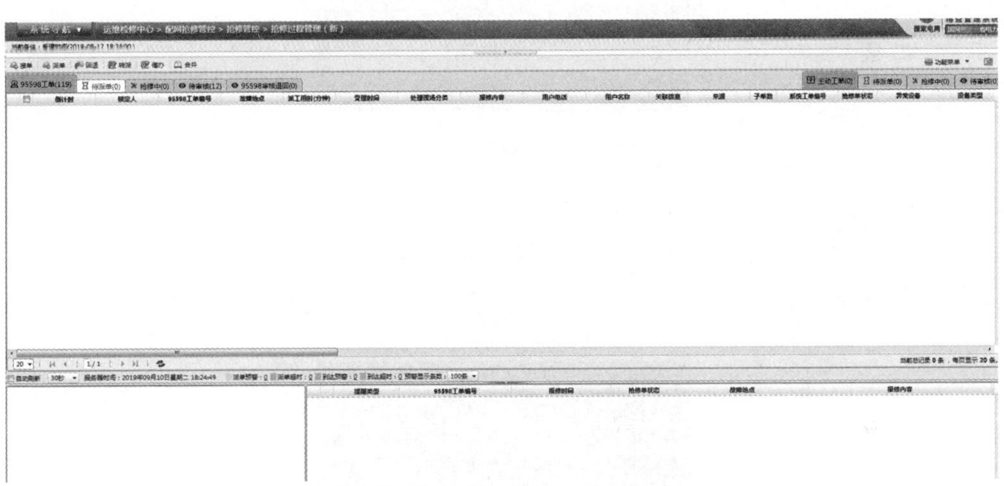

图 3–116　抢修 95598 工单接单

提供各区供电公司、供电所接单、派单、回退、转派、催办、合并等功能。

43. 如何配置抢修 APP 的 IP 地址？

答：配置地址：点击“配置地址”按钮，进入平台配置地址界面，IP 为前置机 IP 地址 222.171.23.234，端口 9091，勾选“使用前置机”选项，点击“确定”按钮，见图 3–117。

图 3-117　抢修 APP 配置

登录：输入 PMS 用户的用户名和密码，勾选“记住密码”选项，点击“登录”按钮进行登录，见图 3-118。

图 3-118　抢修 APP 登录

44. 配电网抢修 APP 中如何进行上班、下班操作？都包括哪些内容？

答：注销：点击“注销”按钮，弹出提示，如果“确定”应用将注销跳转到登录界面，但这时用户并没有下班，还是在职状态，见图 3–119、图 3–120。

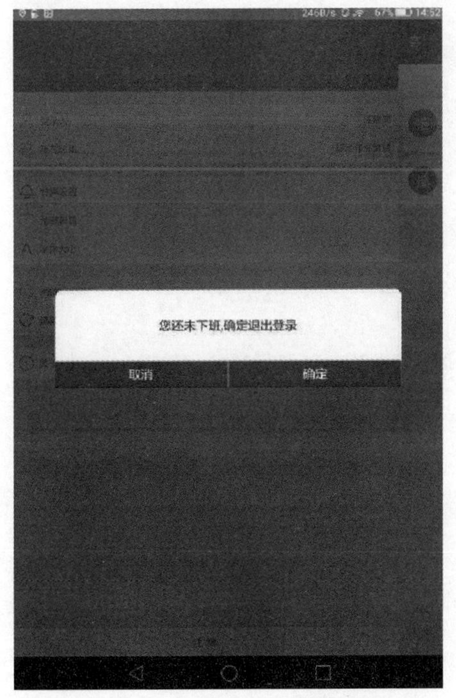

图 3–119 抢修 APP 交接班

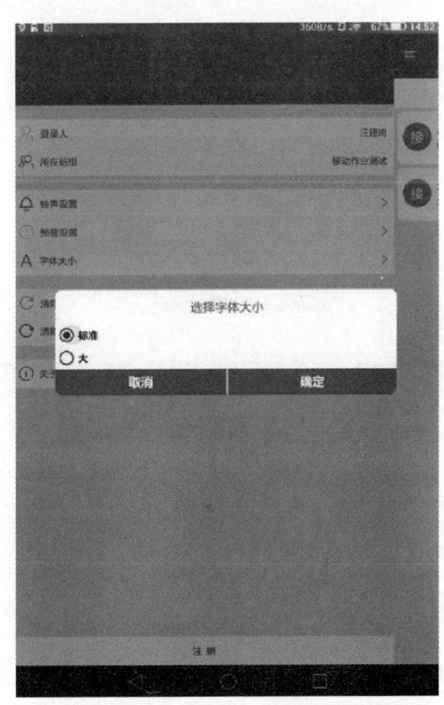

图 3–120 抢修 APP 系统字体调整

上班：进入首页后首先需要上班，如果不点击“上班”按钮，界面上的所有工单都不能进行操作，见图 3–121。

上班后如果有交接班信息且登录账号是接班负责人，将会提醒“你有交接班信息，请查收”，见图 3–122。

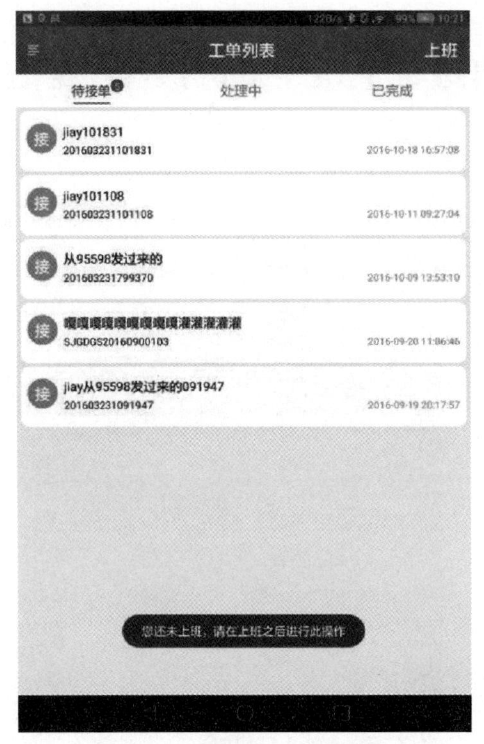

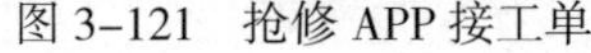
图 3-121　抢修 APP 接工单

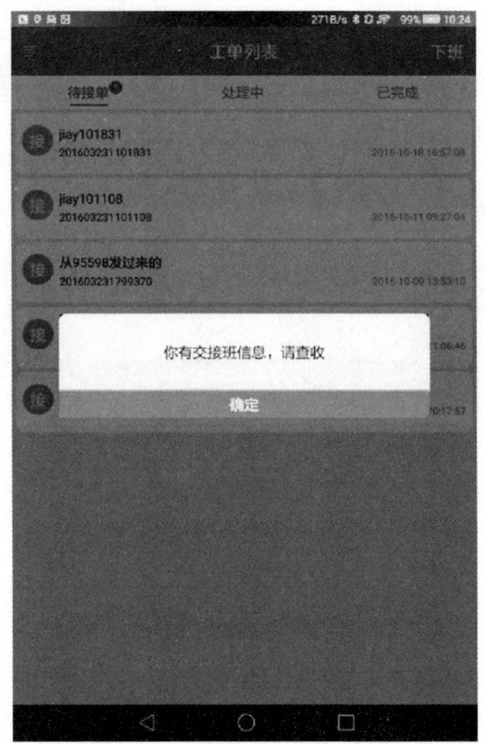

图 3-122　交接班工单提示信息

点击“确定”按钮，交接班成功后将在“处理中”和“待接单”显示交接过来的工单，见图 3-123。

待接单：在待接单中显示主站派过来的抢修工单，如果是派给个人则只有该用户自己可以看到；如果是派给抢修队则该抢修队下的所有队员都能看到该工单，如果工单被其中一人接单，剩下的队员将不再看到此工单。点击“接”按钮进行接单，见图 3-124。

消息推送服务部署成功后，主站推送工单过来在终端通知栏会有消息跟铃声提醒，见图 3-125。

点击该条信息可进入工单分布界面，可进行退单接单操作。

当没有网络时终端页面会有无法连接服务器的提醒，见图 3-126。

图 3-123 抢修 APP 交接班后工单查询

图 3-124 抢修 APP 接单

图 3-125 抢修 APP 工单提示

图 3-126 抢修 APP 网络设置

处理中：接单成功后，点击“处理中”按钮，进入处理中抢修单列表界面，处理中包括已交接、已接单、已到达、已勘察、待审核、审核回退的工单，见图 3–127。

已完成：接单成功后，点击“已完成”按钮，进入已完成抢修单列表界面，可以查看历史工单及工单详情，包括一天内、三天内、一周内和一月内，见图 3–128。

图 3–127　抢修 APP 处理中工单查看

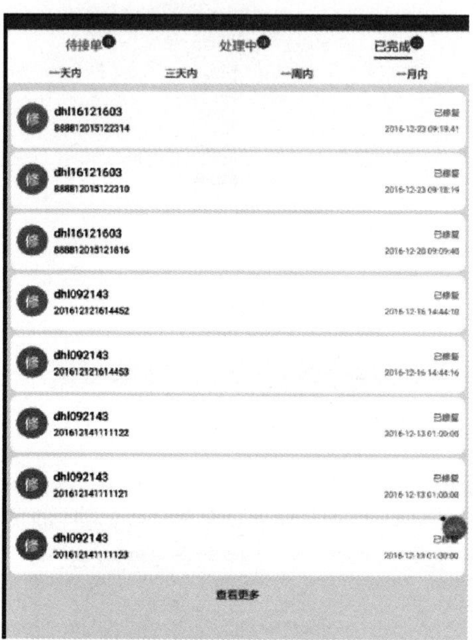

图 3–128　抢修 APP 已完成工单查询

工单分布：点击待接单列表中的一条抢修单或者点击处理中列表中的定位图标都可以进入到工单分布界面，见图 3–129。

进入后在 GPS 网络开启的情况下可以进行路线导航，如果该条抢修单没有故障地址坐标则会定位失败。

退单：在待接单列表中长按一条抢修单，会弹出退单界面，退单原因可以进行选择，也可以自行输入，点击“确定”按钮确定退单，见图 3–130。

合单：点击工单分布界面中的“合单”按钮，进入合单界面，只有已接单、已到达、已勘察的抢修单可以进行合并，并且合并的工单必须属于同一来源，见图 3–131。

合并工单之后，子单成粉红色，见图 3–132。

图 3–129　抢修 APP 中地理位置信息图

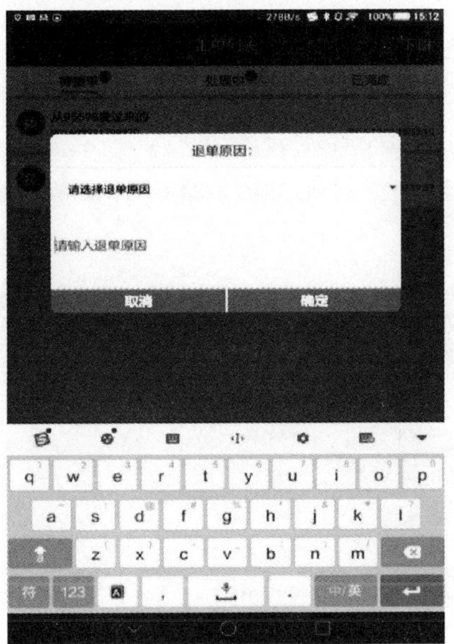

图 3–130　抢修 APP 退工单

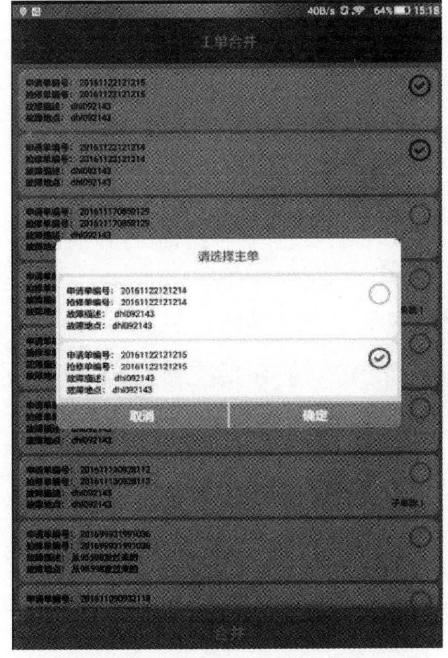

图 3–131　抢修 APP 合并工单

图 3–132　抢修 APP 合并后工单状态

点击子单，可以查看到工单详情，见图 3–133。

下班：用户下班前在首页点击“下班”按钮，如果在处理中有未完成的工单会提示“您还有未完成的工单，请完成后下班”，未完成的工单包括已到达、已勘察、提交审核和审核不通过的工单，见图 3–134。

图 3–133　抢修 APP 子工单应用详情

图 3–134　抢修 APP 下班操作提示

如果没有未完成的工单但还有已派单或者已接单未处理的工单，弹出提示“是否进行交接班”，如果确定进行交接班则进入交接班界面，见图 3–135。

交接班页面，选择负责人和队员，点击“确定”按钮后交接班成功，用户下班，跳转到登录界面。

注意：负责人和队员都必选，负责人和队员不能是同一人，负责人只能选择一个，队员可多选。

催办提醒：当主站进行催办时，终端会收到催办提醒，见图 3–136。

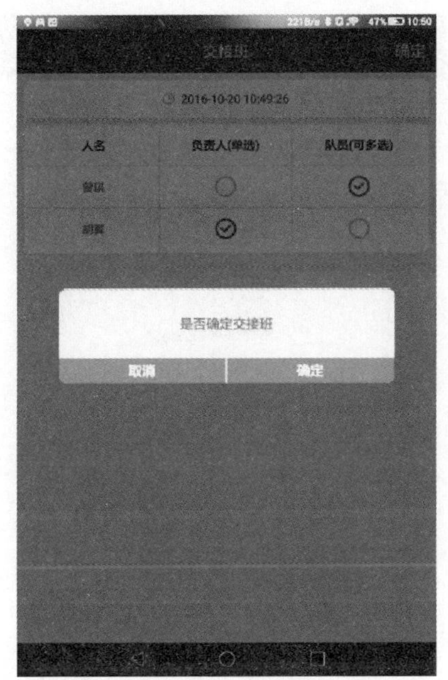

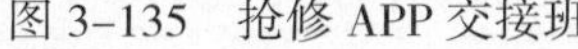
图 3-135 抢修 APP 交接班

图 3-136 抢修 APP 催办工单提醒

45. 抢修过程包含哪些内容?

答：抢修过程包含了到达记录、勘察汇报、修复记录。

抢修过程必须先完成到达记录，“*”为必填项，如果已超时则需填写超时说明。如因网络或其他原因选择通知 PMS2.0 主站人员进行到达，可以选择人工到达记录的原因。编辑数据，点击“暂存”按钮，在到达记录过程下编辑的数据会被保存成功。完成到达记录后，到达记录过程页面下“暂存”按钮不显示，见图 3–137。

点击“已到达”按钮，数据将上传到 PMS2.0 主站，成功后数据不能再进行修改，“已到达”按钮将置灰，到达记录时间会显示为 PMS2.0 主站服务时间，见图 3–138。

图 3-137　抢修 APP 填写超时工单

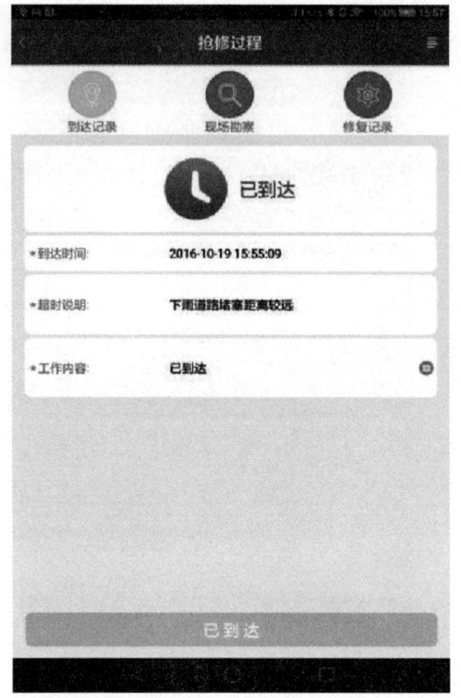

图 3-138　抢修 APP 已到达

46. 如何进行勘察汇报？

答：勘察汇报包括勘察信息、故障登记，可对故障进行拍照上传，“*”为必填项，预计修复时间不能小于等于当前时间。编辑数据，点击“暂存”按钮，在现场勘察过程下编辑的数据会被保存成功。完成现场勘察后，现场勘察过程页面下“暂存”按钮不显示，见图 3-139。

点击“选择工作内容模板”按钮，可进入工作内容模板界面，页面上显示故障登记分页下编辑的一级分类、二级分类和三级分类对应的工作内容模板。点击“收藏”按钮可收藏该模板，再次点击可以取消收藏，见图 3-140。

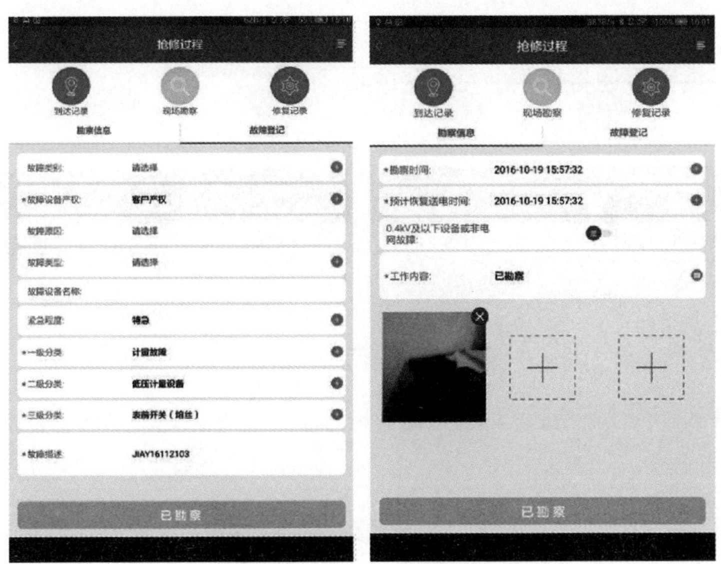

图 3-139　抢修 APP 勘察汇报

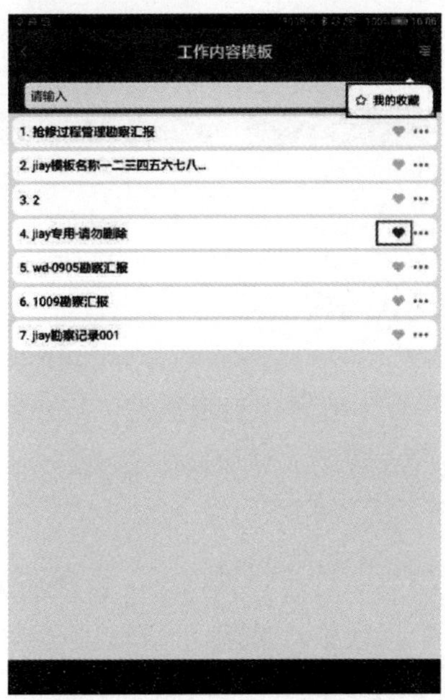

图 3-140　抢修 APP 我的收藏

点击“我的收藏”按钮可进入模板收藏界面，在我的收藏列表中可以看到已经收藏的模板列表，长按一条记录可以取消收藏，见图 3-141。

点击“已勘察”按钮，数据将上传到 PMS2.0 主站，成功后数据不能再进行修改，“已勘察”按钮将置灰，见图 3–142。

图 3–141　抢修 APP 取消收藏

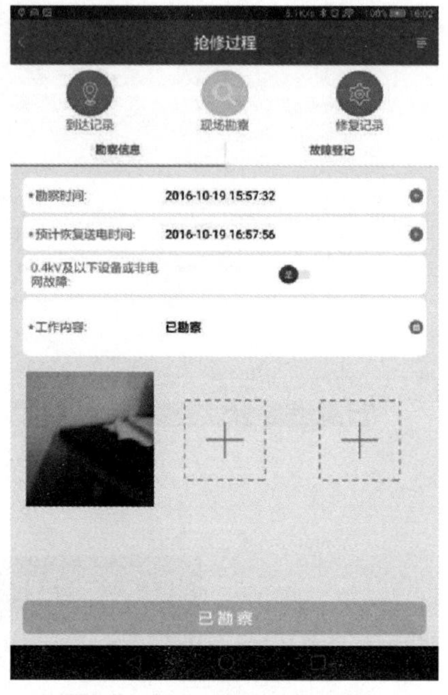

图 3–142　抢修 APP 已勘查

47. 怎样填写修复记录？

答： 修复记录中“*”为必填项。编辑数据，点击“暂存”按钮，在修复记录过程下编辑的数据会被保存成功。完成修复记录后，修复记录过程页面下“暂存”按钮不显示。

点击“选择工作内容模板”按钮，可进入工作内容模板界面，与勘察汇报工作模板相同，请参照勘察汇报模板，见图 3–143。

点击“已修复”按钮，数据将上传到 PMS2.0 主站，成功后数据不能再进行修改，“已修复”按钮将置灰，见图 3–144。

如果该工单为 95598 工单则显示在列表中为待审核状态，见图 3–145。

如果该工单在主站审核不通过，则该工单显示为审核回退状态，见图 3–146。

图 3-143 抢修 APP 填写修复记录

图 3-144 抢修 APP 上传已修复记录

图 3-145 待审工单

图 3-146 退回工单

消息推送服务部署成功的，主站工单审核不通过时在终端通知栏会有消息跟铃声提醒，见图 3-147。

点击进入后可对修复记录的内容进行重新提交，见图 3–148。

提交后主站审核通过工单会在已完成列表中显示，已完成列表只显示当天完成的工单，见图 3–149。

工单详情可查看该抢修单的报修信息，见图 3–150。

图 3–147　审核不通过提示

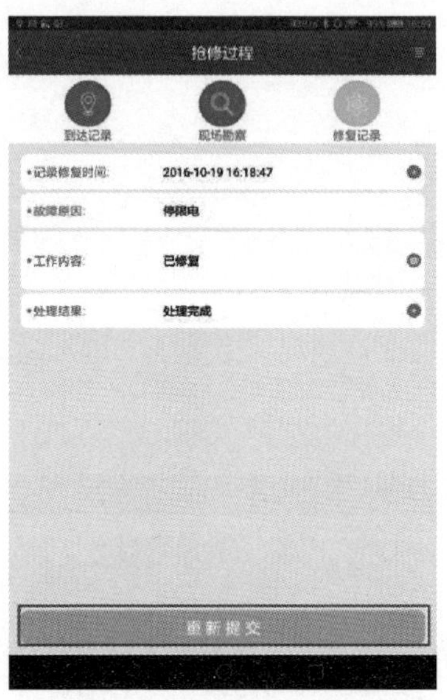

图 3–148　修复记录提交

图 3–149　已审核工单

图 3–150　抢修 APP 工单详情

四　实物资产管理

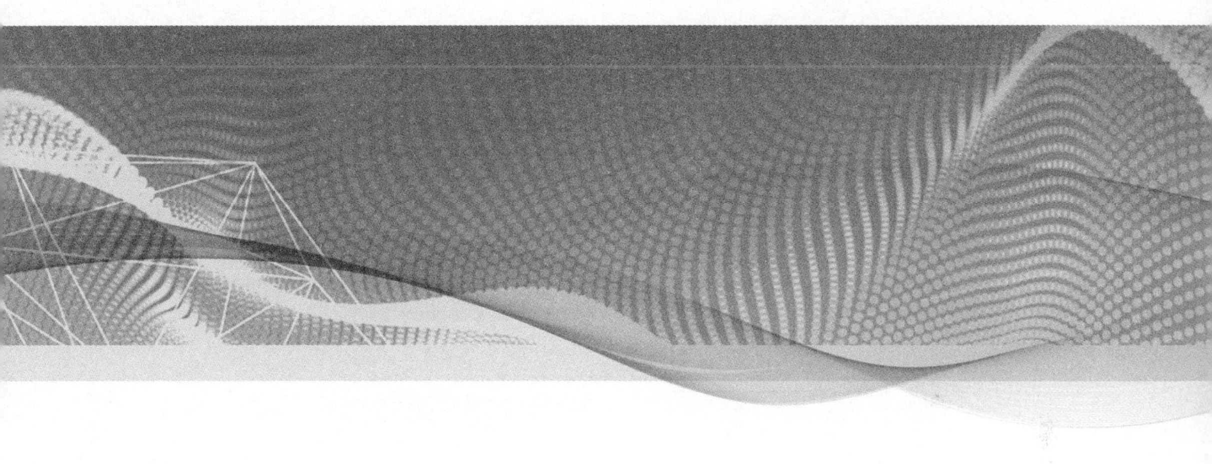

1. 当新增设备台账已完成建立，如何操作进行设备“PM编码”生成？

答：运维人员根据所登录的权限，进入 PMS2.0 系统，在“电网资源中心→实物资产管理→ 实物资产新增管理→设备资产同步”页面下，可使用工程名称、工程编号查询到新增设备的明细（可模糊查找），用“确认同步”功能将设备同步至 ERP，在 PMS2.0 中生成 PM 编码，见图 4-1~ 图 4-3。

图 4-1　设备资产同步页面

图 4–2　设备资产同步查询页面

图 4–3　设备资产同步中确认同步页面

2. 如何对设备资产同步的回填情况进行查询?

答：运维人员根据所登录的权限，进入 PMS2.0 系统，在“电网资源管理→实物资产管理 → 实物资产新增管理 → 设备资产同步→回填信息查询”页面下，可根据工程编号、工程名称、设备类型、设备增加方式等筛选条件，查询并导出设备台账，见图 4–4。

图 4–4 回填信息查询页面

3. 如何对设备资产同步的未同步情况进行查询?

答：运维人员根据所登录的权限，进入 PMS2.0 系统，在“电网资源管理→实物资产管理 → 实物资产新增管理 → 设备资产同步→未同步信息查询”页面下，可根据设备类型、设备名称筛选条件，查询并导出设备台账，见图 4–5。

图 4–5　未同步信息查询页面

4. 如何操作可将某一设备退役台账进入退役处置区？

答：运维人员根据所登录的权限，进入 PMS2.0 系统，在“电网资源管理 → 设备台账管理 → 设备变更申请”页面下，新建变更申请单，申请类型选择“设备退役”，填全必填项目（工程名称、工程编号），启动流程，审核通过进入台账维护界面，可使用设备台账页面中“退役”功能，填写“退役时间”“退役原因”后完成台账退役，见图 4–6 和图 4–7。

注意：台账退役前需先进行其关联的图形变更。

图 4–6　新建变更申请单页面

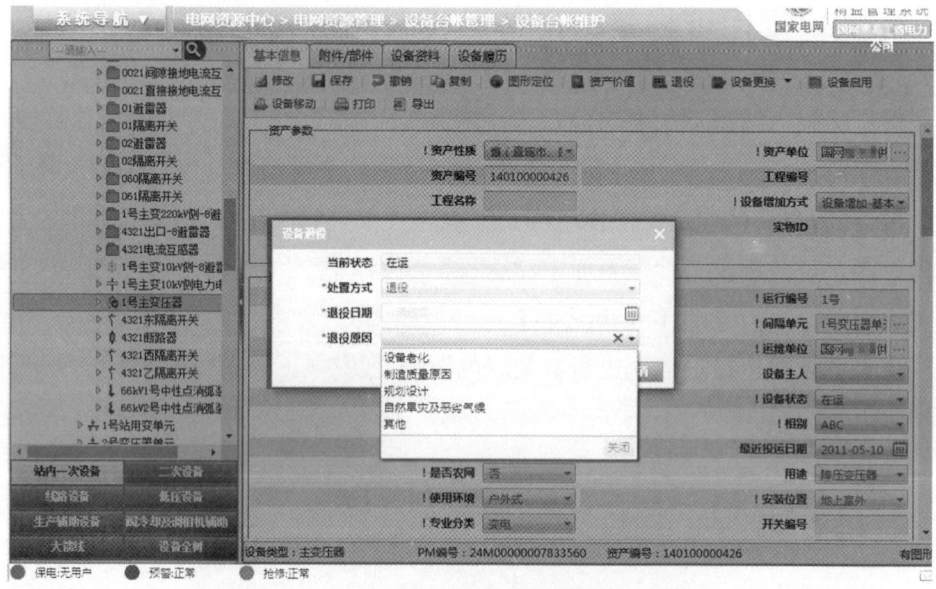

图 4–7　设备退役填写页面

5. 如何对退役设备进行技术鉴定？技术鉴定结论有哪两类？退役设备处置（技术鉴定）后设备台账转入哪里？

答：运维人员根据所登录的权限，进入 PMS2.0 系统，在“电网资源管理 → 实物资产管理 → 实物资产退役报废管理 → 实物资产退役处置”页面下，可根据所属电站、资产编号等筛选条件，查询后勾选单条或多条设备台账进行“技术鉴定”操作。技术鉴定结论可为再利用或报废。当技术鉴定为再利用时，设备台账转入再利用库，当技术鉴定为报废时，设备台账转入报废库，见图 4–8。

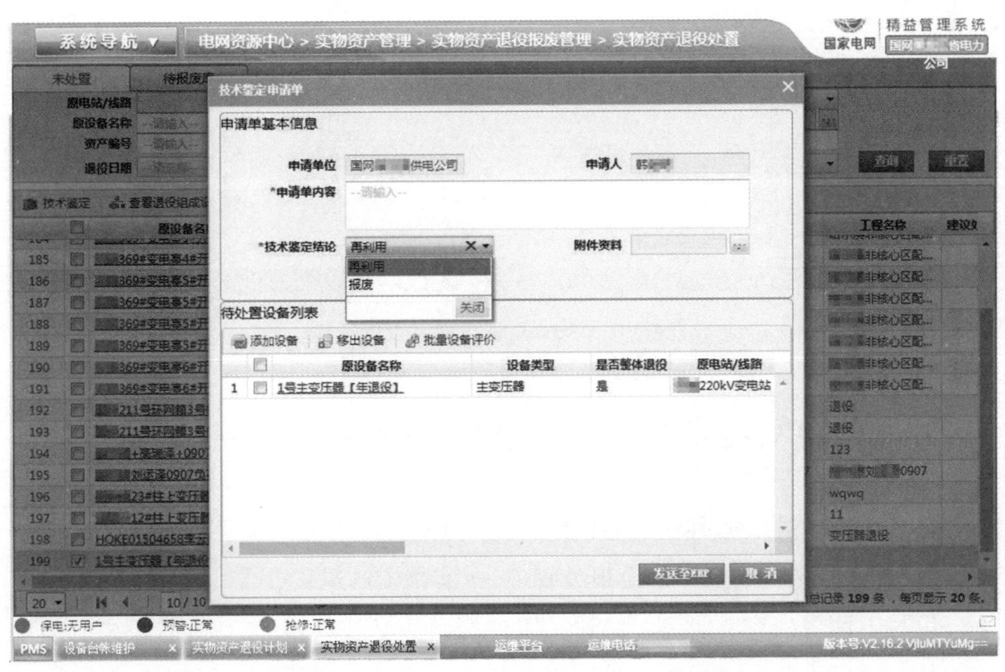

图 4–8　退役处置中技术鉴定申请单填写页面

6. 如何进行退役设备处置情况的查询及导出？

答：运维人员根据所登录的权限，进入 PMS2.0 系统，在“电网资源中心→

实物资产管理 → 实物资产退役报废管理 → 实物资产退役查询”页面下，可根据所属电站、设备类型、生产厂家、资产性质等筛选条件，查询并导出设备的退役处置状态，见图 4–9。

图 4–9　实物资产退役处置查询页面

7. 如何填写技术鉴定申请单，将设备转为待报废状态？

答：运维人员根据所登录的权限，进入 PMS2.0 系统，在“电网资源管理 → 实物资产管理 → 实物资产退役报废管理 → 实物资产退役处置→技术鉴定”页面下，填写申请单内容、类型、结论（附件资料为必填项目），待处置设备列表中可添加、移出设备，也可批量填写设备报废原因，报废原因为下拉菜单中选择，见图 4–10 和图 4 –11。

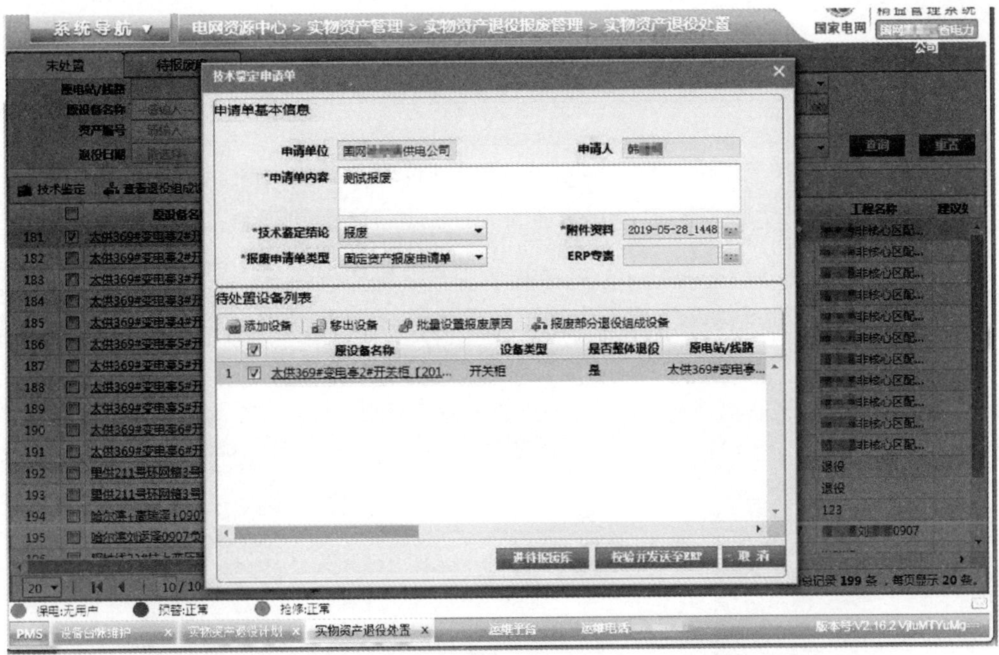

图 4-10 技术鉴定申请单中鉴定为报废的范例

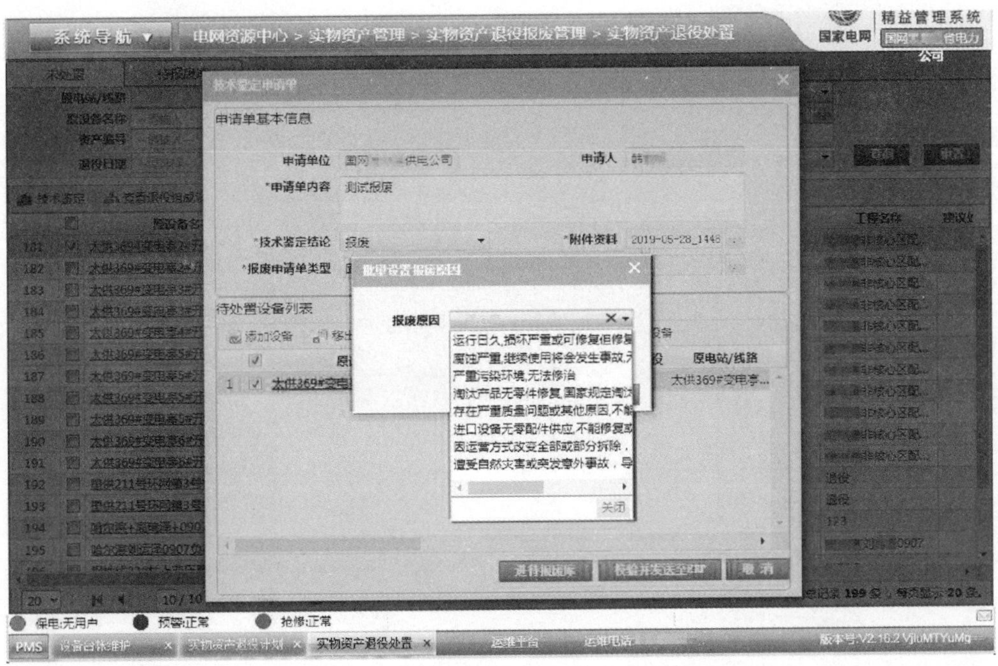

图 4-11 批量设备报废原因下拉选项

8. 如何填写技术鉴定申请单，将设备转为再利用状态？

答：运维人员根据所登录的权限，进入 PMS2.0 系统，在“电网资源管理→实物资产管理 → 实物资产退役报废管理 → 实物资产退役处置→技术鉴定”页面下，填写申请单内容、结论，待处置设备列表中可添加、移出设备，也可批量填写设备评价结果。设备评价结果为下拉菜单中选择，见图 4–12 和图 4–13。

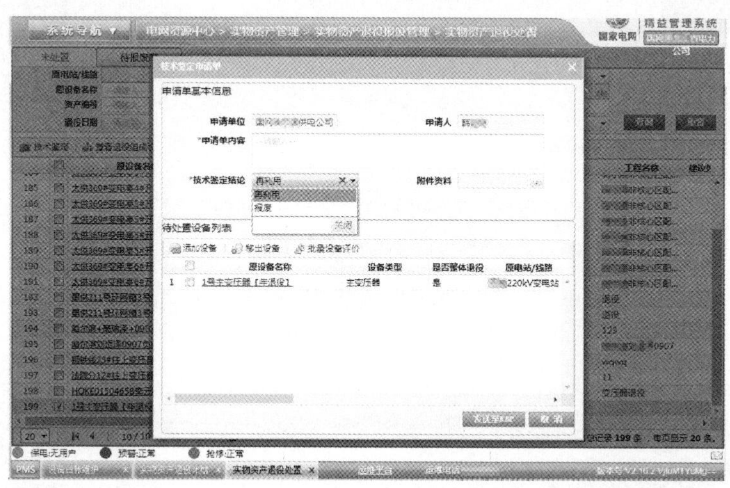

图 4–12　技术鉴定申请单中鉴定为再利用的范例

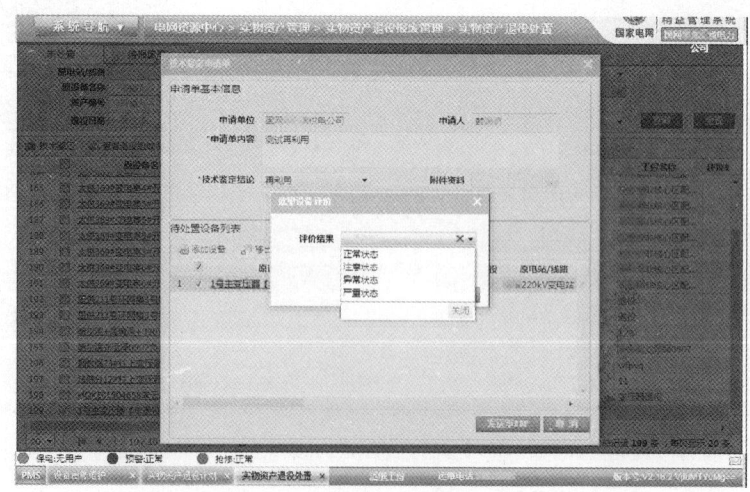

图 4–13　批量设备评价的下拉选项

9. 如何操作可对备品备件进行新增？新增来源有哪些？

答：根据所登录的权限，进入 PMS2.0 系统，在“电网资源管理 → 备品备件管理 →备品备件新增”页面下，可选择备品备件仓库，然后新增备品备件。新增来源包括再利用转、工程移交、流动资金购置、其他，见图 4–14。

图 4–14　备品备件新增页面

10. 如何对备品备件定额进行修改？

答：根据所登录的权限，进入 PMS2.0 系统，在“电网资源管理 → 备品备件管理 →备品备件定额管理”页面下，可以新建、删除、修改备品备件的定额数量，见图 4–15。

图 4-15 备品备件定额管理页面

11. 如何查询并导出备品备件的台账？

答：根据所登录的权限，进入 PMS2.0 系统，在“电网资源管理 → 备品备件管理 →备品备件查询”页面下，可根据设备类型、生产厂家、电压等级、库存地点、备品备件来源等筛选条件，查询并导出设备的备品备件台账，见图 4-16。

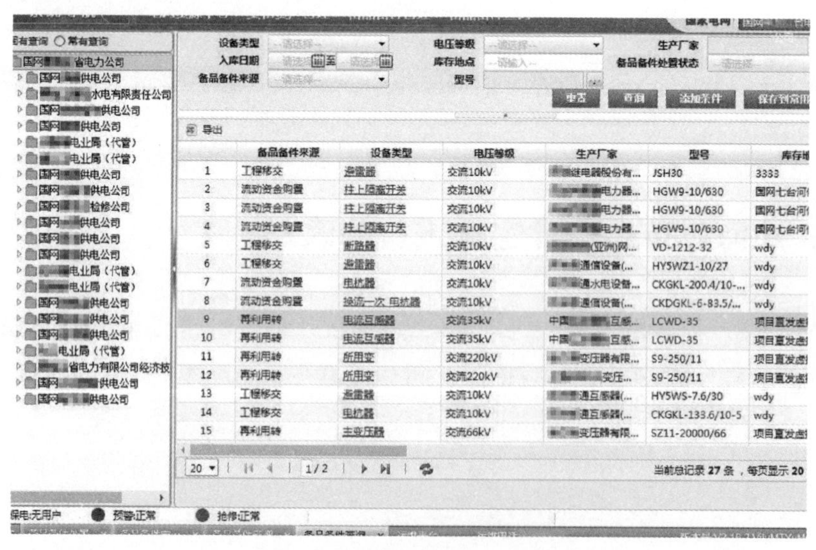

图 4-16 备品备件查询页面

12. 如何操作进行占用其他网省的备品备件？

答：根据所登录的权限，进入 PMS2.0 系统，在“电网资源管理 → 备品备件管理 →备品备件全网共享平台”页面下，可根据设备类型、生产厂家、电压等级、库存地点、备品备件来源等筛选条件，查询并导出其他网省的备品备件台账，可使用“占用”功能进行占用，见图 4–17。

	所属网省	备品备件来源	设备类型	电压等级	型号
1	国网■■电力	再利用转	主变压器	交流500kV	ODFSZ-334000/5...
2	国网■■电力	工程移交	主变压器	交流24V	AFSZ9-31500/110
3	国网■■电力	工程移交	母线	交流220kV	NRLH60GJ-1440
4	国网■■电力	工程移交	隔离开关	交流220kV	
5	国网■■电力	其他	断路器	交流66kV	LW6-220HW/31...
6	国网■■电力	工程移交	断路器	交流66kV	LW11-220/3150-...
7	国网■■电力	工程移交	主变压器	交流220kV	SFZL7-31500/110
8	国网■■电力	工程移交	主变压器	交流110kV	SZ9-31500/110
9	国网■■电力	工程移交	断路器	交流110kV	SW4-110II/1000
10	国网■■电力	流动资金购置	主变压器	交流220kV	SZ9-31500/110
11	国网■■电力	再利用转	避雷器	交流220kV	GW-19/12
12	国网■■电力	再利用转	主变压器	交流500kV	ODFSZ-334000/5...
13	国网■■电力	工程移交	电缆段	交流330kV	ZQ22

图 4–17　备品备件全网共享平台页面

13. 如何操作可对再利用库的设备进行处置？可进行哪些处置？

答：运维人员根据所登录的权限，进入 PMS2.0 系统，在“电网资源管理 → 实物资产管理 → 实物资产再利用管理 → 实物资产再利用处置”页面下，可根据所属电站、设备类型、电压等级、资产性质等筛选条件，查询并导出对应再利用设备，进行再利用处置。该页面下，可修改再利用设备的库存地点和设备保管人，可将设备转为备品备件，可申请报废（再次填写技术鉴定申请单），可将设备设为市内共享，或者进行占用，见图 4-18 和图 4-19。

图 4-18　实物资产再利用处置页面

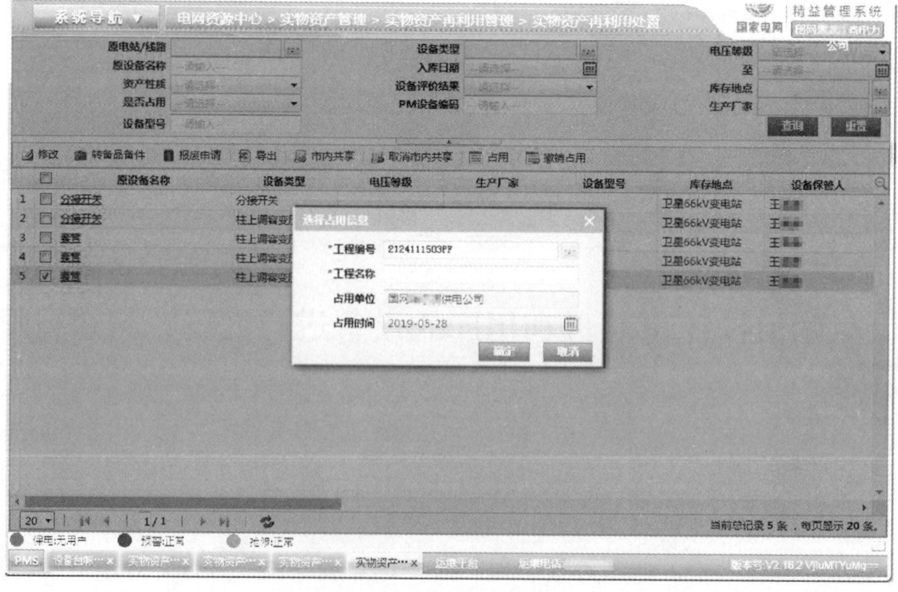

图 4-19　实物资产再利用处置页面中选择站用信息填写

14. 再利用处置情况的查询及导出怎样操作?

答: 运维人员根据所登录的权限，进入 PMS2.0 系统，在“电网资源管理 → 实物资产管理 → 实物资产再利用管理 → 实物资产再利用查询”页面下，可根据所属电站、设备类型、电压等级、资产性质等筛选条件，查询并导出设备的再利用处置状态，见图 4–20。

图 4–20 实物资产再利用查询页面

15. 变更再利用设备的共享级别或取消共享怎样操作?

答: 运维人员根据所登录的权限，进入 PMS2.0 系统，在“电网资源管理 → 实物资产管理 → 实物资产再利用管理 → 再利用市内共享平台”页面下，可将设备转为省内共享或取消共享，同理省内平台页面下可转为全网共享，见图 4–21。

图 4–21　再利用市内共享平台页面

16. 当需要进行设备实物 ID 生成时，如何操作才能准确找到所需设备？

答：运维人员根据所登录的权限，进入 PMS2.0 系统，在“电网资源管理 → 实物资产管理 → 实物 ID 管理 → 实物 ID 生成”页面下，可根据运维单位、所属电站、设备类型、专业分类、资产性质、是否生成等筛选条件，查询出待生成实物 ID 的设备，见图 4–22。（数据来源是大纲表和对应设备的台账表，会过滤掉在组合设备下的设备信息。）

图 4–22 实物 ID 生成页面

17. 准确找到所需设备后，如何进行设备实物 ID 生成并打印?

答：在“实物 ID 生成”页面下，选择单条或多条数据进行实物 ID 生成。勾选多条数据时用“全部生成”功能，勾选单条数据时用“生成”功能。然后，可使用“选择大小”功能选择尺寸大小，进行打印，见图 4–23 和图 4 –24。

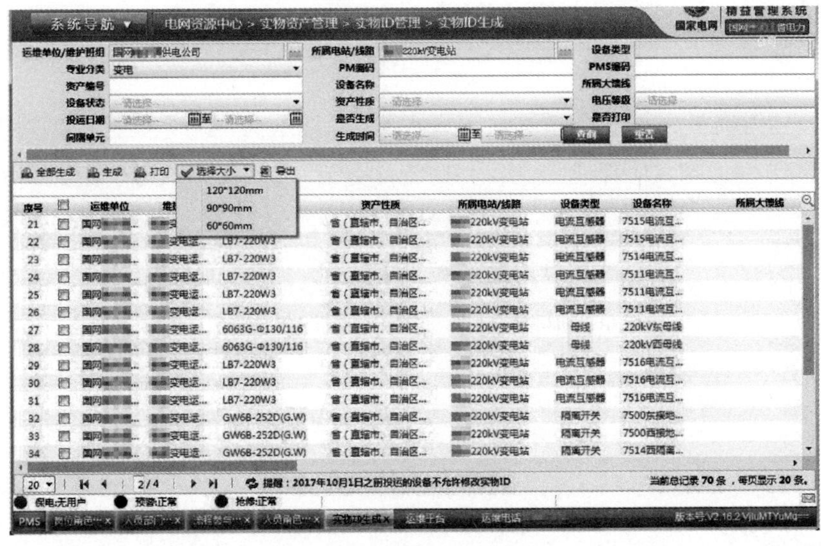

图 4–23 实物 ID 生成页面中选择大小下拉菜单

图 4-24　实物 ID 生成页面中二维码范例

18. 如何查看对应电压等级某类设备的实物 ID 生成及打印情况?

答：运维人员根据所登录的权限进入 PMS2.0 系统，在“电网资源管理 → 实物资产管理 → 实物 ID 管理 → 实物 ID 统计分析”统计分页，选择按设备类型统计，展示 16 类设备，点击某一设备类型，弹出二级页面，详细展示该类设备各电压等级的数量。可查看对应的设备数量、二维码打印总数、匹配总数、生成占比与现场盘点成功占比等，见图 4-25 和图 4-26。

图 4–25 实物 ID 统计页面中按设备类型统计

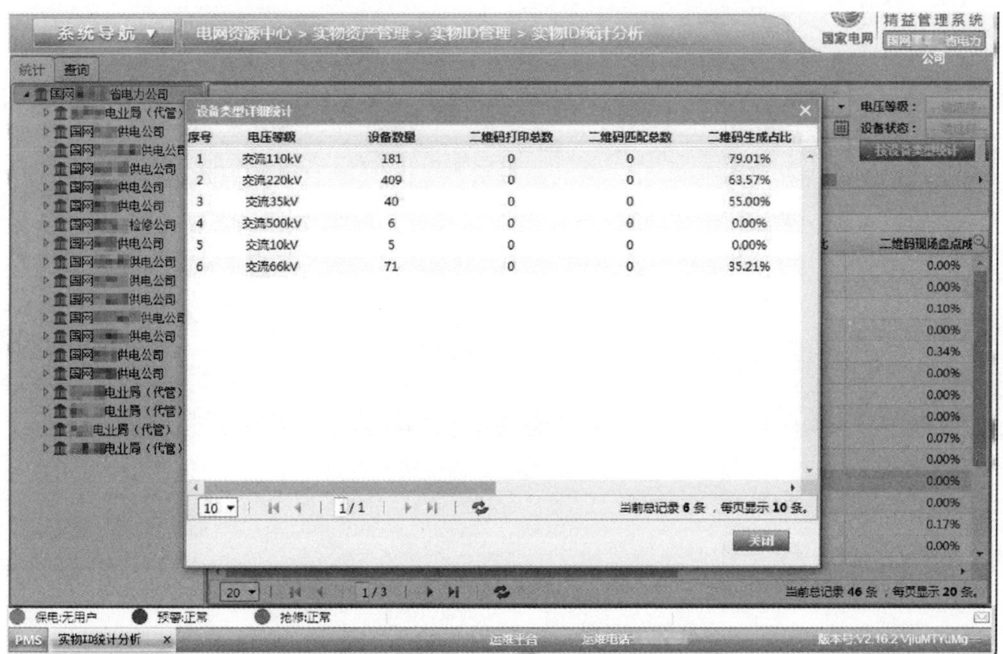

图 4–26 实物 ID 统计中按设备类型统计的详细信息

19. 如何查看对应电站某类设备的实物 ID 生成及打印情况?

答：运维人员根据所登录的权限进入 PMS2.0 系统，在“电网资源管理 → 实物资产管理 → 实物 ID 管理 → 实物 ID 统计分析”统计分页，选择按电站统计，点击某一电站，弹出二级页面，详细展示该电站下各类设备的数量。可查看对应的设备数量、二维码打印总数、匹配总数、生成占比与现场盘点成功占比等，见图 4–27 和图 4–28。

图 4–27　实物 ID 统计页面中按变电站统计

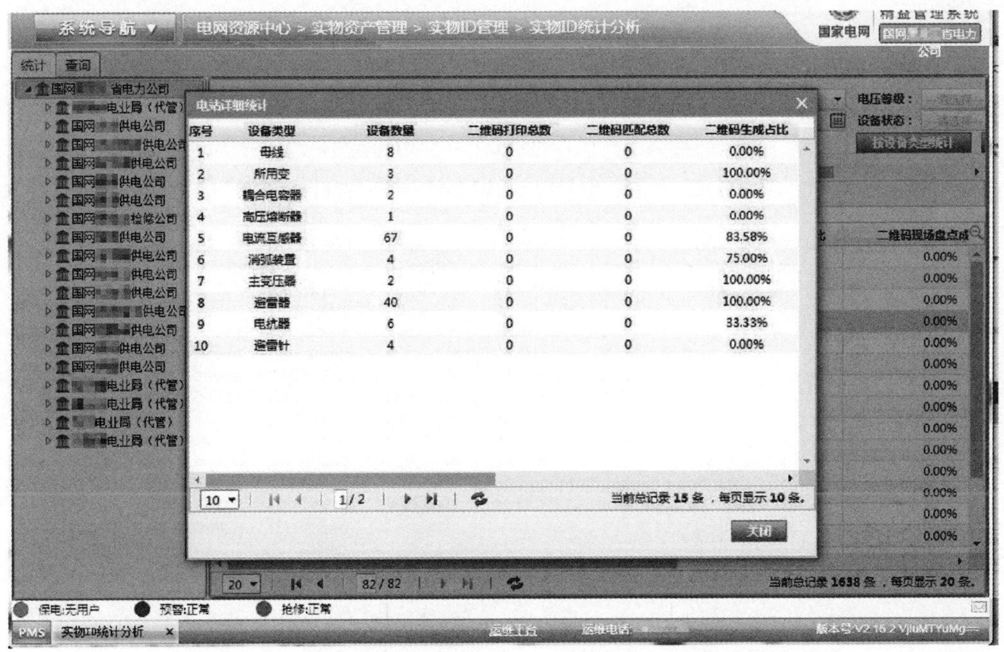

图 4–28　实物 ID 统计页面中按变电站统计的详细信息

20. 如何操作可查询设备的实物 ID 生成及打印情况并进行数据导出？

答：运维人员进入 PMS2.0 系统“电网资源管理 → 实物资产管理 → 实物 ID 管理 → 实物 ID 统计分析 ”查询分页，提供可查询所有设备的信息，主要按照所属电站、设备类型、电压等级、二维码是否打印、匹配状态五类进行查询。点击设备名称，可查看设备详细信息。点击已有的实物 ID，可查看二维码，并支持打印。两个分页均提供导出 EXCEL 文件，方便用户进行信息保存，以及进一步对数据的查看与分析，见图 4–29~ 图 4–32。

图 4-29　实物 ID 统计分析的查询页面

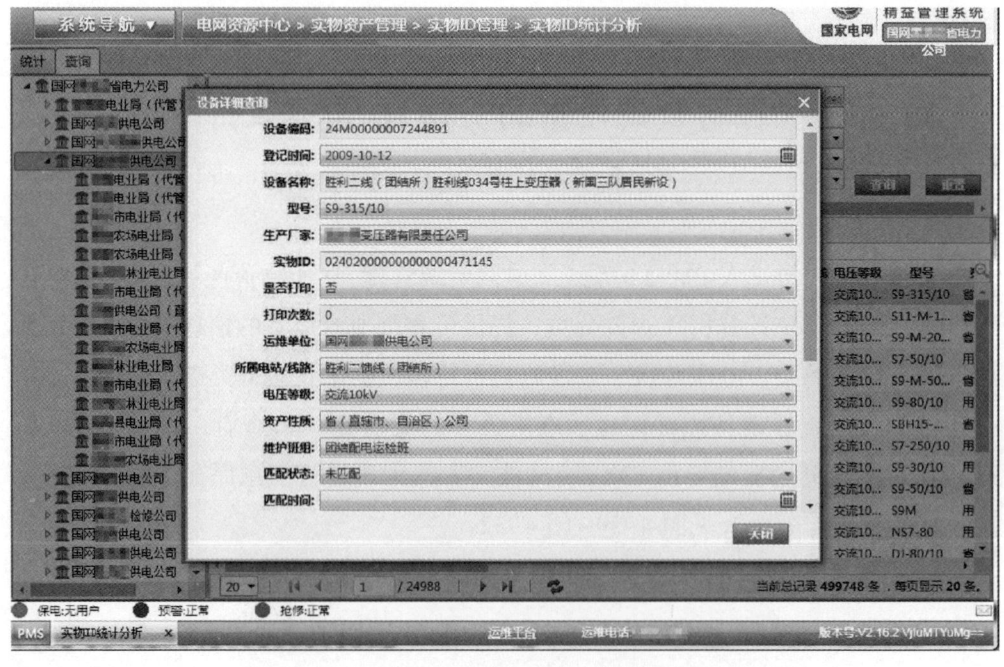

图 4-30　实物 ID 统计分析的查询后数据详情显示

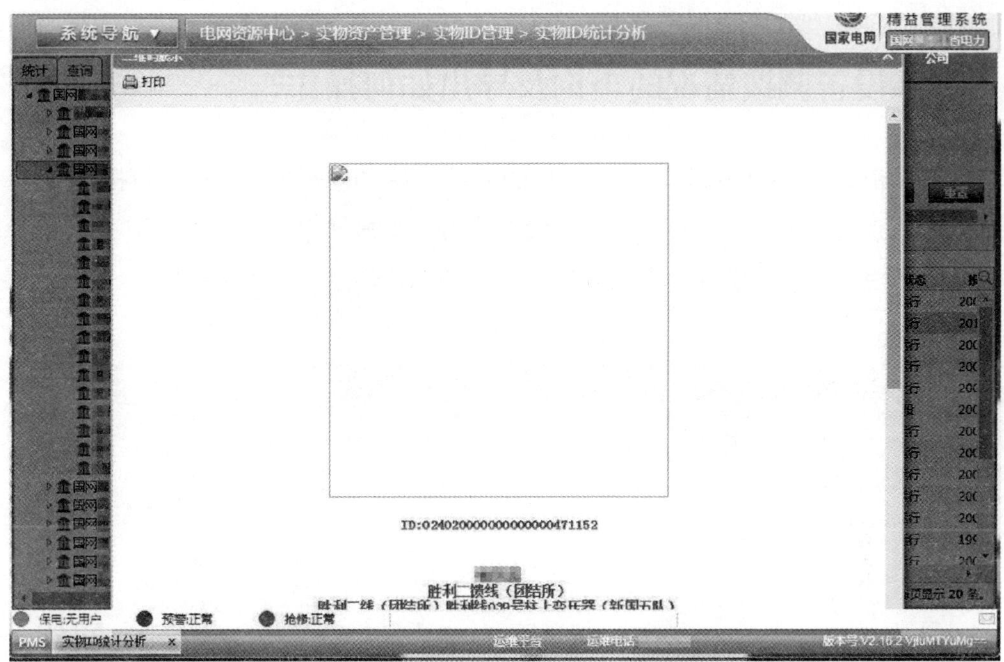

图 4-31　实物 ID 统计分析的查询后二维码显示

图 4-32　实物 ID 统计分析的查询后的导出页面

21. 设备调拨情况的查询及导出如何操作?

答：根据所登录的权限，进入 PMS2.0 系统，在“电网资源管理 → 调拨管理 → 调拨信息查询”页面下，可根据调拨设备来源、原所属电站、设备类型、电压等级、资产性质等筛选条件，查询并导出设备的调拨信息，见图 4–33。

图 4–33　调拨信息查询页面

22. 省内调拨处置如何操作?

答：根据所登录的权限，进入 PMS2.0 系统，在“电网资源管理 → 调拨管理 → 省内调拨”页面下，可对再利用设备、备用备件设备用“设备调拨申请”功能进行省内调拨，见图 4–34。

图 4–34　省内调拨页面

23. 设备跨省调拨情况的查询及导出如何操作?

答：根据所登录的权限，进入 PMS2.0 系统，在“电网资源管理 → 调拨管理 → 跨省调拨查询”页面下，可根据调拨设备来源、原所属电站、设备类型、电压等级、资产性质等筛选条件，查询并导出设备的跨省调拨信息，见图 4–35。

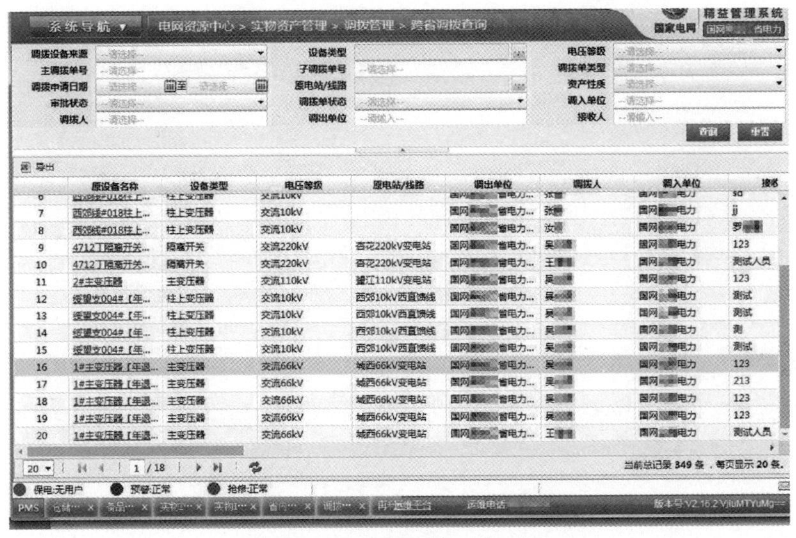

图 4–35　跨省调拨查询页面

24. 作为跨省调拨的调出单位，如何操作进行跨省调拨申请？

答：根据所登录的权限，进入 PMS2.0 系统，在“电网资源管理 → 调拨管理 → 跨省调拨调出单位申请”页面下，可对再利用设备、备用备件设备用“设备调拨申请”功能进行申请，填写调入单位、接收人、调拨单内容，并批量填写调出原因，见图 4–36 和图 4–37。

图 4–36　跨省调拨调出单位申请页面

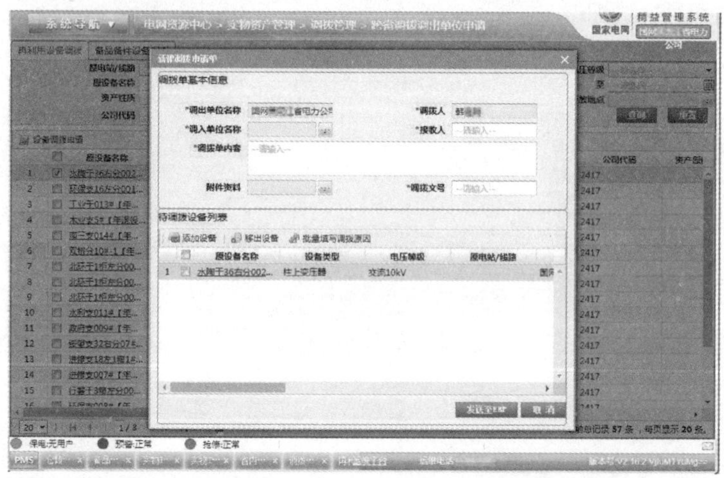

图 4–37　跨省调拨调出单位申请中新建调拨申请单页面

25. 如何操作进行跨省调拨申请的上报或撤回?

答:（1）根据所登录的权限，进入 PMS2.0 系统，在“电网资源管理 → 调拨管理 → 跨省调拨上报申请”页面下，可对调拨申请单进行查看并上报总部。

（2）根据所登录的权限，进入 PMS2.0 系统，在“电网资源管理 → 调拨管理 → 跨省调入流程管理”页面下，可对调拨申请单进行查看并撤回，见图 4–38 和图 4–39。

图 4–38　跨省调拨上报申请页面

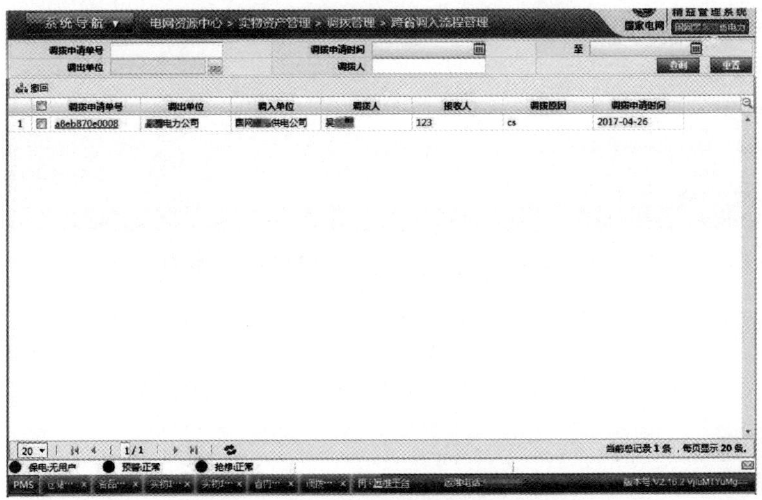

图 4–39　跨省调入流程管理页面

26. 作为跨省调拨的调入单位，如何操作进行跨省调拨调入单位分配？

答：根据所登录的权限，进入 PMS2.0 系统，在“电网资源管理 → 调拨管理 → 跨省调拨调入单位设备分配”页面下，可对调入的设备进行“分配设备”，并批量填写调入设备的运维单位、资产单位、库存地点和保管人，见图 4–40~ 图 4–42。

图 4–40 跨省调拨调入单位设备分配页面

图 4–41　跨省调拨调入单位设备分配中分配设备页面

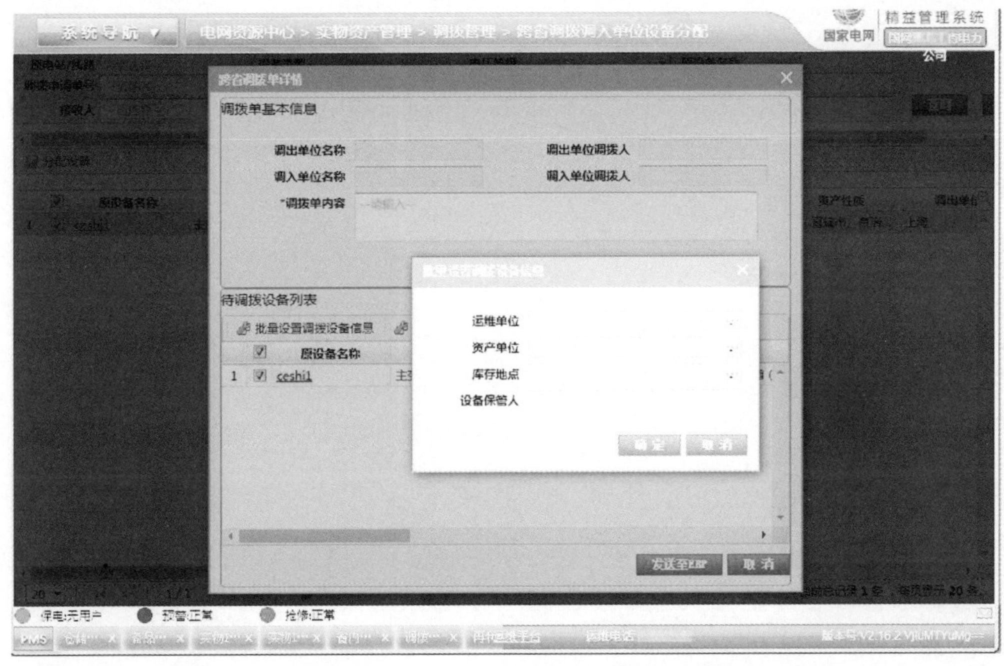

图 4–42　跨省调拨调入单位设备分配中批量设置调拨设备信息

五　指标管理与统计分析

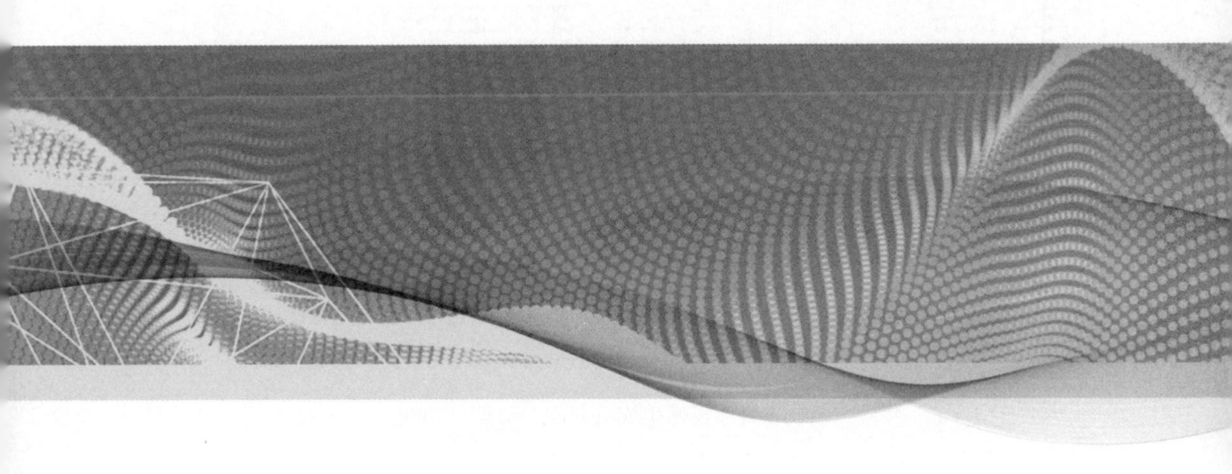

1. 指标评价包括哪些功能?

答：功能说明：提供输变配基础数据及运行数据的查询统计功能，并能逐项导出相应数据，主要包含指标的全部计算、未统计指标统计、清理指标缓存、导出等功能，功能界面图分别见图 5-1~ 图 5-4。

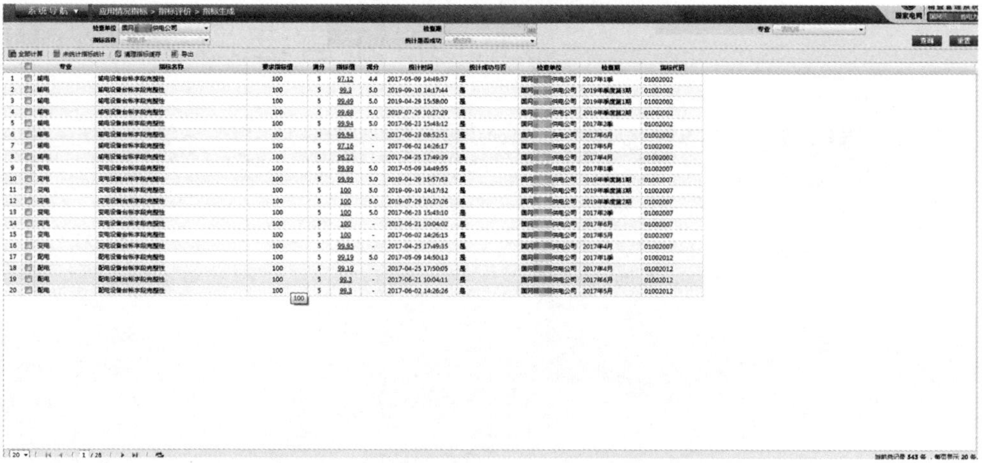

图 5-1　指标生成页面的全部计算功能

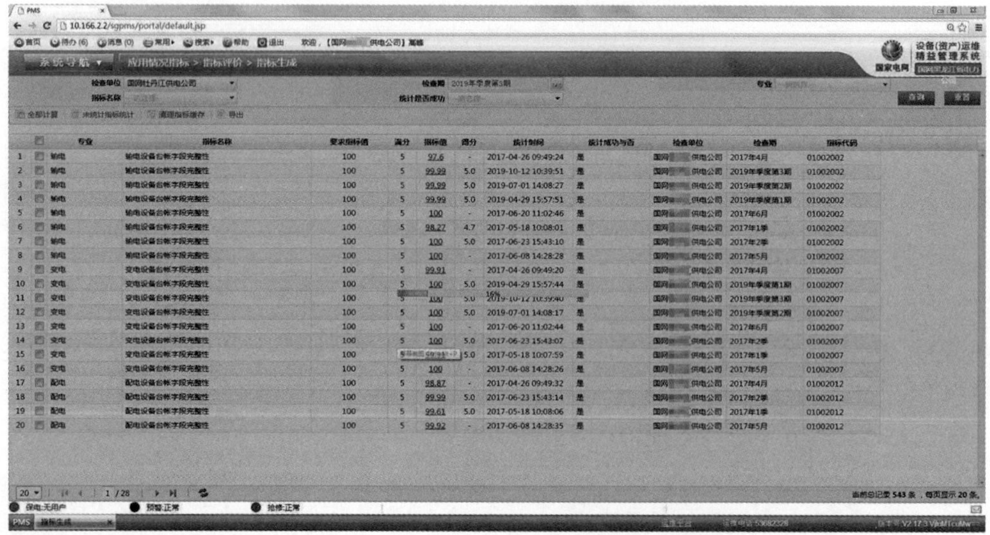

图 5-2　指标生成页面的未统计指标统计

图 5-3　指标生成页面的清理指标缓存

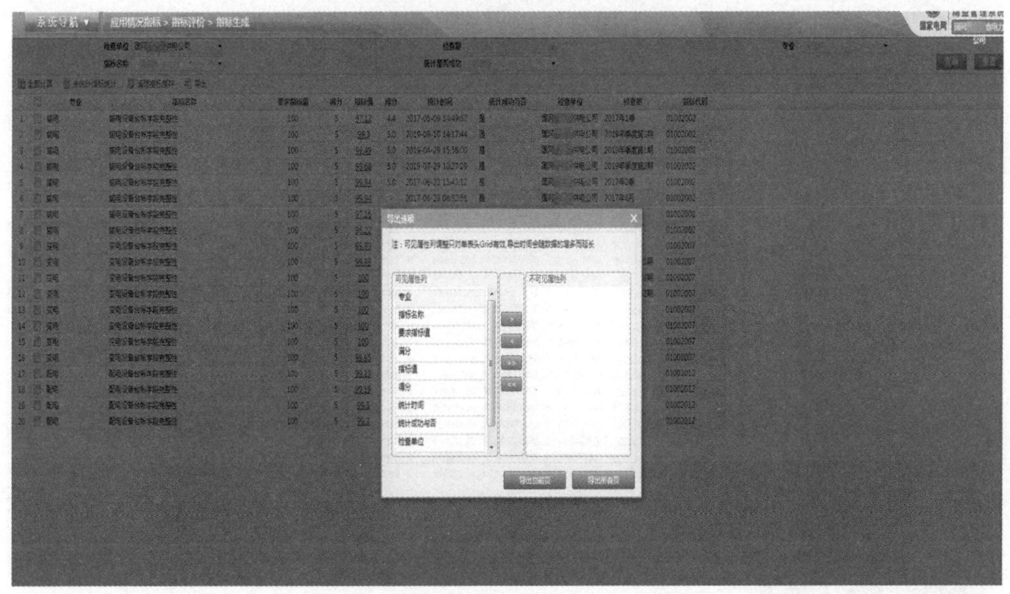

图 5-4　指标生成页面的导出页面

功能菜单：系统导航→应用情况指标→指标评价→指标生成。

操作步骤：在工具栏上点击“检查期”后点击“全部计算、未统计指标统计、

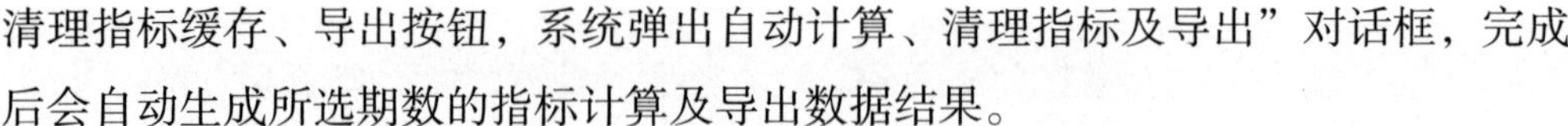

清理指标缓存、导出按钮，系统弹出自动计算、清理指标及导出”对话框，完成后会自动生成所选期数的指标计算及导出数据结果。

2. 如何进行设备台账查询统计?

答：功能说明：提供输变配基础数据及运行数据的查询统计功能，并能逐项导出相应数据，主要包含站内一次设备、站内二次设备、线路设备、低压设备、生产辅助设备、阀冷却及调相机辅助、大馈线、设备全树等功能。

功能菜单：系统导航→电网资源中心→电网资源管理→设备台账管理→设备台账查询统计。

操作步骤：在工具栏上点击对应设备类型、专业分类、电压等级、投运日期、设备状态、变电站名称、维护班组、架设方式、资产性质、线路性质等数据进行查询统计，见图 5-5~ 图 5-10。

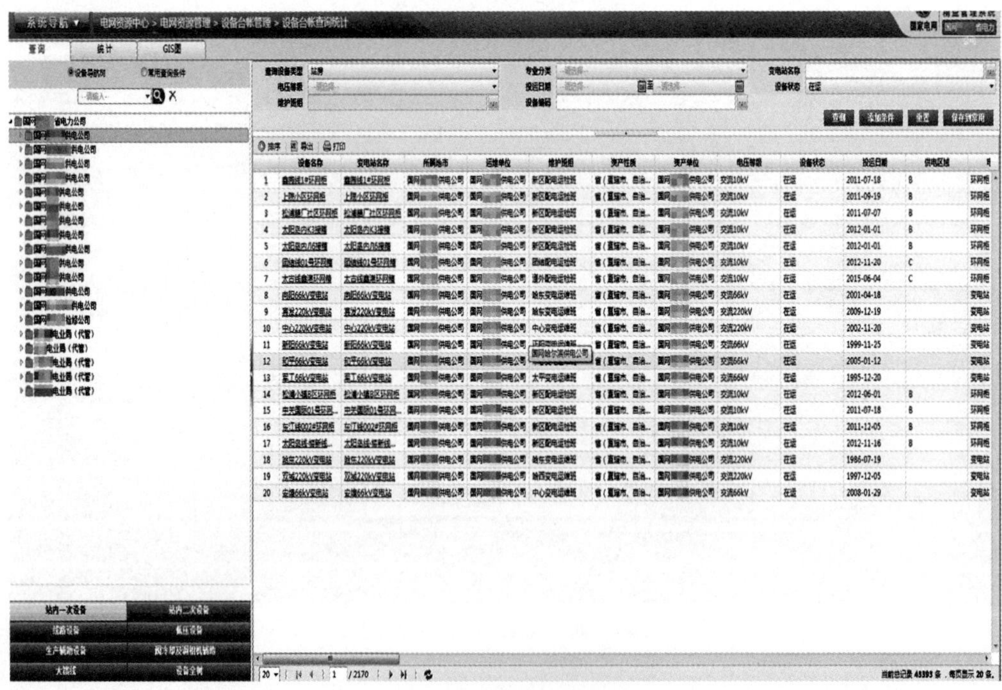

图 5-5　设备台账查询统计页面

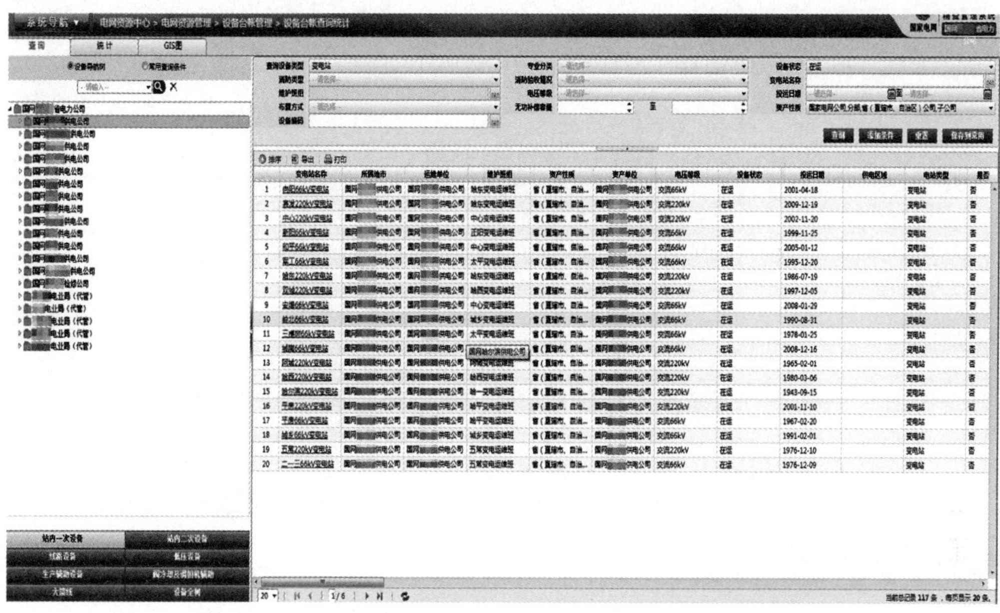

图 5-6　设备台账查询统计页面中变电站查询范例

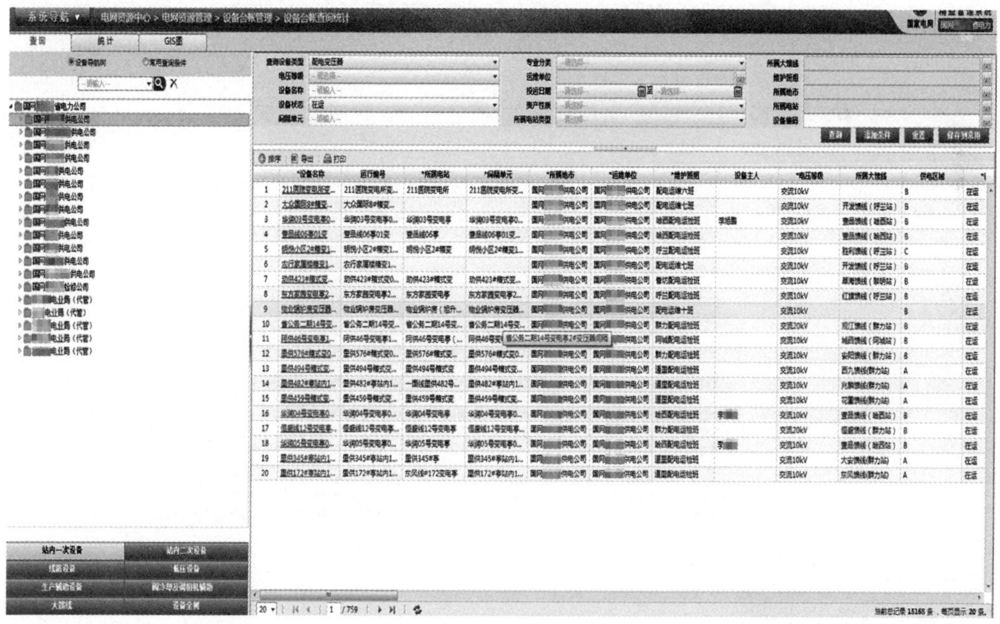

图 5-7　设备台账查询统计页面中配电变压器查询范例

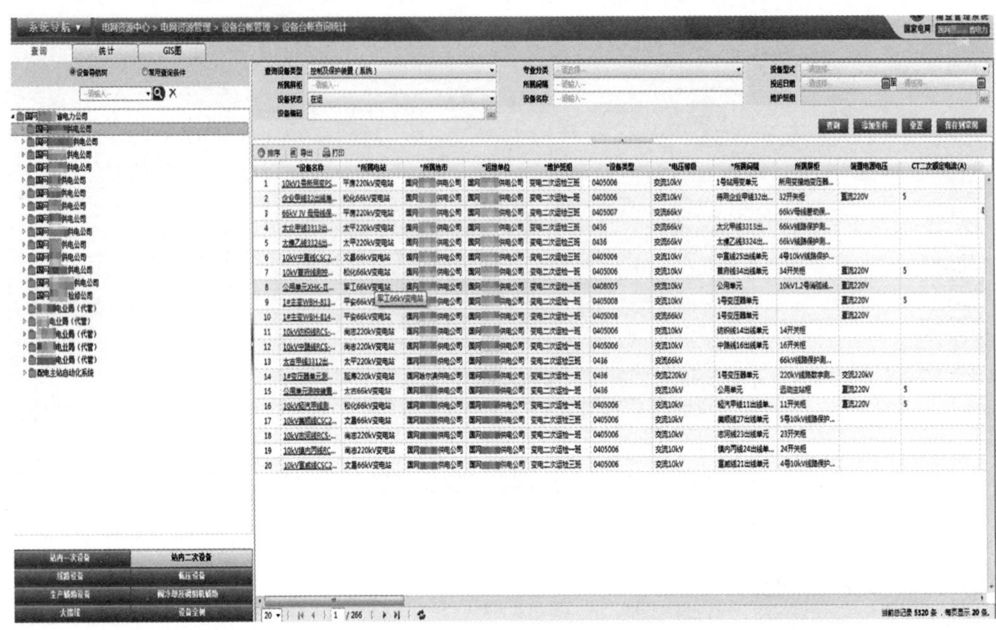

图 5-8　设备台账查询统计页面中控制及保护装置查询范例

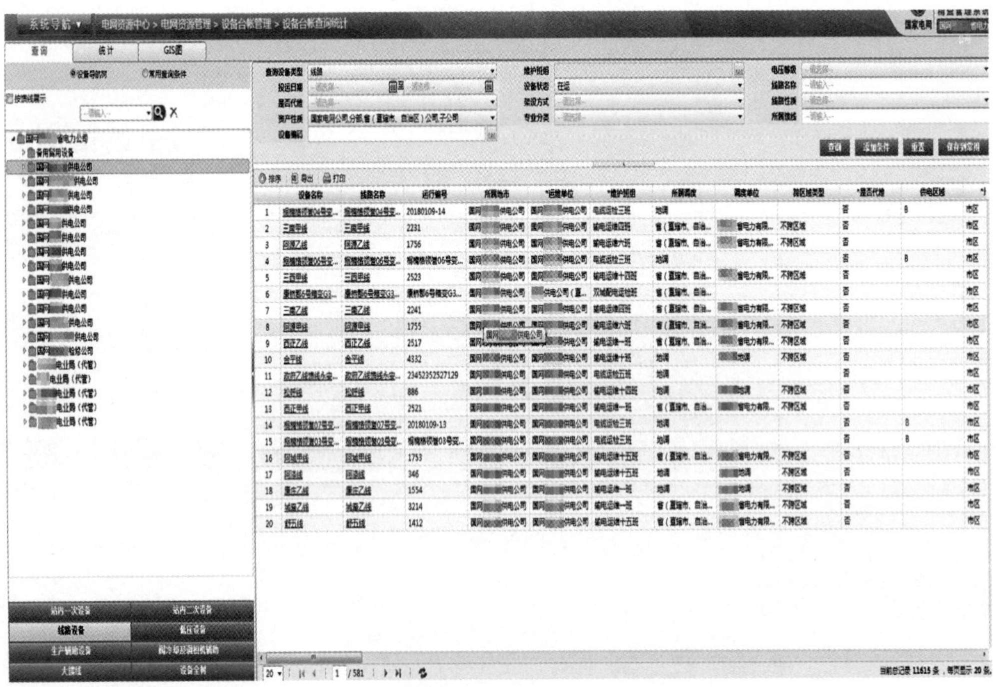

图 5-9　设备台账查询统计页面中线路查询范例

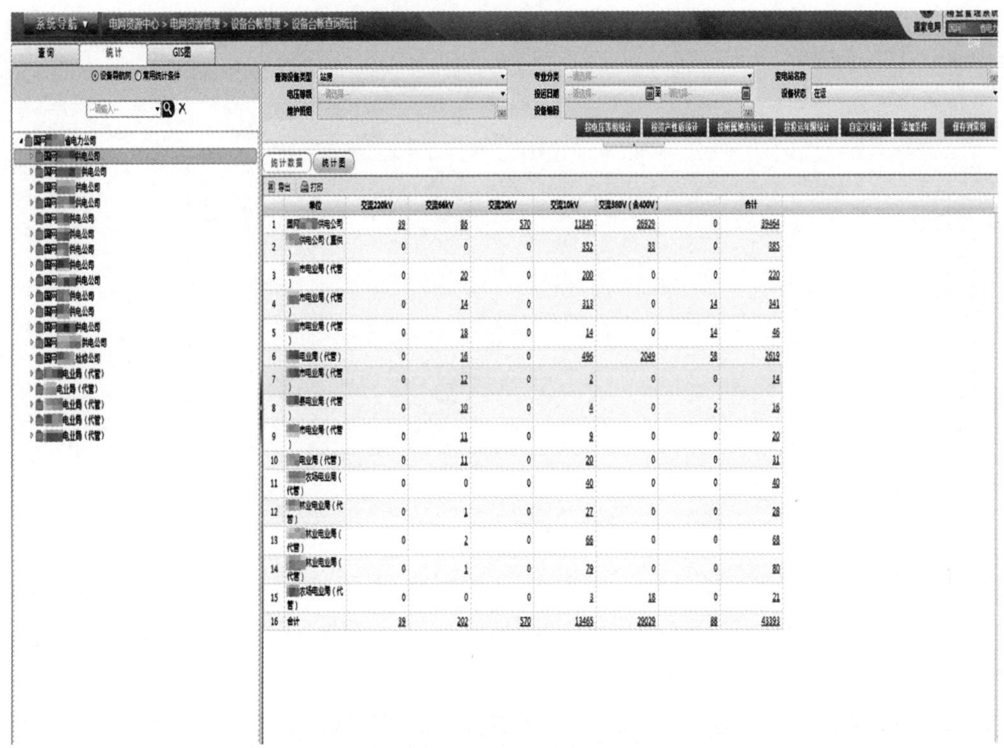

图 5–10　设备台账查询统计页面中统计站房范例

3. 如何进行设备台账专题统计？设备台账专题统计包含哪些内容？

答：功能说明：提供箱式变电站、配电室、变电站、线路、电力电容器、电抗器、配电变压器、主变压器、柱上变压器等通过资产性质、设备状态、投运日期、电压等级等进行统计的功能。

功能菜单：系统导航→电网资源中心→电网资源管理→设备台账管理→设备台账专题统计。

操作步骤：在工具栏上点击对应设备类型、电压等级、投运日期、设备状态等数据进行查询统计，见图 5–11 和图 5–12。

系统导航 ▾　电网资源中心 > 电网资源管理 > 设备台帐管理 > 设备台账专题统计

设备类型 电站　资产性质 -请选择-　设备状态 在运
投运日期 -请选择- 至 -请选择-　电压等级 -请选择-

按电压等级统计　按资产性质统计　按投运年限统计　按所属地市统计　添加条件

统计数据　统计图

导出　打印

单位	交流500kV		交流220kV		交流110kV		交流66kV		交流35kV		交流20kV		交流10kV		
	数量（座）	容量（MVA）	数量（座）	容量（MVA）	数量（座）	容量（MVA）	数量（座）	容量（MVA）	数量（座）	容量（MVA）	数量（座）	容量（MVA）	数量（座）	容量（MVA）	数量（座）
林业局电力…	0	0	0	0	0	0	0	0	0	0	0	0	29	12180	
供电公司（直…	0	0	0	0	0	0	0	0	0	0	0	0	64	21120	
供电公司（直…	0	0	0	0	0	0	0	0	0	0	0	0	107	32460	
供电公司（直…	0	0	0	0	0	0	0	0	0	0	0	0	23	4925	
供电公司（直…	0	0	0	0	0	0	0	0	0	0	0	0	194	82025	
供电公司（直…	0	0	0	0	0	0	0	0	0	0	0	0	228	136201	
供电公司（直…	0	0	0	0	0	0	0	0	0	0	0	0	170	108120	
供电公司（直…	0	0	0	0	0	0	0	0	0	0	0	0	126	89485	
县电业局（代…	0	0	0	0	1	81.5	0	0	11	109.6	0	0	16	8360	
县电业局（代…	0	0	0	0	0	0	0	0	11	115.3	0	0	12	0	
电业局（…	0	0	0	0	2	103	0	0	11	76.8	0	0	65	2920	
县电业局（代…	0	0	0	0	1	80	0	0	9	72.7	0	0	0	0	
市电业局（代…	0	0	0	0	1	20	0	0	8	64.6	0	0	6	2070	
供电公司（直…	0	0	0	0	0	0	0	0	0	0	0	0	107	48835	
供电公司（直…	0	0	0	0	0	0	0	0	0	0	0	0	310	111845	
县电业局（代…	0	0	0	0	0	0	8	167.15	0	0	0	0	16	4445	
市电业局（代…	0	0	0	0	0	0	13	164.15	0	0	0	0	270	142373	
县电业局（代…	0	0	0	0	0	0	8	64.95	0	0	0	0	9	6475	
县电业局（代…	0	0	0	0	0	0	13	218.95	0	0	0	0	24	18660	
县电业局（代…	0	0	0	0	0	0	8	78.55	0	0	0	0	135	65915	

20 ▾　1/9　当前总记录 163 条，每页显示 20 条

图 5-11　设备台账专题统计中统计数据页面

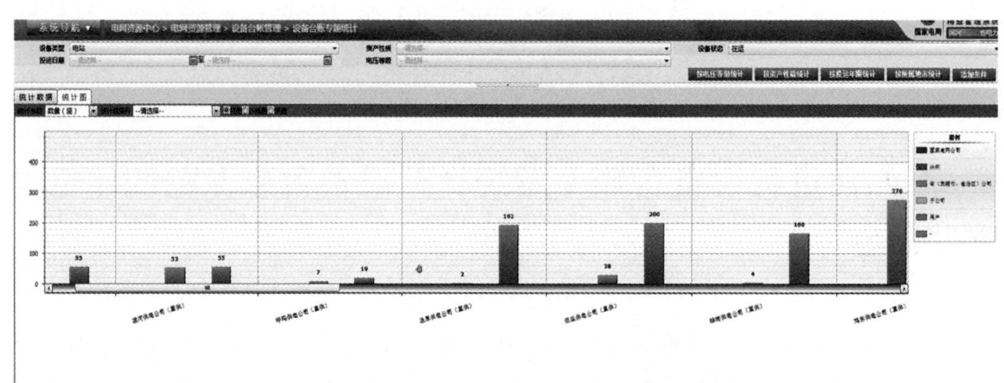

图 5-12　设备台账专题统计中统计图页面

4. 设备变更查询统计能实现哪些需求？

答：功能说明：提供工程名称、工程编号、电站、线路名称、申请类型、申请单状态、变更内容、申请日期、维护班组等进行查询设备变更申请单的功能。

功能菜单：系统导航→电网资源中心→电网资源管理→设备台账管理→设备

变更查询统计。

操作步骤：在工具栏上点击对应工程名称、工程编号、电站、线路名称、申请类型、申请单状态、变更内容、申请日期、维护班组等数据进行查询，见图 5-13~ 图 5-15。

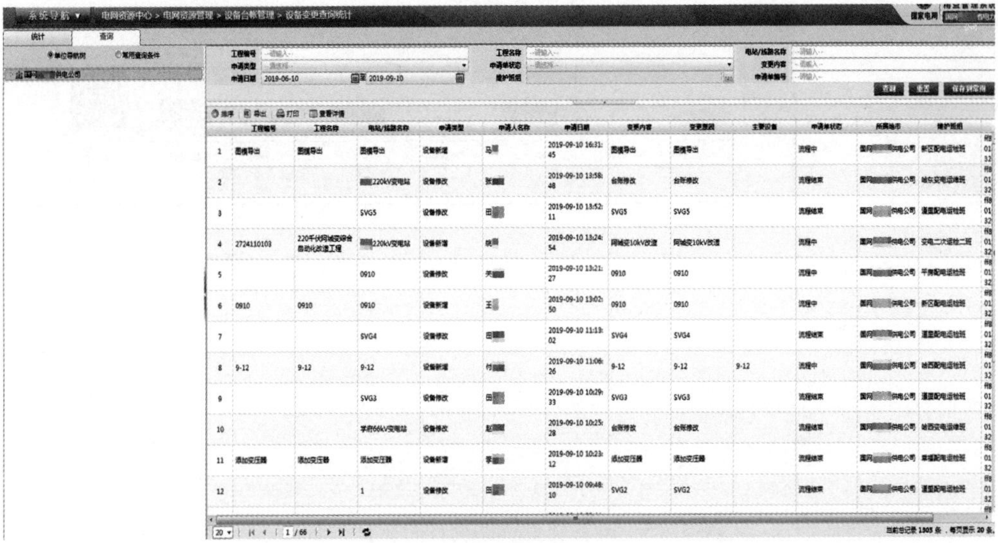

图 5-13　设备变更查询统计中查询页面

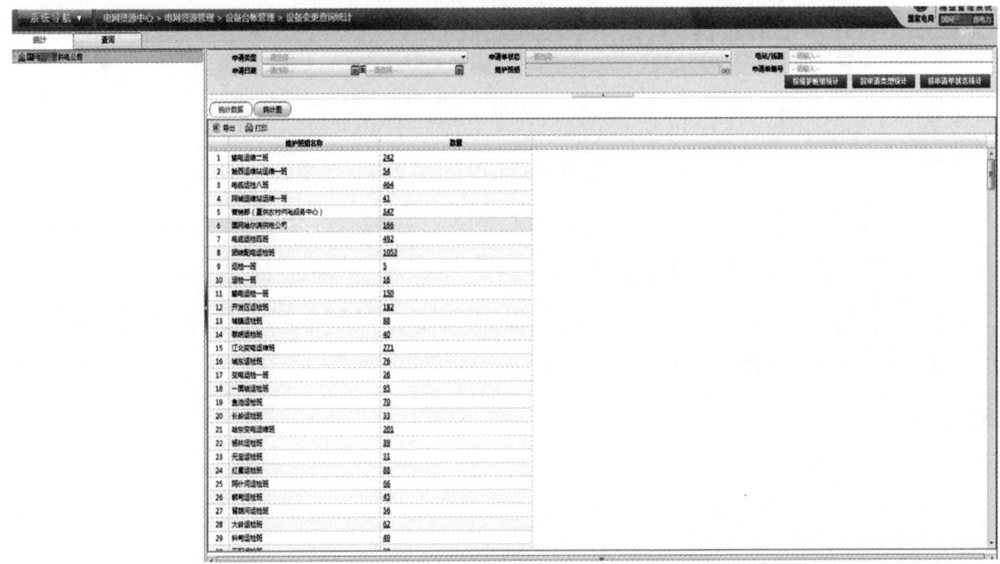

图 5-14　设备变更查询统计中统计数据页面

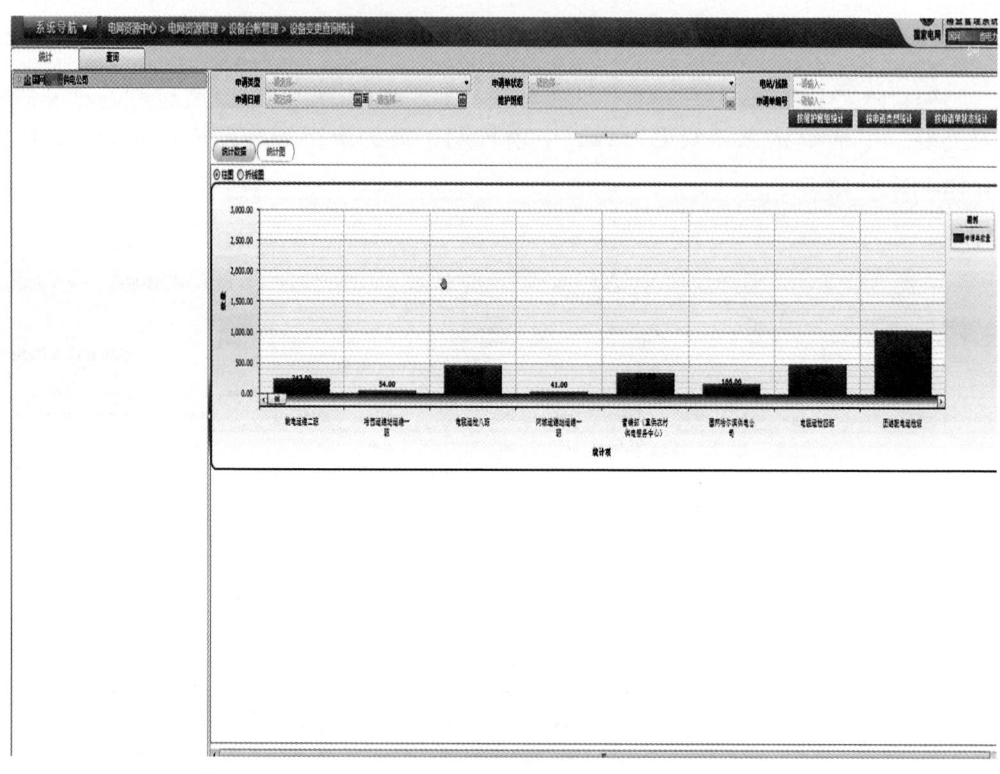

图 5–15　设备变更查询统计中统计图页面

5. 如何查询统计工器具及仪器仪表?

答：功能说明：提供设备类型、保管单位、存放地点、型号、生产厂家、出厂日期、存放地点类型、专业分类等进行查询工器具及仪表的功能。

功能菜单：系统导航→工器具及仪器仪表管理→工器具及仪器仪表台账管理→工器具及仪器仪表管理查询统计。

操作步骤：在工具栏上点击对应设备类型、保管单位、存放地点、型号、生产厂家、出厂日期、存放地点类型、专业分类等数据进行查询，见图 5–16 和图 5–17。

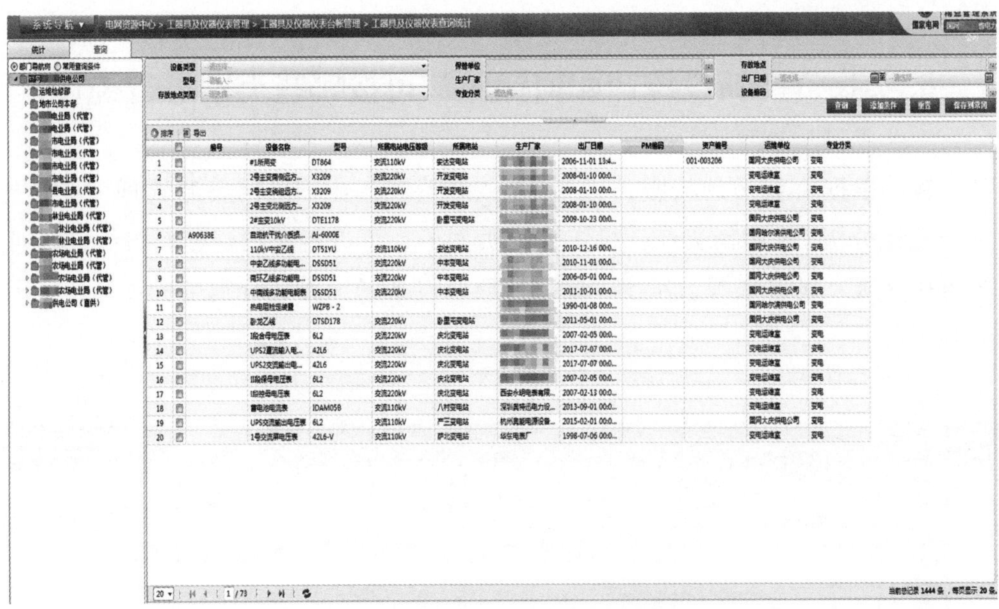

图 5-16　工器具及仪器仪表管理查询统计中查询页面

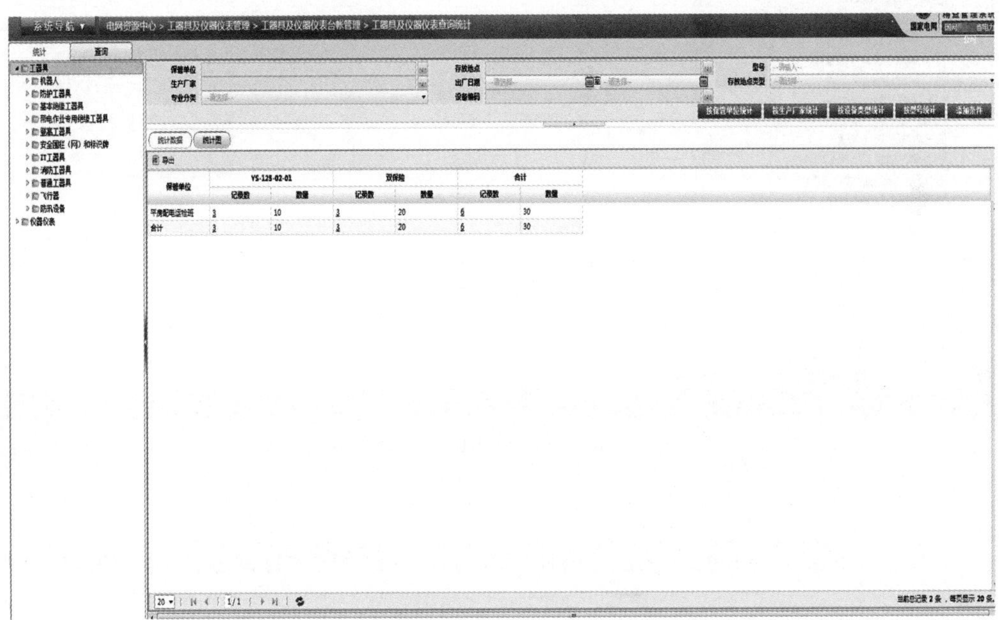

图 5-17　工器具及仪器仪表管理查询统计中统计页面

6. 实物资产新投统计如何操作？可按哪些类别进行统计？

答：根据所登录的权限，进入 PMS2.0 系统，在“电网资源管理 → 实物资产统计分析 → 实物资产新投统计”页面下，可进行实物资产新投统计。可按电压等级、设备来源、年度、资产性质、设备增加方式分别进行统计，见图 5-18。

0kV	交流220kV	交流110kV	交流66kV	交流35kV	交流20kV	交流15.75kV
	1002	916	190	346	0	0
	287	508	0	59	7	0
	159	461	36	294	0	0
	4927	33	1344	1	1	0
	360	136	562	86	0	1
	572	493	71	45	1	0
	0	10	23	0	0	0
	5	7	31	2	0	0
	560	15	658	2	2121	0
	761	1	188	85	0	0
	606	673	215	124	0	0
	1400	444	363	87	0	0
	150	33	59	26	0	0
	579	10	523	7	0	0

图 5-18　实物资产新投统计页面

7. 实物资产再利用统计如何操作？可按哪些类别进行统计？

答：根据所登录的权限，进入 PMS2.0 系统，在“电网资源管理 → 实物资产统计分析 → 实物资产再利用统计”页面下，可进行实物资产再利用统计。可按电压等级、资产性质、处置状态分别进行统计，见图 5-19。

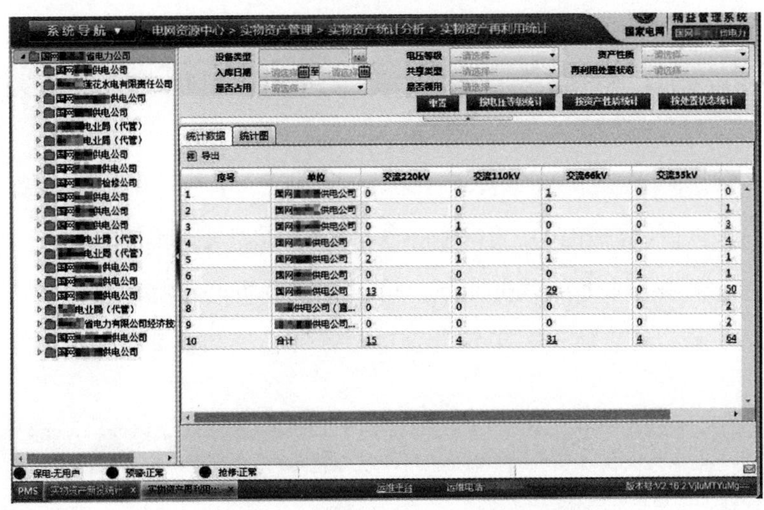

图 5-19　实物资产再利用统计页面

8. 实物资产退役统计如何操作？可按哪些类别进行统计？

答： 根据所登录的权限，进入 PMS2.0 系统，在“电网资源管理 → 实物资产统计分析 → 实物资产退役统计”页面下，可进行实物资产退役统计。可按电压等级、资产性质、退役处置状态分别进行统计，见图 5-20。

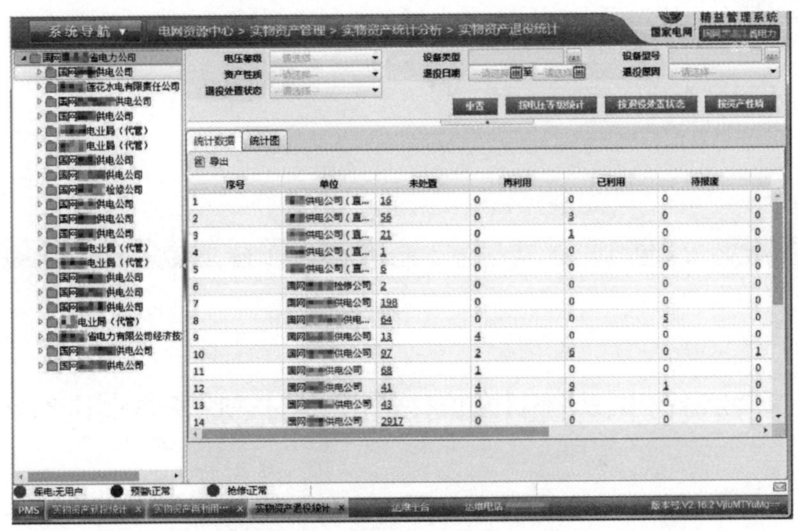

图 5-20　实物资产退役统计页面

9. 实物资产备品备件统计如何操作？可按哪些类别进行统计？

答：根据所登录的权限，进入 PMS2.0 系统，在“电网资源管理 → 实物资产统计分析 → 备品备件统计”页面下，可进行实物资产备品备件统计。可按电压等级、备品来源、处置状态、单位分别进行统计，见图 5–21。

图 5–21　备品备件统计页面

10. 实物资产报废统计如何操作？可按哪些类别进行统计？

答：根据所登录的权限，进入 PMS2.0 系统，在“电网资源管理 → 实物资产统计分析 → 实物资产报废统计”页面下，可进行实物资产报废统计。可按电压等级、资产性质、报废状态分别进行统计，见图 5–22。

序号	单位	交流220kV	交流110kV	交流10kV	无	
1	国网 供电公司	0	0	1	0	1
2	国网 供电公司	0	0	1	0	1
3	国网 供电公司	0	8	3	0	11
4	国网 供电公司	0	0	2	0	2
5	国网 供电公司	4	0	1	0	5
6	国网 供电公司	0	0	3	0	3
7	国网 供电公司	0	0	0	1	1
8	合计	4	8	11	1	24

图 5–22　实物资产报废统计页面

11. 实物资产账卡物一致性统计如何操作？可按哪些类别进行统计？

答：根据所登录的权限，进入 PMS2.0 系统，在“电网资源管理 → 实物资产统计分析 → 账卡物一致性统计”页面下，可进行实物资产账卡物一致性统计。可按公司、城市分别进行统计，也可按 PMS 设备匹配率和已匹配设备一致率分别统计，见图 5–23。

图 5-23　账卡物一致性统计页面

12. 实物资产跨省调拨统计如何操作？可按哪些类别进行统计？

答：根据所登录的权限，进入 PMS2.0 系统，在“电网资源管理 → 实物资产统计分析 →跨省调拨统计”页面下，可进行实物资产跨省调拨统计。可按运维单位、省公司分别进行统计，见图 5-24。

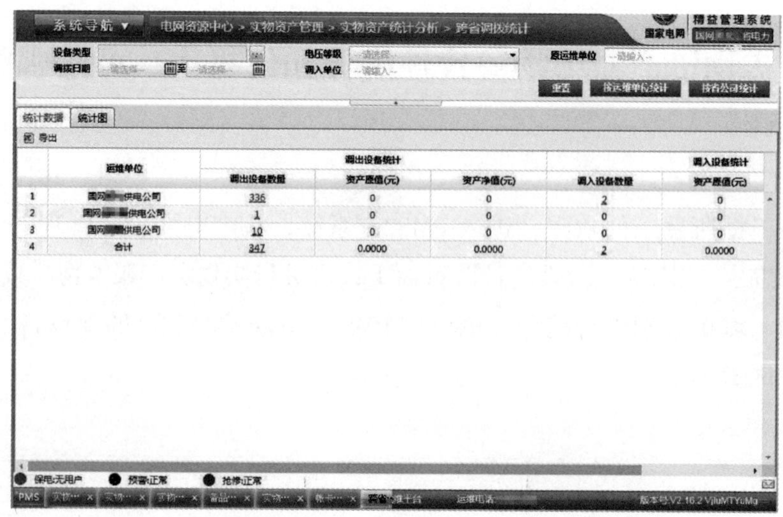

图 5-24　跨省调拨统计页面

13. 巡视记录查询统计如何进行?

答：功能说明：提供电压等级、线路名称、巡视类型、巡视班组、是否关联计划、是否完成、巡视时间、专业分类、是否移动作业等进行查询巡视记录的功能。

功能菜单：系统导航→运维检修中心→电网运维检修管理→巡视管理→巡视记录查询统计。

操作步骤：在工具栏上点击对应电压等级、线路名称、巡视类型、巡视班组、是否关联计划、是否完成、巡视时间、专业分类、是否移动作业等数据进行查询，见图 5–25 和图 5–26。

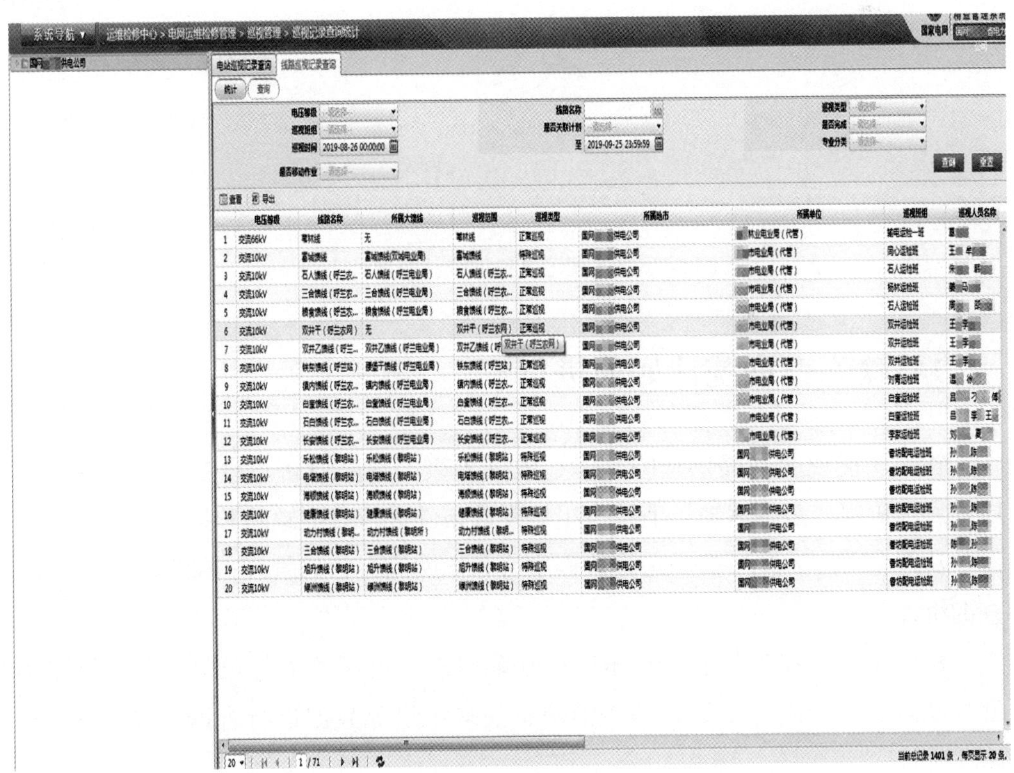

图 5–25　巡视记录查询统计的查询页面

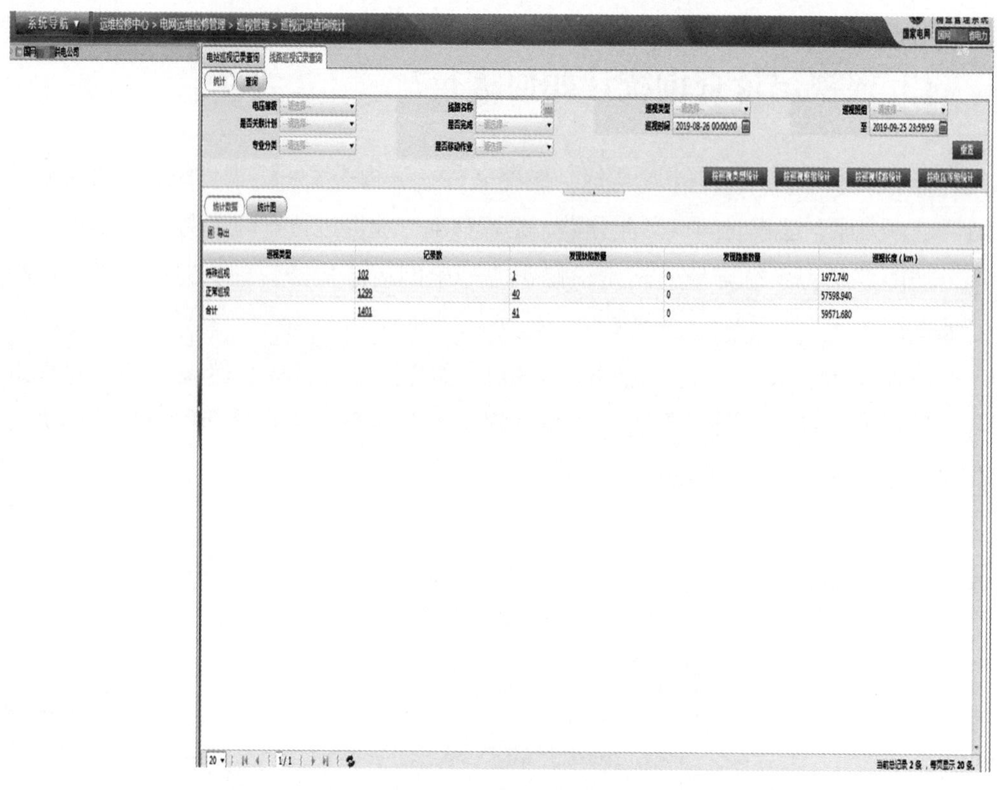

图 5-26　巡视记录查询统计的统计页面

14. 缺陷查询统计如何进行？

答：功能说明：提供缺陷状态、电压等级、缺陷设备、设备类型、缺陷性质、发现班组、是否消缺、消缺班组等查询条件进行查询缺陷数据的功能。

功能菜单：系统导航→运维检修中心→电网运维检修管理→缺陷管理→缺陷查询统计。

操作步骤：在工具栏上点击对应缺陷状态、电压等级、缺陷设备、设备类型、缺陷性质、发现班组、是否消缺、消缺班组等数据进行查询，见图 5-27~图 5-29。

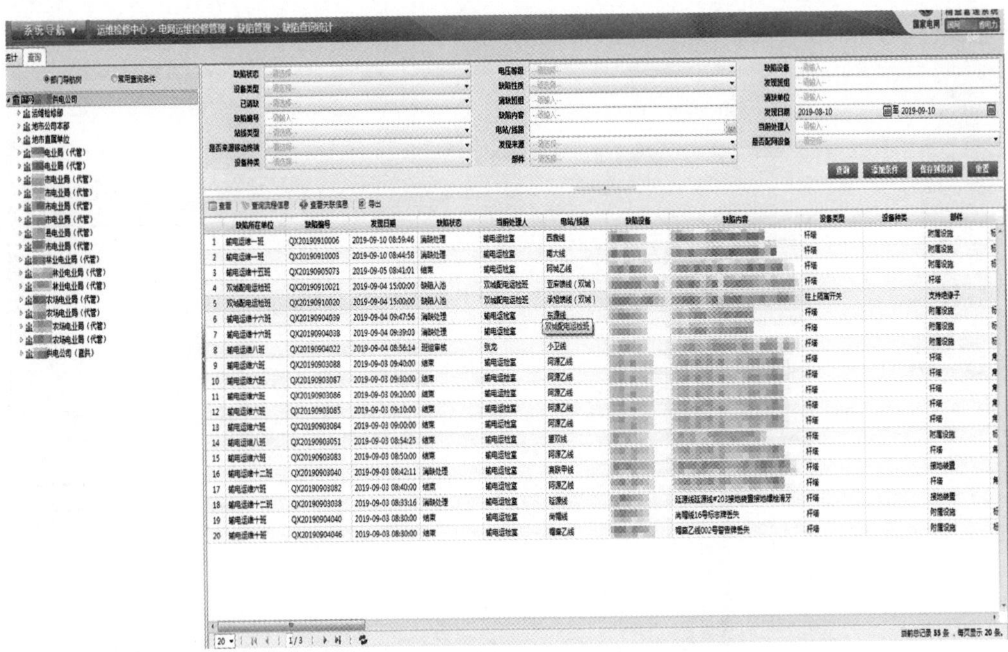

图 5-27 缺陷查询统计的查询页面

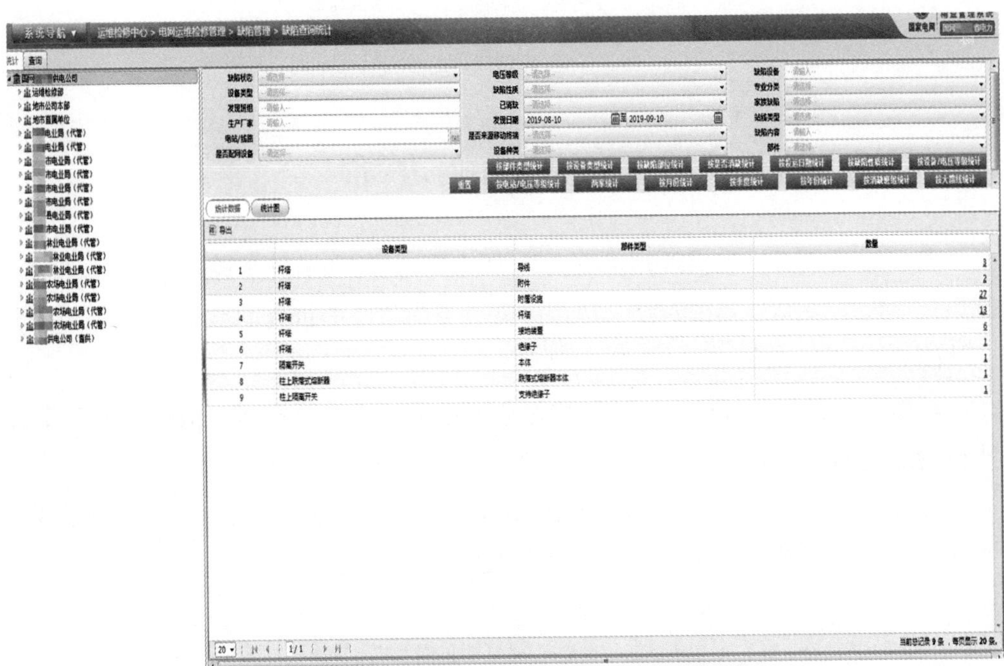

图 5-28 缺陷查询统计的统计数据页面

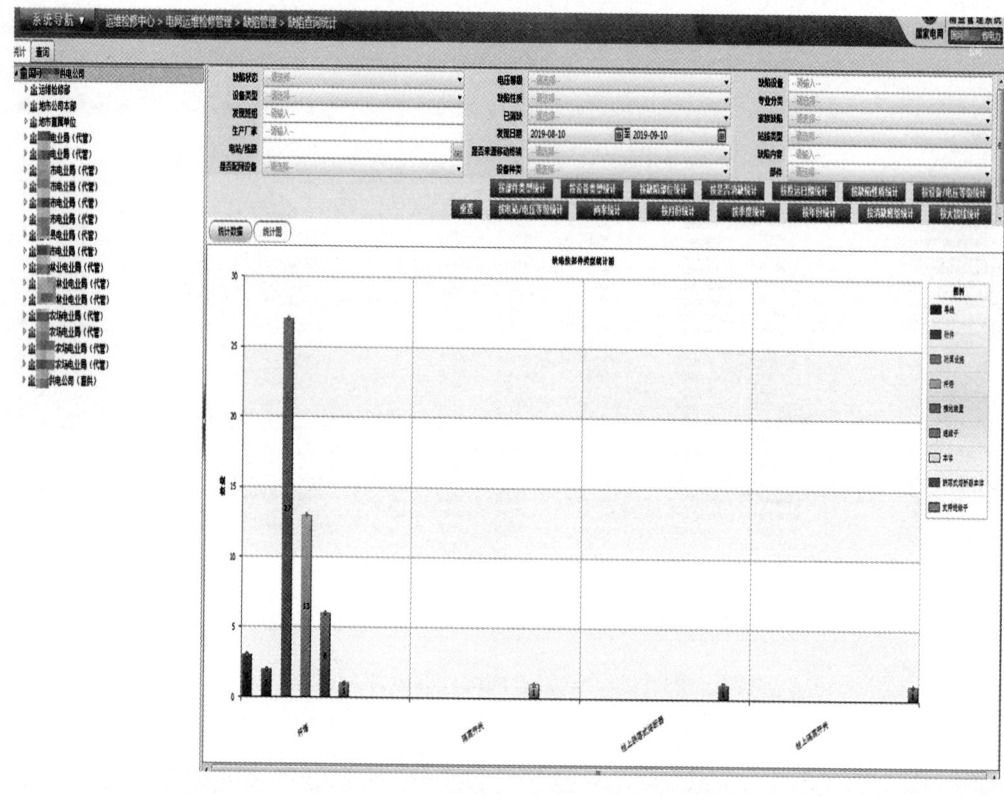

图 5–29　缺陷查询统计的统计图页面

15. 计划执行情况查询统计如何进行？

答：功能说明：提供计划类型、计划开工时间、电站 / 线路、所属地市、编制单位、停电范围、工作内容、是否停电等查询条件进行查询计划执行情况数据的功能。

功能菜单：系统导航→运维检修中心→电网运维检修管理→检修管理→计划执行情况查询。

操作步骤：在工具栏上点击对应计划类型、计划开工时间、电站 / 线路、所属地市、编制单位、停电范围、工作内容、是否停电等数据进行查询，见图 5–30~ 图 5–35。

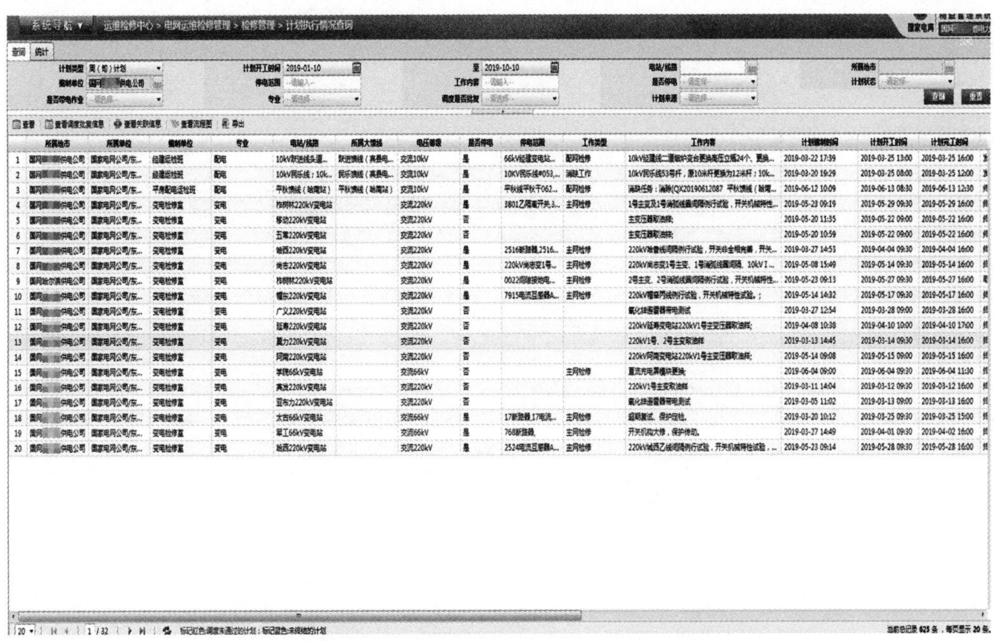

图 5–30　计划执行情况查询中年计划查询范例

图 5–31　计划执行情况查询中月计划查询范例

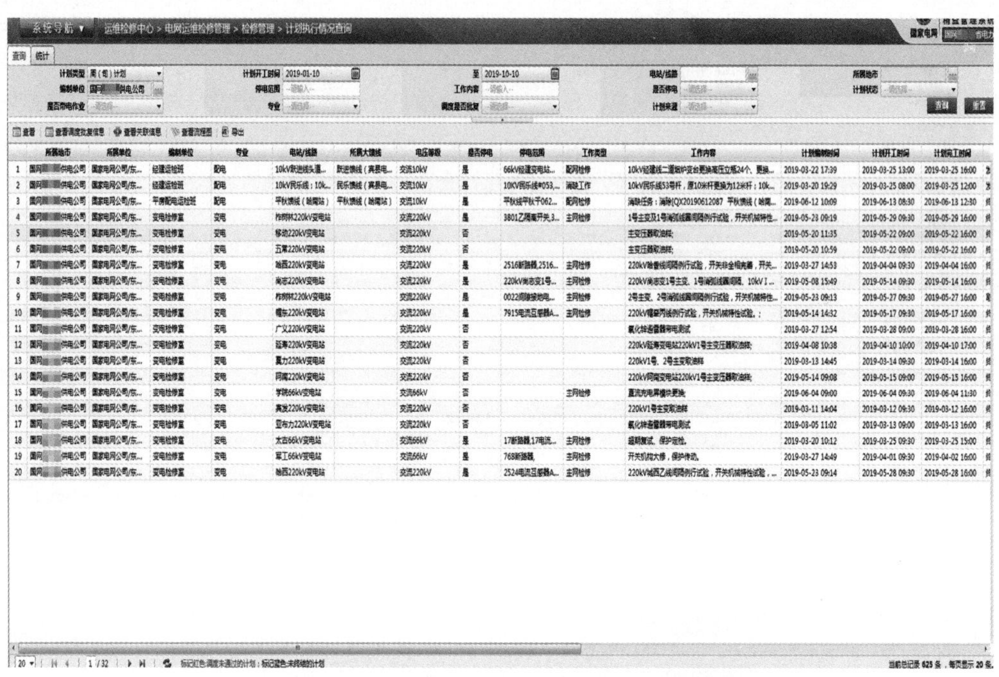

图 5-32　计划执行情况查询中周计划查询范例

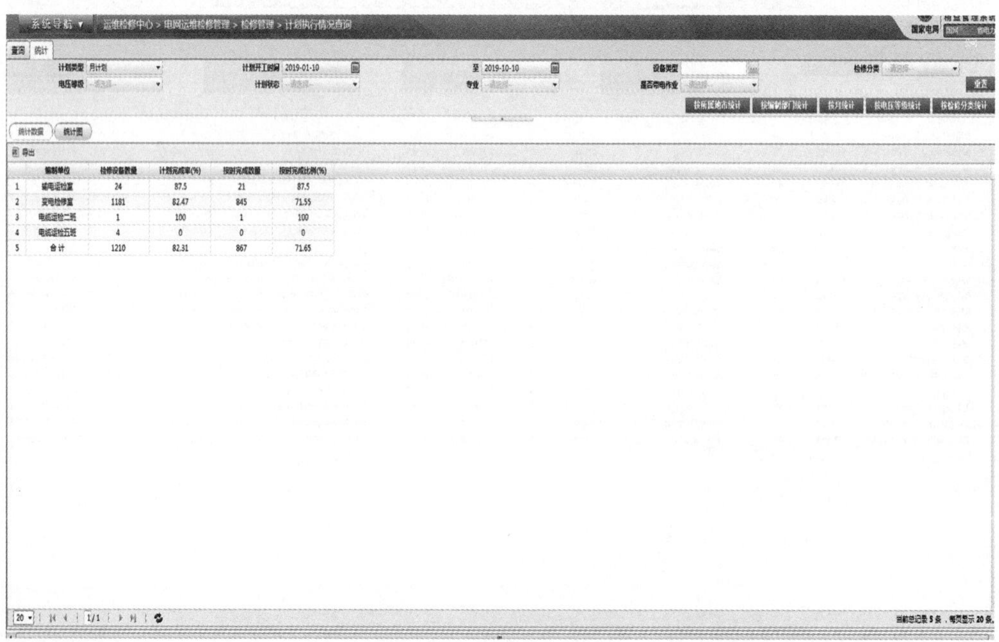

图 5-33　计划执行情况查询中月计划统计数据范例

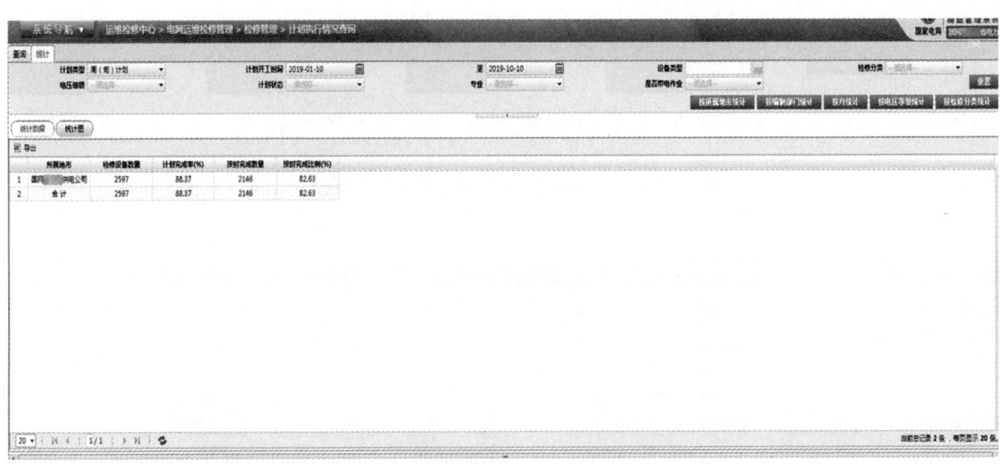

图 5-34　计划执行情况查询中周计划统计数据范例

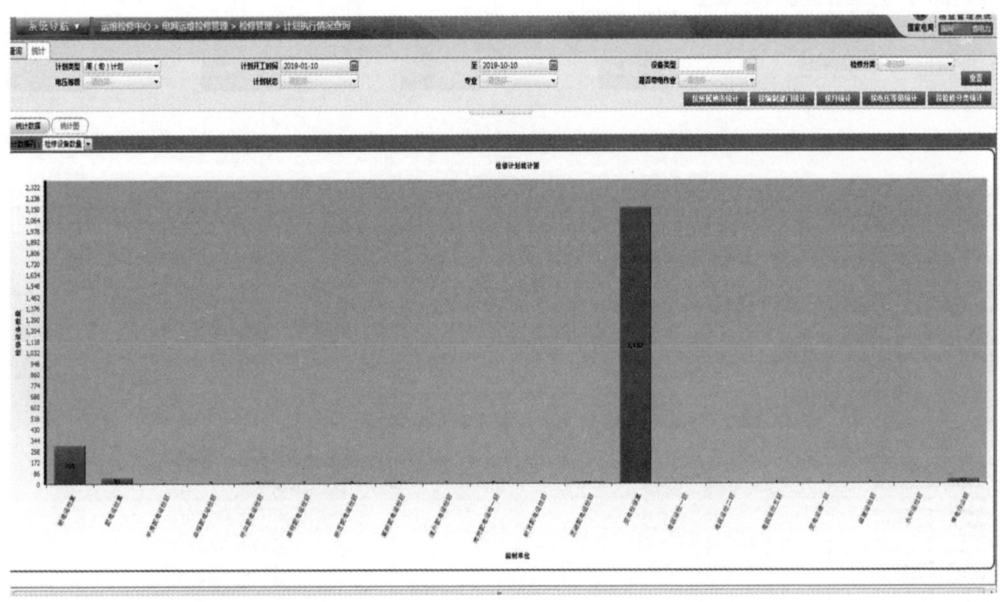

图 5-35　计划执行情况查询中月计划统计图范例

16. 两票查询统计如何进行？

答：功能说明：提供票类型、票种类、票状态、是否委外票、电站 / 线路、制票单位、运维单位、票号等查询条件进行查询工作票的功能。

功能菜单：系统导航→运维检修中心→电网运维检修管理→工作票管理→工作票查询统计。

操作步骤：在工具栏上点击对应票类型、票种类、票状态、是否委外票、电站/线路、制票单位、运维单位、票号等数据进行查询，见图 5-36~ 图 5-39。

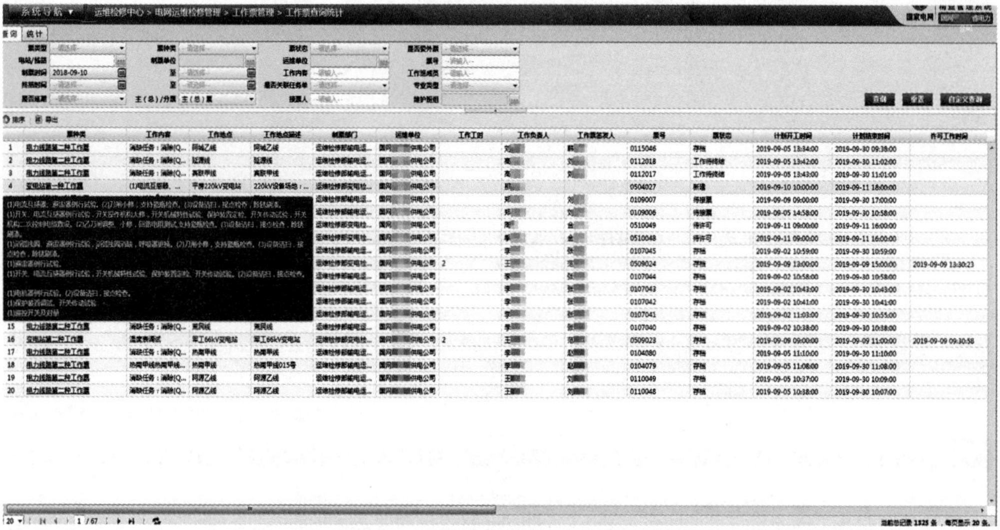

图 5-36　工作票查询统计中查询页面

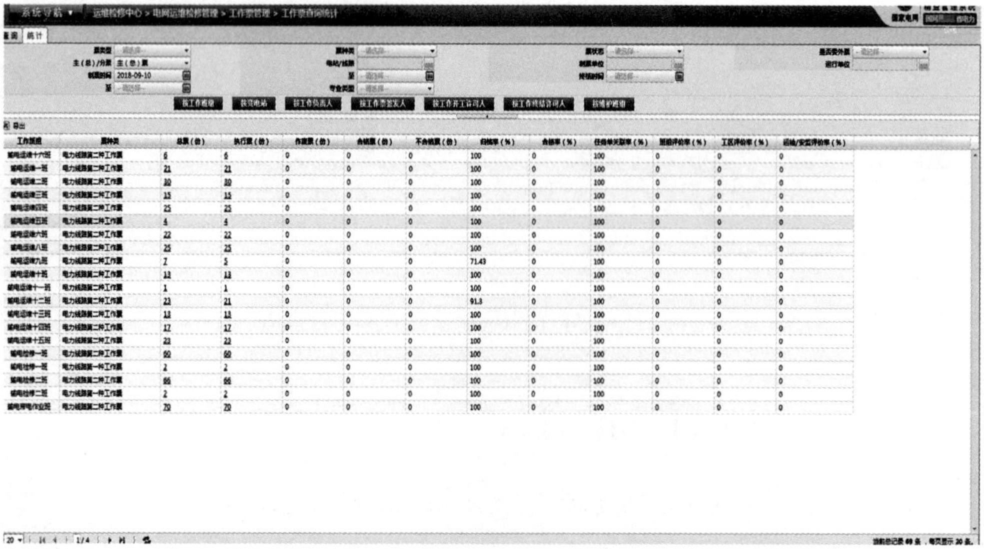

图 5-37　工作票查询统计中统计页面

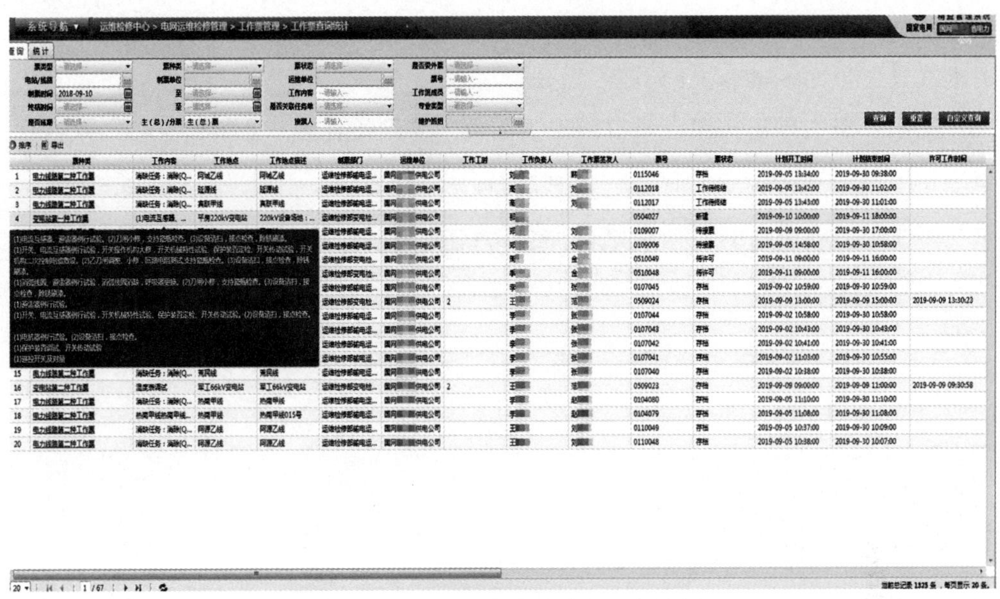

图 5-38　工作票查询统计中查询范例

工作班组	票种类	总票(份)	执行票(份)	作废票(份)	合格票(份)	不合格票(份)	归档率(%)	合格率(%)	任务单关联率(%)	班组评价率(%)	工区评价率(%)	运检/安监评价率(%)
城电运维十六班	电力线路第二种工作票	6	6	0	0	0	100	0	100	0	0	0
城电运维一班	电力线路第二种工作票	21	21	0	0	0	100	0	100	0	0	0
城电运维二班	电力线路第二种工作票	30	30	0	0	0	100	0	100	0	0	0
城电运维三班	电力线路第二种工作票	15	15	0	0	0	100	0	100	0	0	0
城电运维四班	电力线路第二种工作票	25	25	0	0	0	100	0	100	0	0	0
城电运维五班	电力线路第二种工作票	4	4	0	0	0	100	0	100	0	0	0
城电运维六班	电力线路第二种工作票	22	22	0	0	0	100	0	100	0	0	0
城电运维八班	电力线路第二种工作票	25	25	0	0	0	100	0	100	0	0	0
城电运维九班	电力线路第二种工作票	7	5	0	0	0	71.43	0	100	0	0	0
城电运维十班	电力线路第二种工作票	13	13	0	0	0	100	0	100	0	0	0
城电运维十一班	电力线路第二种工作票	1	1	0	0	0	100	0	100	0	0	0
城电运维十二班	电力线路第二种工作票	23	21	0	0	0	91.3	0	100	0	0	0
城电运维十三班	电力线路第二种工作票	13	13	0	0	0	100	0	100	0	0	0
城电运维十四班	电力线路第二种工作票	17	17	0	0	0	100	0	100	0	0	0
城电运维十五班	电力线路第二种工作票	23	23	0	0	0	100	0	100	0	0	0
城电检修一班	电力线路第二种工作票	60	60	0	0	0	100	0	100	0	0	0
城电检修一班	电力线路第一种工作票	2	2	0	0	0	100	0	100	0	0	0
城电检修二班	电力线路第二种工作票	66	66	0	0	0	100	0	100	0	0	0
城电检修二班	电力线路第一种工作票	2	2	0	0	0	100	0	100	0	0	0
城电带电作业班	电力线路第二种工作票	70	70	0	0	0	100	0	100	0	0	0

图 5-39　工作票查询统计中统计范例

功能说明：提供故障信息查询统计，能够很清晰的统计出各单位中不同类型的数量；也能清晰的统计故障状况。

功能菜单：系统导航→运维检修中心→电网运维检修管理→故障管理→故障查询统计，见图 5–40 ~ 图 5–42。

导出：点击导出按钮，可以导出当前页 / 所有页信息，见图 5–43。

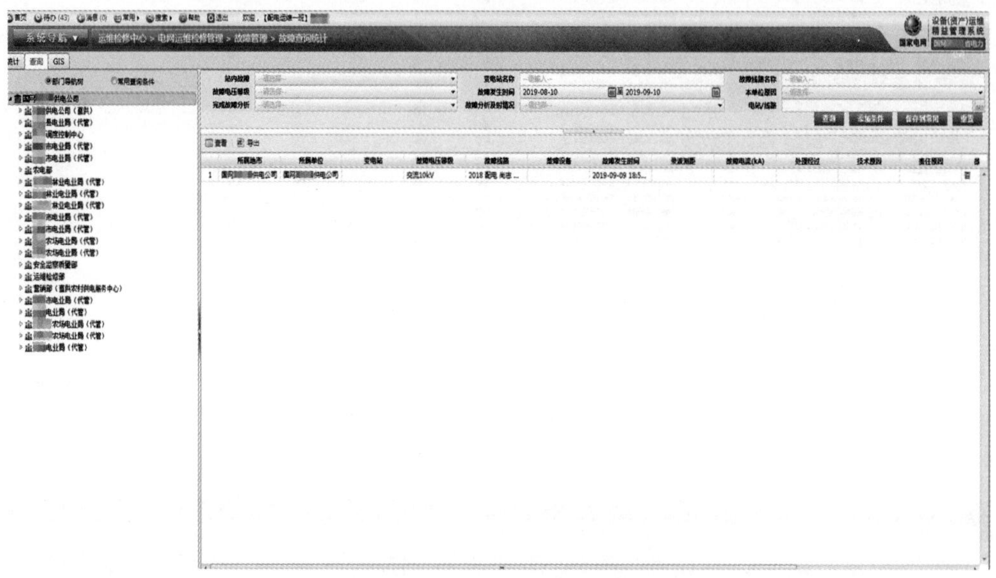

图 5–40　故障查询统计中统计数据页面

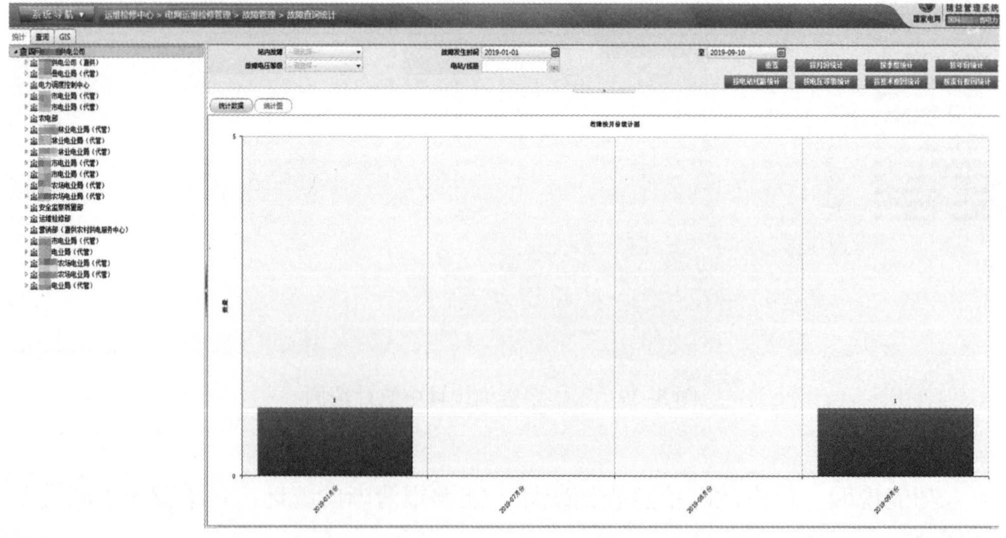

图 5–41　故障查询统计中统计图页面

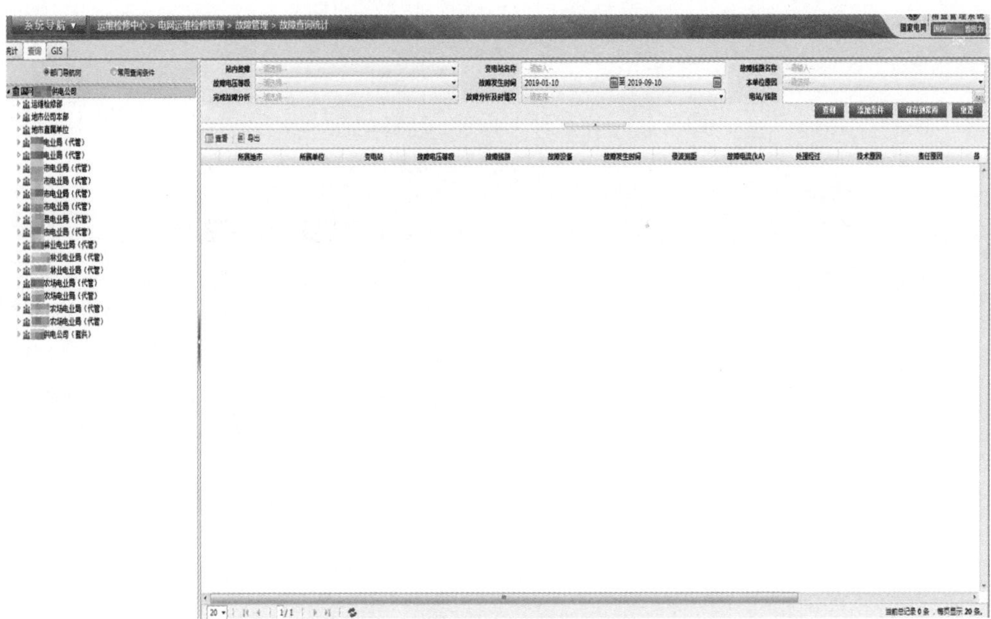

图 5–42　故障查询统计中查询页面

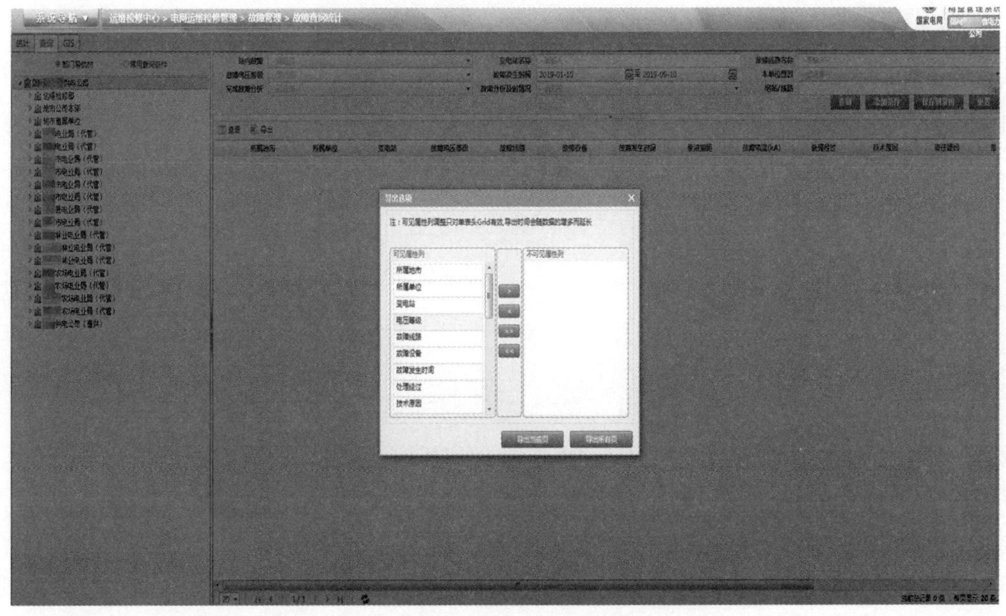

图 5–43　故障查询统计中查询数据导出页面